服装技法大全丛书
FU ZHUANG JIFA DAQUAN CONGSHU

服装立体裁剪技法大全
FUZHUANG LITI CAIJIAN JIFA DAQUAN

王善珏 著
WANG SHAN JUE ZHU

上海文化出版社

图书在版编目(CIP)数据

服装立体裁剪技法大全/王善珏著. －上海:上海文化出版社,
2012.5 重印
ISBN 978－7－80646－491－5

Ⅰ.服… Ⅱ.王… Ⅲ.服装量裁 Ⅳ.TS941.631

中国版本图书馆 CIP 数据核字(2002)第 108136 号

责任编辑: 何智明
封面设计: 周艳梅

书　　名: 服装立体裁剪技法大全
出版发行: 上海文化出版社
地　　址: 上海市绍兴路 74 号
电子信箱: cslcm@public1.sta.net.cn
网　　址: www.slcm.com
印　　刷: 上海市印刷二厂印刷
开　　本: 889×1194　1/16
印　　张: 8
插　　页: 9
图　　文: 128 面
印　　数: 13,511—15,720 册
版　　次: 2003 年 12 月第 1 版　2012 年 5 月第 6 次印刷
国际书号: ISBN 978－7－80646－491－5/TS·234
定　　价: 36.00 元

告读者　本书如有质量问题请联系印刷厂质量科
Tel: 021－64129121

前 言

我对于服装立体裁剪的关注，应追朔到1985年的巴黎之行。当时，在对法国时装设计与教学的考察与访问中，给我留下一个十分强烈的印象是，要体现多样化的服装立体形态所呈现的着装风貌，就必须研究与掌握与其相依托的立体裁剪方法。然而，那时我们的服装设计与教学就此同人家相比，在认识与实践上都存在着较大的一段距离。

回国之后，我从中、西女装造型的比较研究入手，深入剖析了服装造型、结构变化与立体裁剪的关系，并以设计为先导在实践中进行反复的探索，终于使这一课题在注重形象展示的高级女装设计中得以完美的体现，并同时在服装专业的教学实验中亦取得了可喜的成果。本书涉及在模特儿人台上进行立体式获取衣片板型的方法；服装造型中各衣片之间构成与组合关系的研究；人体与服装壳体之间放松量的把握；服装造型结构、空间尺度之间的变化规律，以及如何将版型经过假缝成样衣由真人进行试穿的过程等等。这些，正是我十六年来在服装立体裁剪中不断探索的方向和研究的目标。

众所周知，随着经济的发展与社会的进步，人们的衣着打扮已不断趋向多样化与个性化。特别是高级成衣及时装等更呈现出风格各异，样式时尚，结构多变的特点。有鉴于此，研究立体裁剪的方法，快捷而又合理地获得优美的服装造型与版型，以表达设计师所追求的独特的着装风貌，已越来越得到人们的重视。

一般来说，布料在模特儿人台上，乃至在真人身上直接剪裁、造型，其真切感和可触性的体验是平面的静态方式所不能企及的。对人体与壳体、比例与空间、打开与合拢、材质与结构所引起的服装廓型、舒适度及动态变化的理解和实践，不仅能学到切实的立体裁剪的基本技能，而且常常会让你在感悟中诱发出新的灵感，产生新的创造欲，并在艺术与技术方面，获得与设计意图相一致的服装造型与版型。立体裁剪宛如软雕塑般的艺术创造。因此，对于立体裁剪方法的研究和学习，不能仅从技术着眼，还应该从设计与技艺的两个层面，对服装形象的风貌、神韵、气质，以及生活方式和审美情趣进行感悟和体验。只有熟练地掌握了立体裁剪的方法与规律，才能更好地进入服装造型设计和版型裁剪的自由天地。另外，应该十分强调对形式美原理的研究和运用，不断提高审美修养，自觉地开发创造潜能和努力培养创新能力，在立体裁剪中要敢于突破常规的组合方式，实现面料的二次开发与非服用面料的拓展实验，为造就具有创新精神的服装设计师和训练有素的打版师、样衣师奠定坚实的知识基础。

本书文字说明力求简明扼要，800多幅实际操作的图示和设计作品，记录了我研究和实践的过程。我相信它伴随着立体裁剪方法由浅入深、系统有序的诠释，将帮助你直观地认识与理解其中的奥秘，以期构建起以人为主体，以面料为媒介的训练框架。虽然这些图示和作品多方面结集了我十多年来所探索和总结的女装立体裁剪的样式和方法，但自觉与出版社所冠名的“大全”仍离之甚远。我以为体现服装立体裁剪的方法，应始终随着设计变化的发展而与时俱进。在立体裁剪的基础训练中，如果每个人都以独特

的个性，在观察、判断、感受、想象和表现的各个环节，
既重视规律的研究，又充分开发自己的创造潜能，那么体
现服装设计造型的方法会不断地丰富，立体裁剪会更好地
为创造多姿多彩的服装新样式发挥它应有的作用。

王善珏
2002年冬

目 录

第四章 宽松衣的立体裁剪方法

第五章 领、袖和裙的立体裁剪方法

第六章 连衣裙与大衣的立体裁剪方法

84

1

立体裁剪概述

立体裁剪的应用范围
立体裁剪的表现特征
立体裁剪的实验课题

第一章 立体裁剪概述

服装立体裁剪是区别于服装平面制图的一种裁剪方法，它是完成服装样式造型的重要方式之一。服装立体裁剪在法国称之为“抄近裁剪”（cauge），在美国和英国称之为“覆盖裁剪”（dy apiag），在日本则称之为“立体裁断”。服装立体裁剪通常包括立体造型和立体版型制作与裁剪试样等内容。它是由服装设计师和打版师用布料覆盖在模特儿人台或真人身上，直接造型和当即剪裁。服装立体裁剪能较快速且直观地表达服装造型设计的构想，所获得的版型具有平面裁剪难以企及的准确和优美。

第一节 立体裁剪的应用范围

立体裁剪在服装造型和制作中，是最基本和最常用的裁剪方法之一。在服装生产、橱窗展示和服装教学中应用广泛。

1.用于服装生产的立体裁剪

服装生产部门在款式设计和制版打样的过程中，通常采用的是平面制图、平面与立体裁剪相结合和立体裁剪等三种方法。高级成衣、时装和高级时装由于款式造型新颖别致变化多样，如果仅采用平面裁剪常常无法体现设计的最佳效果，而立体裁剪则能为丰富多样的款式造型之特殊要求的实现提供更大的可能性。特别是作为精品的高级时装要准确严谨地表现其艺术造型的个性特征，一般总是采用立体裁剪的方式，使服装设计的实用性与艺术性得以完美地结合。同时，立体裁剪的造型方法也使特体和度身定做的服装制作更加方便。用于服装生产的立体裁剪，要选用与服装面料相配的试样布和与着装年龄体型相似的模特儿人台作为制作的基础。操作时要求造型到位、结构准确，能充分而完美地表现设计的构思。另外，试样记号要清晰，衣片修剪要工整，只有这样才能取得正确优美的版型。

2.用于服装展示的立体裁剪

模特儿人台上采用包裹式披挂的着装造型，是常见于

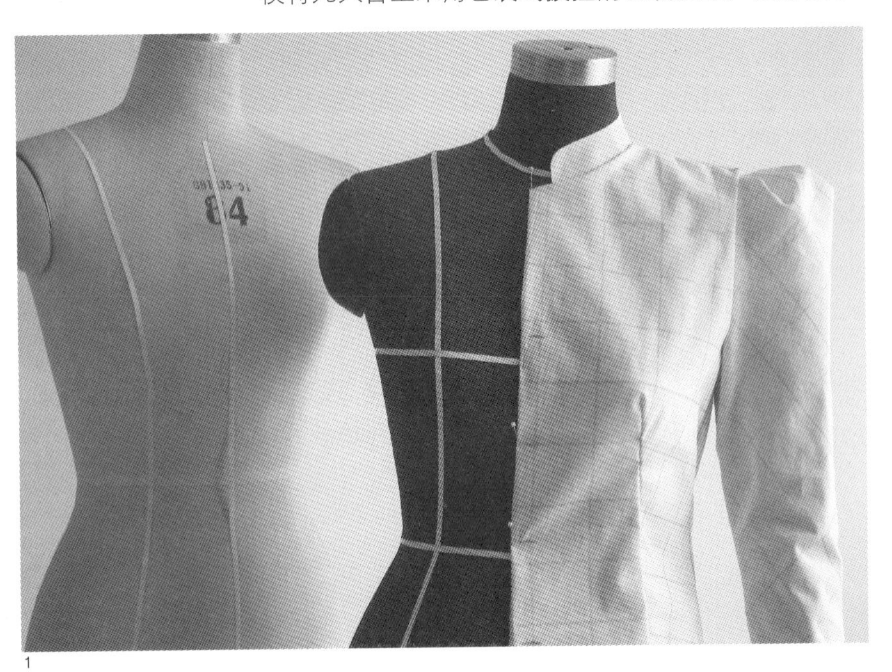

1 服装样衣的补正

店面橱窗和博览会展台的一种静态展示方式。用于服装展示的立体裁剪，其夸张的造型常常是以提示款式与面料的时尚潮流和流行趋向为目的的。这种快速传递的流行信息，在灯光、道具和饰物的衬托下，能充分体现出商业广告所追求的一种独特的艺术氛围。

3.用于服装教学的立体裁剪

在服装教学中，立体裁剪除了上述两方面的学习和运用外，应更加注重裁剪技能的训练和创造潜能的开掘。通过从设计到裁剪的实验，使学生在设计、材料、裁剪和制作等环节的研究中，逐步掌握立体裁剪的思维方式和手工操作的各种技能，从而正确熟练地将创意构想完美地表现出来。在课堂教学中，教学内容的实现是在循序渐进下进行的，通过不同课题的实验实现教学的目标。它所涉及的内容大致包括：基本技能和操作顺序、立体裁剪、假缝试样和版型确认，以及用于展示的造型设计、创意表现和精典作品的个案分析等。通过实验，逐步掌握立体裁剪从设计构思到造型表现，及手工操作的各种方法和技能。

在裁剪实验中，试样布和面辅料的选择面是很宽泛的。如棉、毛、麻、丝、皮革以及皮毛、纸塑、珠管、金属片和线等，根据构思需要可任意采用。立体裁剪从创意构想开始，应不断地对独创性、机能性、合理性、多样性和审美性进行追求与探索，建立起造型、材料和缝制间的相互联系的关系，并对平面布料经裁剪、别样和缝合形成壳体状造型的可能性、合理性和舒适性进行比较分析。

2

3

4

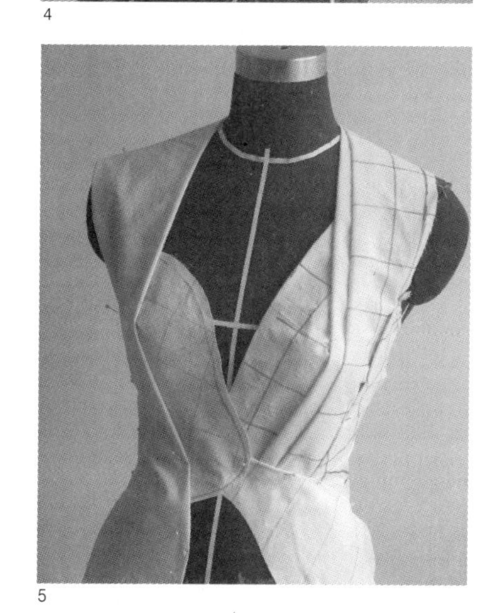
5

6

2－3 用试样布和纸为媒介进行立体裁剪的礼服造型
4－5 用立体裁剪的方法完成的上衣造型
6 用于橱窗展示的立体裁剪造型

第二节 立体裁剪的表现特征

服装设计师要把样式创意变为款式造型，最终成为适身合体的衣服，需要运用艺术表现的技巧和技术操作的手段加以实现。在裁剪中，立体裁剪是最能展现创造性表现的一种制作方法。它的表现特征可概括为 3 个方面，1.将创意体现为特定的壳体造型和款式版型；2.将面料构成为充满活力的立体造型；3.将材质转化为具有艺术价值的实用品。

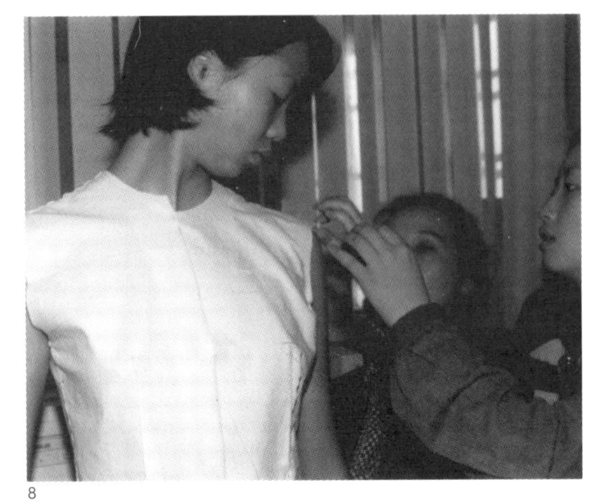

8

1.从服装造型（壳体）到款式版型（平面）

立体裁剪的过程体现，是在面对处于空间中的人体或模特儿人台上进行的，它以面料为媒介运用摆、转、提、拉、垂、裹、折、叠和剪直至固定等操作程序，使面料在时而紧贴，时而远离；时而褶纹连片，时而下垂飘逸；时而隆起转平，时而打开连接等造型手法的运用中，自始至终围绕着造型与材质的互动，着装与运动的关系，以及舒适度和时尚美的把握等方面进行不断的体验与表现。把衣片组合成壳体状造型，将造型样式通过假缝成样衣后试穿，展开成平面衣片构成款式版型，最终经推档放码获得用于批量生产的服装版型，这其实是从布料经立体造型再到版型的过程。

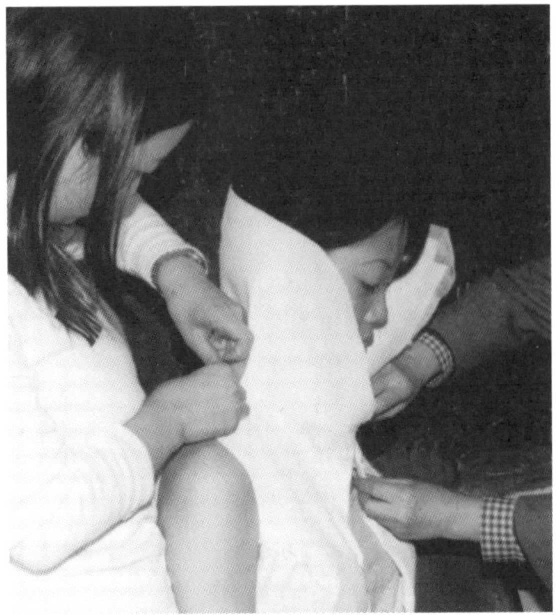

9

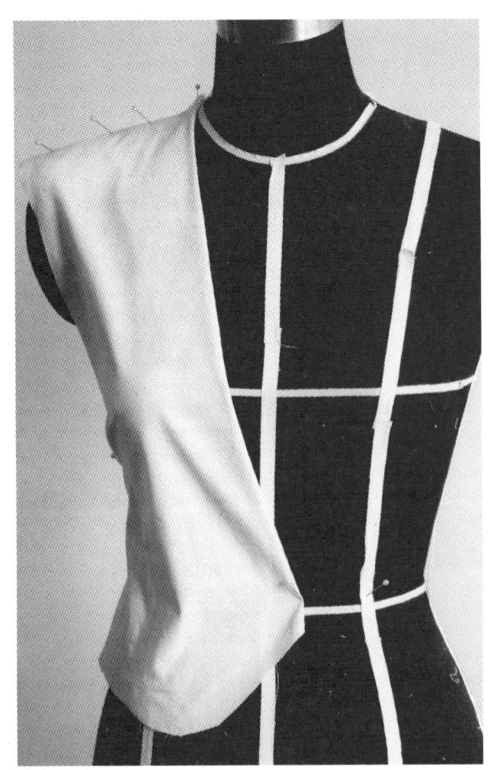

7

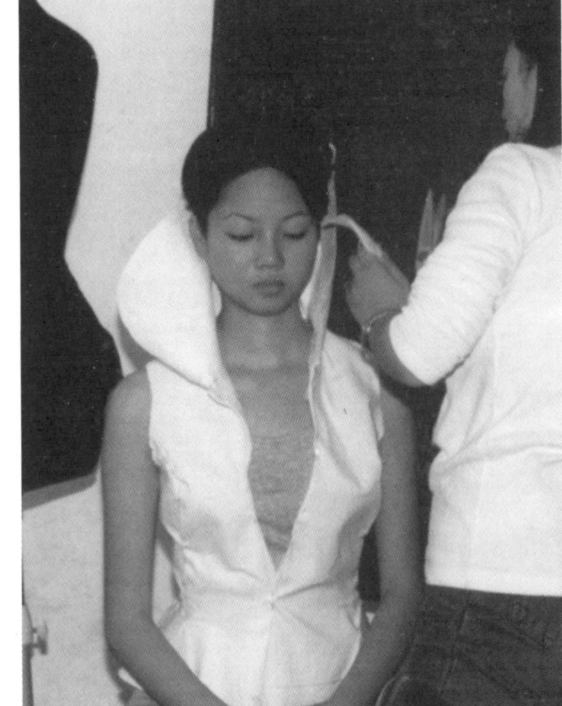

10

7 采用立体裁剪完成的上衣造型
8 假缝样衣试穿补正
9－10 领的立体裁剪实验

2.使面料成为充满活力的壳型

众所周知，一块面料或一件衣物只有在着装的运动中，才会展现出立体造型的生动形态，使款式造型充满动感与活力。因此，在通过立体裁剪创造壳型的整个过程中，应确立以人为中心的基本概念。人是有生命、有思想，又不断处在运动中的。立体裁剪的造型设计不仅仅是缝制一件衣服，是创造一个理想人物的着装风貌，更是体现一种人的生活方式。在具体操作中要从人着装的静态和动态的全过程，包括款式的造型与廓型、结构与空间、运动中的影与线、穿着时的机能性与舒适度、人的审美心理与求新欲望的表现等方面进行思考。

3.使材质具有艺术价值的实用品

代表一种文化，一种生活方式，一种着装风貌的服装，除了它的实用性外还必须体现出它的审美性、艺术性和独创性的特征。因此，立体裁剪应用普通的面料和辅料实现服装的造型，将艺术与技术结合起来，创造出具有优美外观的实用品，以满足人们对物质和精神的需求。

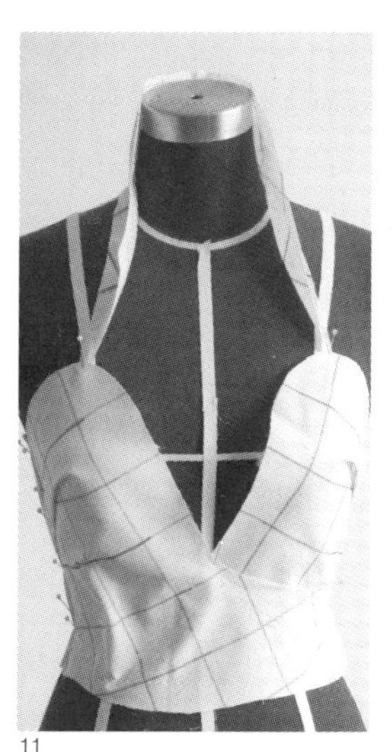

11

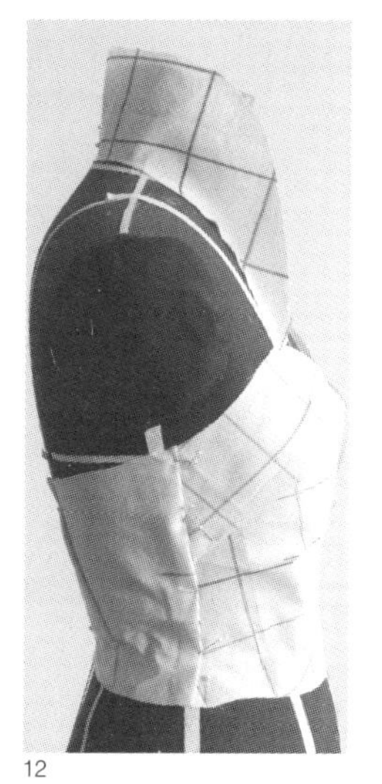

12

13

11—13 用立体裁剪取得的版型制作成衣所展示的着装风貌

第三节 立体裁剪的实验课题

在立体裁剪服装教学中，可以从以下三个课题着手训练，首先需熟知人体结构、比例和运动的知识及与服装的关系；其次要熟悉服装款式的外形特征、结构和装饰的基础知识以及相关的形式美原理；最后需正确掌握立体裁剪的基本技能，不断加强艺术感受力和创新能力的培养。

14

15

16

17

1.熟知与服装造型相关的基础知识

采用标有公分刻度的软尺，先从测量真人和模特儿人台各部分尺寸度的认知开始。内容包括领围、胸围、腰围、臀围、前胸宽、后背宽、肩宽、小肩宽、背长、乳间距、乳点位置、臂长、臂围、腕围和头围等各部位的度量数尺寸。然后通过对不同身高和体型的数据进行比较和归类测算，从而掌握形体各部位的基本尺寸及形状。

动态尺寸是指人在深呼吸、进食前后、举手抬足、低头弯腰、扩胸抱怀及坐、蹲、跳、跑等各种运动状态下尺度的变化数据。除此之外，还要对不同年龄和体形的人群在相同运动中的尺度变化进行比较，并加以归类。其目的在于建立起对人体廓型、体块基本形和基本比例在运动中产生尺度变化的参数，以便在立体裁剪中正确把握放松量，使造型壳体不仅正确表达设计的意图，而且能符合人的活动机能和穿着舒适的要求。

研究服装壳体与人体之间的关系，重点在于掌握两者间的空间量在造型中的变化。要善于区别在正常状态下的放松量和在特殊造型中的量的变化情况。要具有对内衣、紧身衣、收腰合体衣和宽松衣放松量的把握经验。要对不同面料、各种款式和着衣状态中里外组合层次的放松量有充分的估计。只有在反复比较研究和实际操作中体验和积累，才能在立体裁剪中正确地体现造型设计的构思和取得优美的版型。

2.把握服装造型与美的形式原理

在中、外优秀的传统与现代服装的造型中，无不体现着对比与调和、节奏与韵律、对称与均衡、聚合与分散、整体与局部等多样统一的形式美原理。我们借助著名设计师作品的鉴赏研究和变体练习，可以体验其设计理念、设计美学、着装方式、造型样式、结构和材质以及在细节处理上所体现出的美的规律。

当今，新科技在设计运用和形式语言的表现中注入了许多新的内容。我们要进一步体悟服装壳体形状、着装形态、比例尺度、运动线，以及褶纹与光影、流动感与收缩感、空间感与进深度、量感与块感等方面，在造型、材料和加工的相互关系中是如何组合表现的。

18

19

20

21

22

23

14—23 用立体裁剪的方法所实现的多姿多彩的服装样式

3.重视基本技能的训练和创新能力的培养

一个优秀的服装设计师和打版师在立体裁剪时，不仅要在款式造型和版型制作方面具有技能精良、心灵手巧、程序规范和操作到位的能力。而且更应善于将艺术之美融入造型和裁剪技术的表现之中，正确体现设计意图。

提高立体裁剪的操作技能，除了善于把握着装风貌、运动感和舒适度的关系之外，还要努力培养对面料成型的可能性、衣片组合结构变化的多样性的感受力、表现力和创新能力。学习应分门别类、由浅入深地进行。通过从局部造型的剪裁到整体版型的确认、从试样布的试验到实际面料的体现、从静态的造型到动态的呈现的训练，可在创新意识的推动下进一步加深对基本技能的认知，并逐步做到举一反三熟能生巧。

24

24 用于立体裁剪的模特儿人台与试样布

2

立体裁剪的基础知识

立体裁剪的构思与表现
立体裁剪的表现方法
立体裁剪的思考要点
立体裁剪的工具与材料
立体裁剪的基本方法

第二章 立体裁剪的基础知识

服装的立体裁剪是将设计构想转化为服装款式造型与表现过程的一种方式。所涉及的创意思维的形成、工具材料的使用、造型方法的运用和操作技能的训练等方面的内容和要求是多方面、多层次的。

第一节 立体裁剪的构思与表现

构思是一种创意思维，它通常在某一设计观念的指引下，伴随着想象进入到立体裁剪的过程中。怎样将意想中的款式用造型的手段记录下来，成为可视的艺术形象，这是立体裁剪构思和操作过程中必须思考的问题。立体裁剪过程中的构思与表现，可由草图、腹稿或直接表现等方式加以体现。

1.草图

用时装画的形式将设计的构思通过图样加以体现，是立体裁剪最主要的形象依据。可就服装正、侧、背三维的造型样式进行描画，并提示出款式的结构细节，或呈现出立体的着装形态等。在立体裁剪时，可以将设计草图用大头针钉在模特儿人台的合适处或便于对照的墙面上，工作时加以参照。

2.腹稿

假如不采取草图表达的方式，则可以在立体裁剪的操作过程中将设计构想，直接用试样布或面料在模特儿人台或真人身上披挂和覆盖试验，由“心象”转化为“物象”的呈现。这种从“心”到“物”的造型过程，或许能最有效地将想象中的设计方案随时与新的灵感体验相结合，体现出理想的创意构思。

25－28 按设计图要求，用立体裁剪的方法先完成紧身胸衣造型。然后如图27—28那样用50厘米宽的条状面料作披挂式宽松衣造型。

25

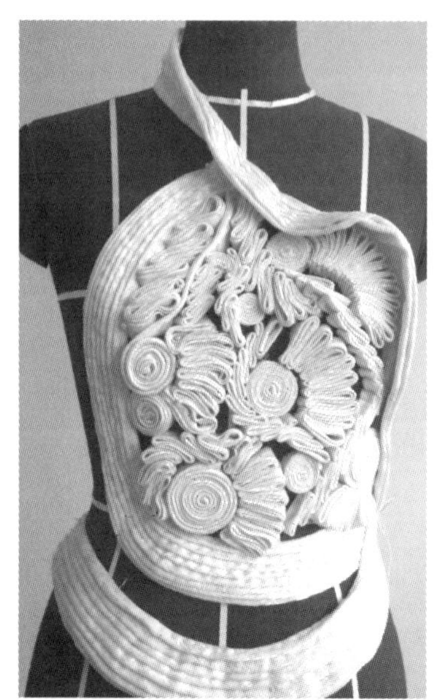
26

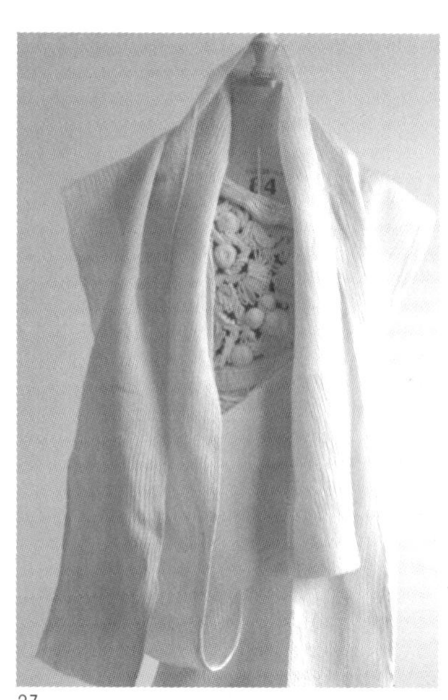
27

3.直接表现

直接表现是在没有预先太多构想的情况下，通过面料在真人或模特儿人台上即兴披挂、包裹、打褶、挖孔、开剪和闭合等。并且，还可以从造型过程所不断呈现的效果中发现和把握款式的造型和着装的风貌。这种动态式的表现方法，能直观地展现出种种难以预见的样式变化，有时更能激发和开掘作者的创造潜能。

第二节 立体裁剪的表现方法

服装的立体裁剪是以人为对象表现其着装样式的艺术创造。由于服装款式在着装运动中有着动感展现的鲜明特征，因此，立体裁剪的表现方法和手段是丰富多样和生动活泼的，可因人、因时、因地而宜，采取各种造型的方式，对材料、形态、尺度、体量、空间、运动、机能和加工等相关因素进行综合思考和灵活运用。

1.不断修改的方法

立体裁剪既要体现设计构思，又要追求优美的版型。它不仅是用面料创造一件壳体状的实用服饰，更是体现一种文化和生活方式。因此，在裁剪和造型的过程中一挥而就虽偶尔有之，但更多的是在精心构想不断修正的过程中完成的。从面料、试样布的选择和模特儿人台的补正到款式廓形、结构细节、服用功能和舒适度等方面都要精益求精地追求完美的形象。此外，在服装造型中还要随时把握对比和和谐、节奏和韵律等形式美法则，努力从多方位多角度的空间展现中细心观察它的着装形态，以求得恰到好处和尽善尽美的表现效果。

2.随机应变的方法

在立体裁剪的过程中，经常会萌发创意的火花，改变或代替原先的构想。这种创造的欲望来自实践中的启迪，随时发生在制作的过程中。有时从表面上看它似乎具有不可预见的偶然性，但是，随机而发的创意，却正是创作者艺术修养和潜在的创造力开掘的最好体现。为此，要有意识地把握与提升创新的意念，使敏锐的观察力和强烈的表现欲望在一触即发的表现中散发出强劲的动力。随机应变的方法是开拓想象和表现三维立体形态新样式的有效方法。

3.技术与艺术相结合的方法

服装造型是技术与艺术相结合的表现。一方面，作为造型手段的技术要讲究科学合理精到熟练，能有效地体现设计的意图。而另一方面，服饰的造型要把艺术之美融入形象制造的每一个环节之中。技术与艺术的完美结合是每一位设计师不言而喻的追求。

28

第三节 立体裁剪的思考要点

服装设计师和打版师在立体裁剪的过程中，针对服装造型和裁剪制图两方面的内容，需要着重思考以下4个方面的问题。

29

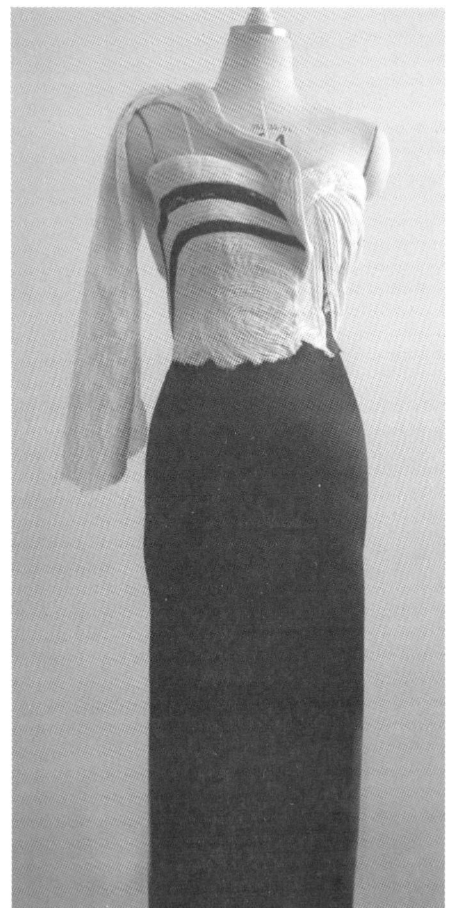

30

29 按设计要求选择不同质地的面料进行立体裁剪

30 紧身礼服造型的立体裁剪，必须加放基本松量

1.造型与功能的关系

服装立体裁剪是以服装壳体造型为特征，以某一特定形态语言的体现为手段,以穿着为目的的一种造型形式。因此，应该以人为中心，同时兼顾它的实用性和艺术性。服装立体裁剪的造型设计和版型制作，首先要明确着装对象、时间、场合和用途等因素。其次，造型样式与材质是为表现某一种特定文化品位、追求某一种生活方式和着装风貌为指向，以满足对象在物质和精神方面的需求为目的的。当今，服装在人与自然，人与社会和人与环境的共存互动中，越来越以其独特的样式，充分体现出以人为本的个性追求和审美情趣的愿望。

2.造型与材质的关系

服装（壳体）造型，就材质构成而言是用特定材料经分割与缝合、挖孔与套入、包裹与披挂、穿连与拼接等方式组合而成的。用于服装造型的材料有天然纤维织物、人造纤维织物、混纺织物，以及皮革、毛皮、珠和玉等。另外还包括衬、垫肩和线等辅料。材料是服装造型的媒介，由于不同材料的手感和感受的不同，以及吸湿性、透气性、悬垂性、硬挺性和可塑性的差异，即使造型相同，由于材质不同，制作成型的外观亦会各不相同。因此，在服装造型设计与裁剪的过程中，有选择地使用不同材质的面料，有效地把握材料的特性，应成为在服装造型训练中需认真体验的内容。服装设计师和打版师对材料的熟悉程度和成型可能性的经验，是他们在立体裁剪过程中实现理想造型和优美版型的重要基础。

3.造型与人体的关系

服装立体裁剪要特别注意着装后衣服与人体间的贴合与远离的空间尺度，这种空间量通常称为放松量。放松量的多少不仅直接影响服装造型的外观，而且与穿着的舒适度的关系尤为密切。最基本的放松量应考虑到人在呼吸、举止、走路、登高、跑步等运动时产生的变化。对放松量要做到心中有数，才能在立体裁剪的过程中把握适度、自由运用。初学时，可以通过度量或目测等手段对人体运动的比例尺度进行观察与研究，对由此产生的服装造型和舒适度的变化进行比较、归纳，从而建立起放松量的基本数据，这样才能在立体裁剪时做到心中有数和恰如其分地把握服装造型。

31

4.服装与空间量的关系

对造型与人体的思考，自然会涉及到对服装壳体各部位的比例尺度。众所周知，服装造型的多样性首先是由比例与尺度的变化引起的。壳体外型的特征与各部分的尺寸和衣片彼此间扭曲、伸缩、扩展和相拼组合所形成的空间量有关，服装壳体的大小与人体尺度的比例总是在一种相对应的关系中，随着肩宽、腰围、下摆宽、衣长、袖长、裙长等任何一处数据的改变，而带来壳体外观和着装样式的变化。如用几何形状的外形加以概括，那么，比例关系的组合会形成形态各异的长方型、方型、梯型、三角型和球型等形态。因此，设计师和打版师在立体裁剪时，不仅要熟知人的体型特征，把握由运动引起的比例尺度的变化，而且还要对服装各部位与人体之间的关系进行研究，尤其是比例与造型、功能、舒适度方面的“度”的思考，只有这样才能做到准确而优美地表现服装的形象。

32

5．形态与支撑点、支撑面的关系

支撑点又称支点，是由面料的某一点被提起固定于壳体造型的某一处，所形成的褶纹形态。支撑面是指造型后形成的块面形态。人体支撑起壳体状的衣服是显而易见的，但是变化多样的形态与支撑点、支撑面之间的关系就不那么容易理解了。在服装制作中，正是形态与支撑点、支撑面的关系才体现出服装造型的精到之所在。通过对作品的深入解析和动手实验，我们会逐步体验和掌握其变化的奥秘。图32采用真丝面料，对支撑面的大小和对支点位置的高低错落进行造型处理，所形成的形态各异的半立体褶纹便是一例。立体裁剪宛如雕塑般的艺术表现，其中蕴涵着丰富生动的疏与密的对比和节奏与韵律的美感体现。只有认真把握形态与支撑点、支撑面的关系，立体裁剪才能充分表现出服装造型随着人的运动所形成的影与线的优美姿态。

33

31—33 立体裁剪时应根据设计要求正确把握服装壳体与人体之间的空间量，以及由支撑点、支撑面的变化所形成的造型各异的着装形态

34

34 用不同质感的面料进行立体裁剪的实验，可直观地分析面料成型的可能性，以及因面料质感差异所呈现的不同外观的优美性

第四节 立体裁剪的工具与材料

用于服装立体裁剪的工具，除传统的剪刀、熨斗、尺、划粉和笔以外，还须配备模持儿人台、大头针和胶带等。用于立体裁剪的面料和辅料极为丰富，并且，随着科技的发展，新工具和新材料的层出不穷，这给服装设计与裁剪提供了更大的表现空间。

1.工具

熨斗的作用是将试样布或面料在桌面上熨平或打褶定型，有时可直接在模特儿人台上烫压褶纹确定造型。大头针的针尾分有珠和无珠两种，以针身细长、尖利为好。大头针的选择可根据各人的爱好而定，其作用是将布料固定在模特儿人台上，使衣片之间的缝份所形成的立体造型能得以呈现。胶带的作用是在模特儿人台上标示辅助线和造型线，一般可选用0.3厘米或0.5厘米宽的双面胶。缝纫剪用于试样布和面料的剪裁。划粉、铅笔和麦克笔用于标出布纹走向线、衣片轮廓线和对合线等作记号用。测量人体或模特儿人台可用标有公分刻度的软尺。辅助线、对合记号和布纹走向线可用标有公分刻度的透明直尺。“6”字形尺和大刀形弯尺较适合于画领弯、袖笼、袖山、裙子侧缝轮廓线和弧形分割线。

35

36

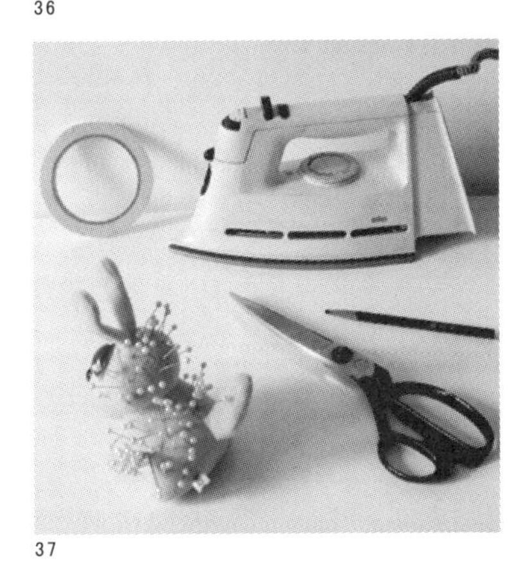

37

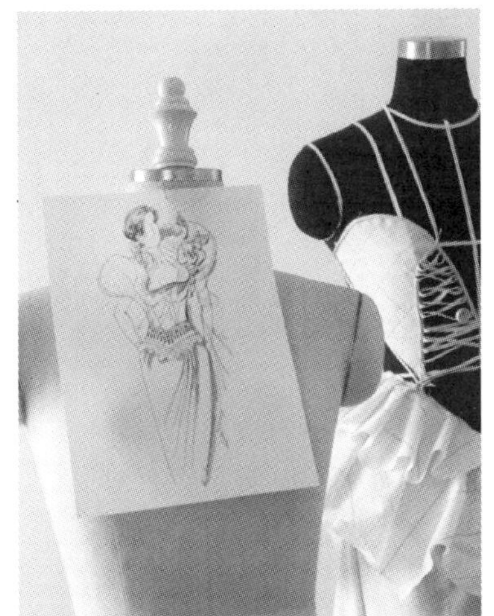

38

35 模特儿人台、假手臂、垫肩与试样布

36 直尺、大刀尺、“6”字尺、软尺

37 胶带、熨斗、针插与大头针、剪刀与铅笔

38 设计图固定在模特儿人台上或便于观看的墙面上

2.试样布、面料和辅料

试样布

选用价格便宜的白色平纹棉织物作为试样布，一则不受色彩和图形的干扰，二则不易走形便于修改。用试样布进行立体裁剪，既经济又实惠。试样布宜选择与面料质地和垂感相似的织物，使样衣板型与正式面料制作的造型较为接近。

面料与辅料

面料一般包括棉、麻、毛和丝等天然材料，其中丝绸类有乔其纱、素绉缎、双绉、塔夫绸、烂花绸、金银织锦和缎条绡等。另外还有化纤、合成纤维织物和混合纺织物以及珠、木、玉等。辅料是指垫肩、衬和钮扣等，在实验性的制作中有时还可采用纸、金属、塑料等非服饰用材料完成某些独具创意的样式，探索立体造型的特殊效果。

3.模特儿人台

用于立体裁剪的模特儿人台分男性人台和女性人台两类，其外表有一层可供插针用的软表层。根据不同需求可选用上半身人台、半身人台和全身人台以及可活动伸缩的人台等。模特儿人台的型号一般按不同体型分类设定，立体裁剪时可根据需要进行选择。教学中一般选用的是84型女模特儿人台(图39—40)。

人体的身高、体型和年龄的差异，以及着衣的多少会使体形外表的凹凸起伏和廓型的比例尺度产生变化。根据款式造型的需要可改变模特儿人台的某一体型特征，例如作宽肩造型则需添加特制的垫肩。为此，在立体裁剪前对模特儿人台作些补正是必需要注意的。

模特儿人台的补正（图48—51）

模特儿人台的补正是立体裁剪中必须掌握的一门技能，亦是立体裁剪的首道工序。特定对象的壳体造型与适身合体的版型确定，要选择与其相似的模特儿人台才有操作的基础。为此，对不符合要求的部位要进行必要的补正。

补正包括选择与特定对象相似的人台，并依照特定对象的体型尺度，调整模特儿人台的肩外形、胸和腰腹的基本形状。根据款式设计的要求，选用海绵、垫肩和布料等，直接覆盖到模特儿人台需补正的部位，用大头针固定。或在模特儿人台上覆盖衣物，使其体型符合造型的需要也是一种方法。不过任何补正的措施都应根据款式设计和特定造型的需要而定。只有补正后的模特儿人台，才能给立体裁剪提供正确的版型。

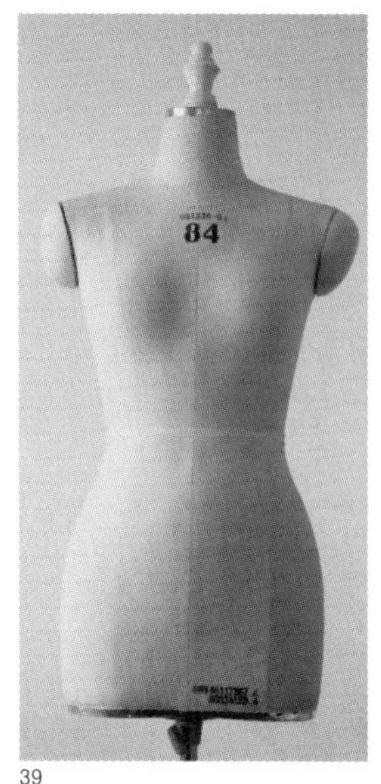

39

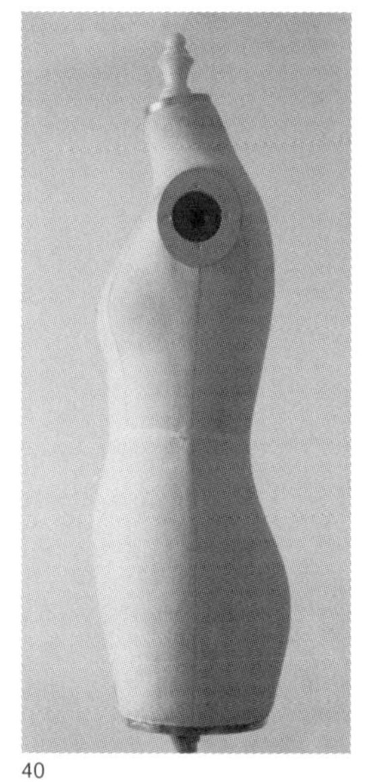
40

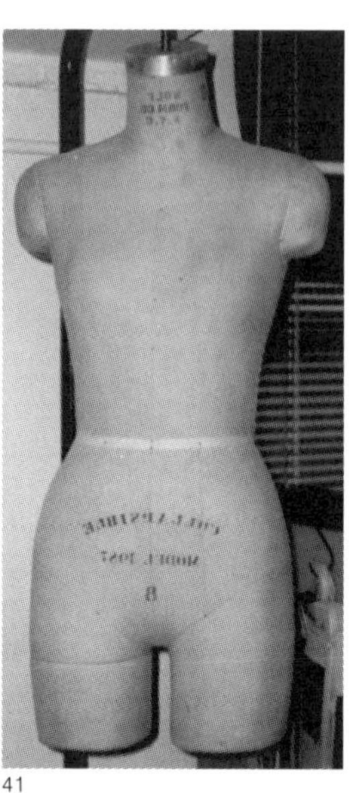
41

42

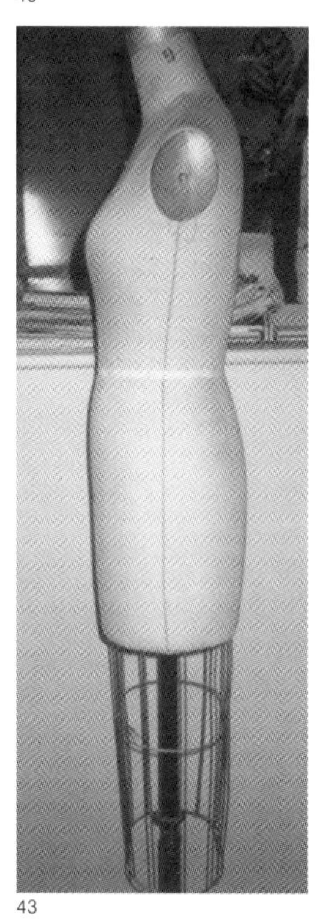
43

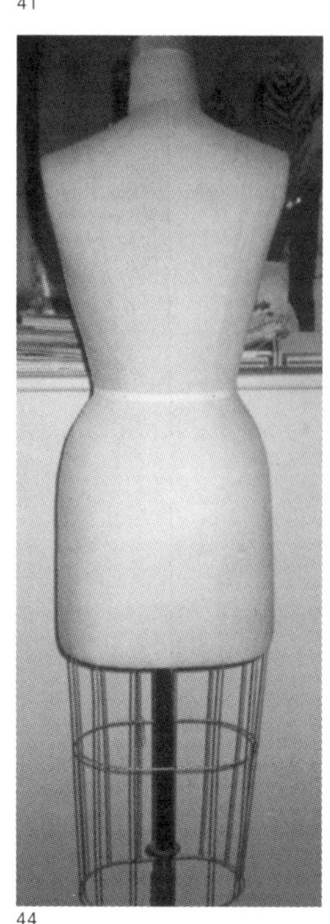
44

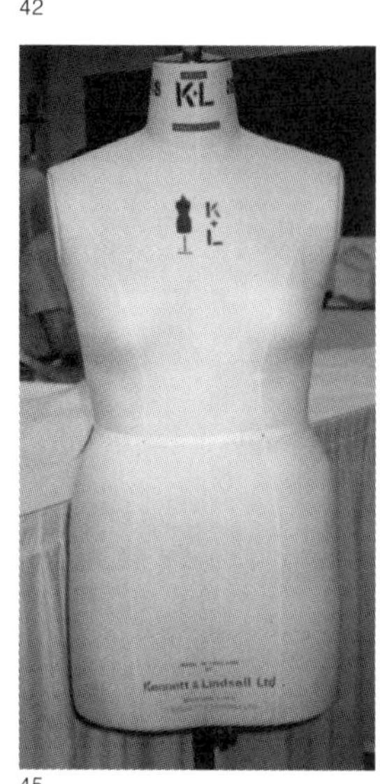

45

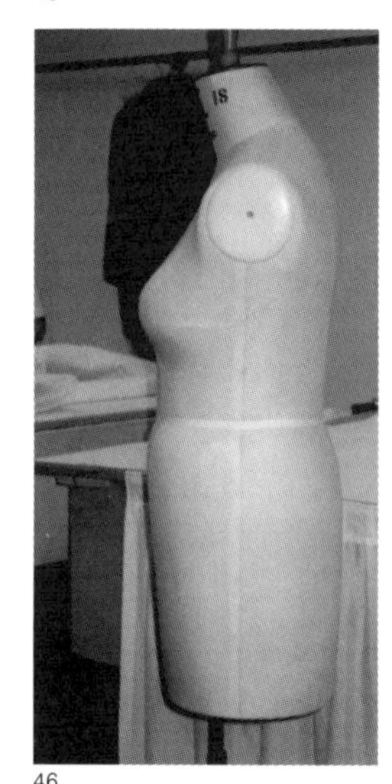
46

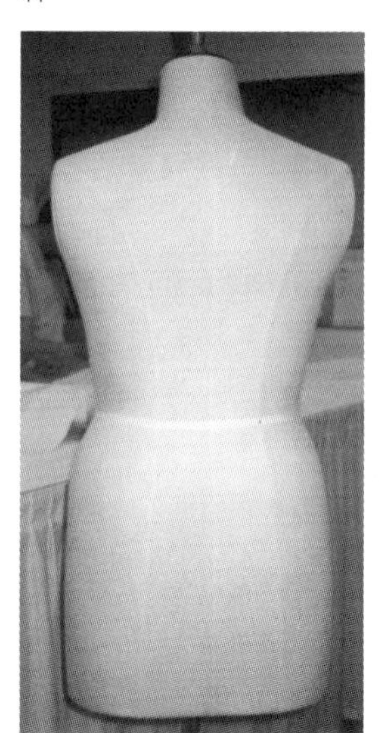
47

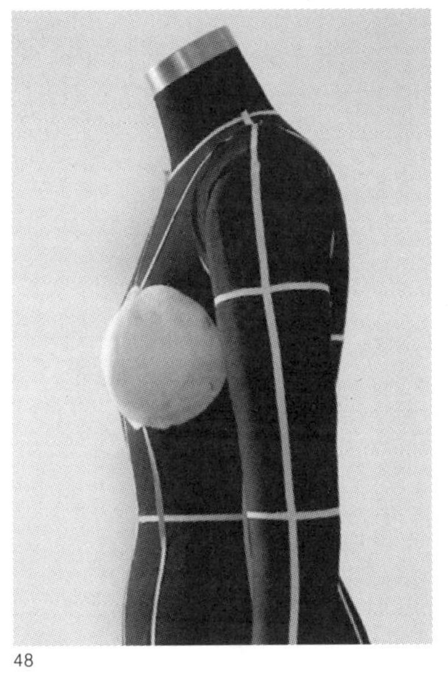
48

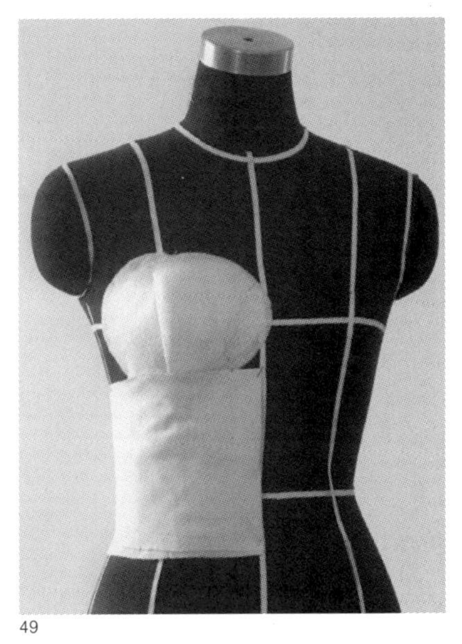
49

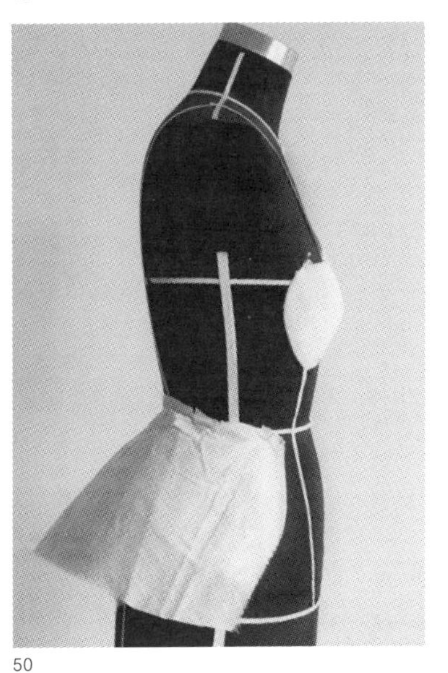
50

51

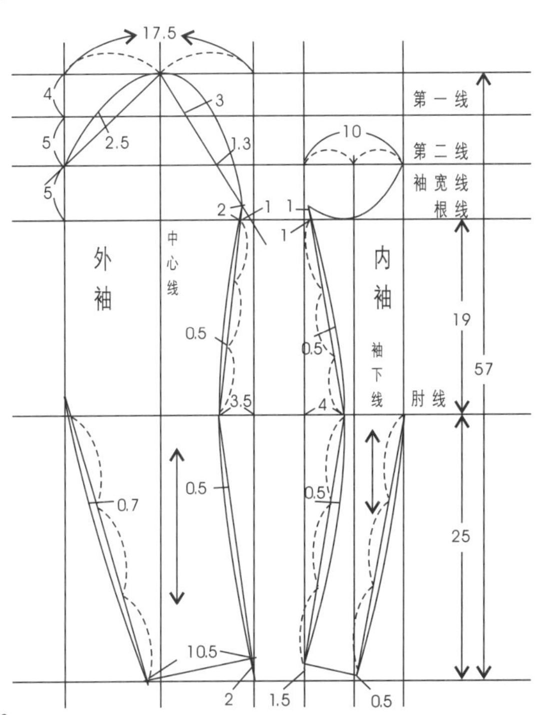

52

4.假手臂的制作

先以84型女性手臂的平均值为数据制图。制作假手臂一般选择与模特儿人台色泽一致的平纹织物为面料，加填充物（棉花、海绵等），用纸板和针线等材料制作，形状尽可能与真人手臂相似。然后在臂根上端附加 6厘米宽的半圆形布块，如图48模特儿人台的假手臂那样固定于肩部。

假手臂的裁剪

（1）面料的取法

为了使平纹织物的丝缕不歪斜，可将织物布纹丝缕整理好并熨平，先留足手臂所需长度，放足余量做好标记，然后在织物标记处剪一刀口用双手撕开，再用熨斗熨平后备用。

（2）大、小袖片的制图和裁剪

用图52的制图方法绘制出假手臂的纸样。取整理好的面料平放在桌上，按布料的直丝缕画出袖中线，顺横丝缕走向画出袖壮线、袖肘线和袖口线等辅助线，然后将纸样上的基本线与布料上的辅助线对合，顺纸样边缘画大小袖片的轮廓线，留出缝份后剪去多余布料。

39－40 84型女模特儿人台
41 有半截下肢的女模特儿人台
42－44 配有裙撑的女模特儿人台
45－47 胖体型的女模特儿人台
48 模特儿人台丰胸的补正方法
49 胖体的胸、腰补正方法
50 胸部特殊造型的补正方法
51 套上衣服利于外层衣服的立体裁剪
52 手臂裁片和手腕、臂根挡布的制图方法

缝制（图53－62）

（1）大袖片内侧的熨拔与大、小袖片的对合

为了使大袖片内侧向里折叠2厘米后形成顺畅的弧度，先要用左手握住大袖片内侧肘处，后用右手四指按住袖中线近腕袖口部位，两手相反方向斜向拉扯，使大袖片内侧缝边伸长，将拔长后的大袖内侧边缘向里折叠2厘米后，形成流畅的弧线。

大、小袖片的对合如图53－54将小袖片的基本线与大袖片的基本线对合，用大头针固定。

（2）大、小袖片的缝合与袖山头的抽缩

将大、小袖片缝份面对面合拢，肘线后对其沿肘线向下用大头针均匀固定，再由肘线往上均匀对合，用大头针固定。用同样的方法固定另一侧缝份，当大袖片肘处出现 0.5厘米省量后便均匀归缩处理。最后如图55所示按大头针固定的位置进行缝合。

由于袖山头弧线比袖窿弧长1至2厘米左右，沿袖山头缝份处绱针缝后抽缩，归拢均匀后与袖窿弧等长，使袖山头处的造型微微鼓起。

（3）臂根、腕口根挡布的缝合

先将剪好的臂根和腕口的面料分别沿其记号线绱针缝一圈，并抽缩略显归拢状。将臂根、腕口根的纸片分别插入缩缝过的臂根和腕口裁片中抽拉归拢。如图56所示将腕口根挡布与手臂腕口处背对背缝合，翻转后将棉花从手臂根部填入，填满后折光缝份与臂根档布缝合（图57）。并在手臂袖山部位作星点缝，使臂根处不要显得太粗（图58）。

（4）假手臂根连接布的缝制

选择与假手臂相同的面料作连接布，可以量取6厘米宽,10厘米长的半圆形或10厘米长的长方形状面料，先将外轮廓的缝份折光车缝好，如图59—60所示再将10厘米长度连接布对折与手臂袖山中点对齐，用针斜撬固定。

（5）假手臂的固定

左手握住假手臂，将手臂的臂根与模特儿人台的臂根对合，右手扯住臂根连接布的中点平放与小肩处，当与小肩辅助线对齐后便用大头针固定，从侧面看假手臂肘以下微微向前倾时，逐一沿连接布的边缘插针固定于模特儿人台上。假手臂固定后的形状如图61—62所示。

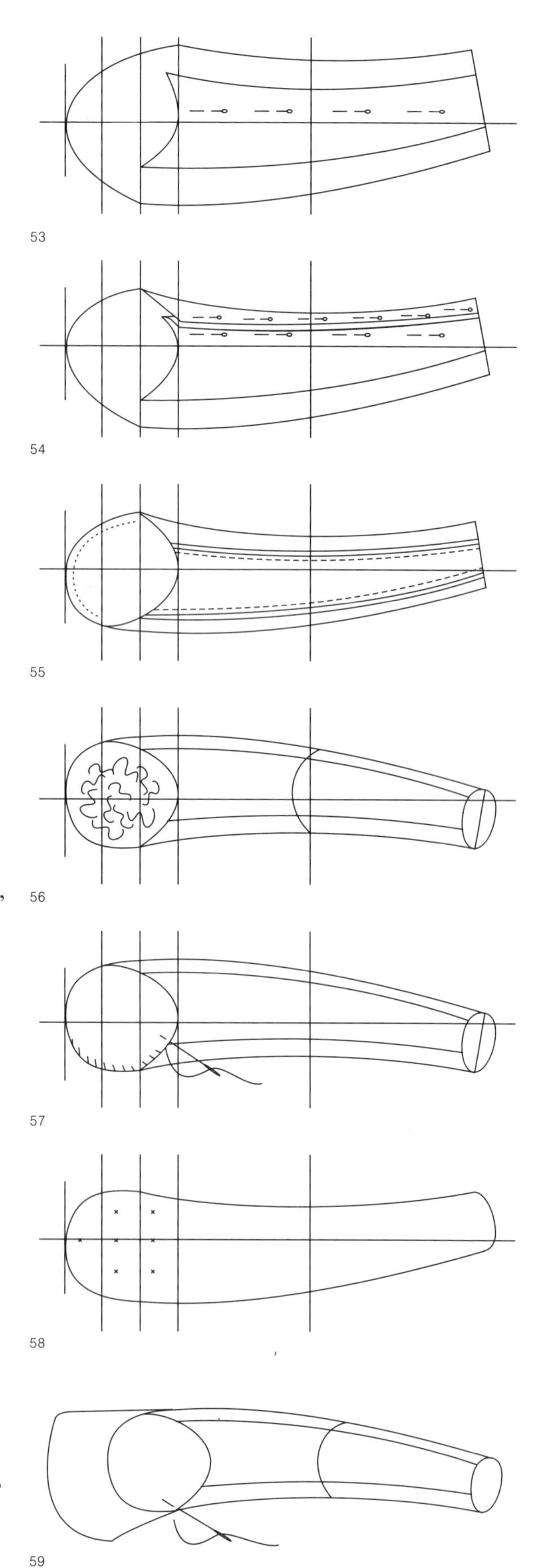

53－60 假手臂的制作步骤参见近藤著《立体裁剪和基础知识》

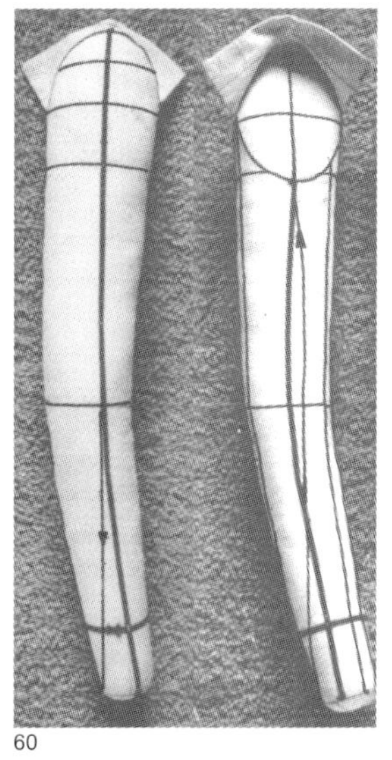
60

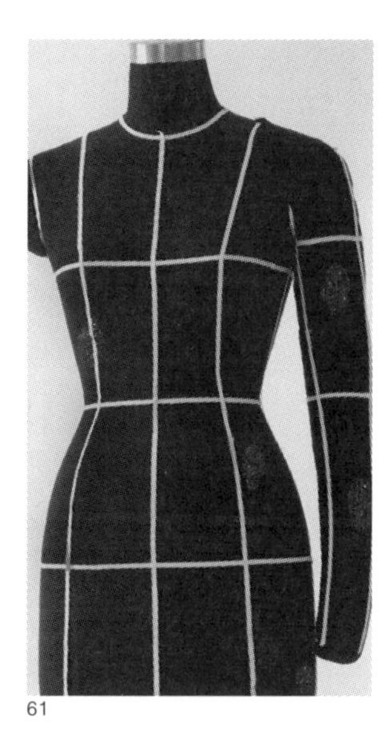
61

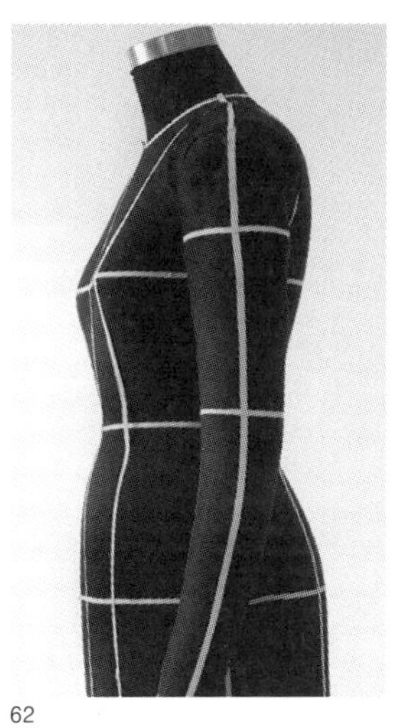
62

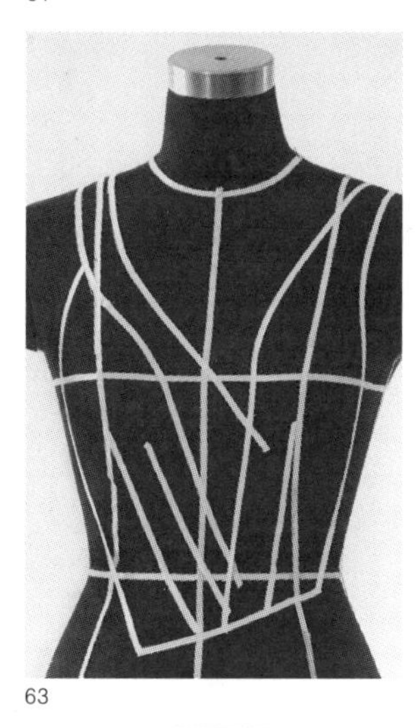
63

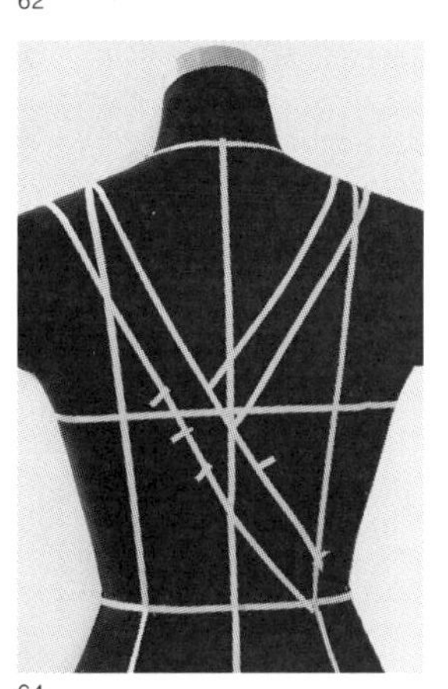
64

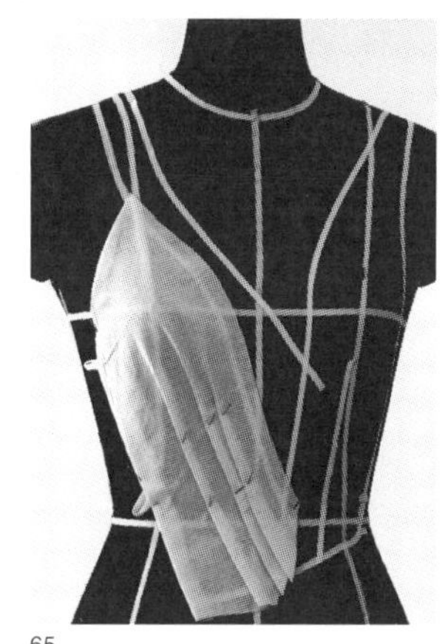
65

60－62 辅助线的标示和假手臂固定在模特儿人台后的状态
63－65 造型线的标示

第五节 立体裁剪的基本方法

1.辅助线的标示（图60－62）

假手臂的前、后中心线，模特儿人台上的颈围线、胸围线、腰围线、臀围线、前中心线、公主线、侧缝线、后中心线和小肩线，是立体裁剪的辅助线，需要正确地标示。

如图60所示用胶带从手臂的前、后中心线的肘处顺势向前弯曲。模特儿人台上辅助线的标示如图61—62。方法步骤如下:

A 在模特儿人台颈前中心点悬挂有重物的垂线，检查确定其是否水平摆正。取0.5厘米宽的胶带沿 bp点胸围最丰满处水平围一周，确定胸围线的位置。

B 取0.5 厘米宽的胶带沿颈脖根一周，剪刀眼使弧线顺畅后确定颈围线的位置。

C 取0.5 厘米宽的胶带沿腰最细处水平围量一周后确定腰围线的位置。

D 用0.5 厘米宽的胶带在腰围线以下18厘米—20厘米之间臀围最丰满处水平绕一周确定臀围线的位置。

E 用0.5 厘米宽胶带从颈前窝点起往下垂直延至模特儿人台底边确定前中心线的位置。

F 用0.5 厘米宽胶带从颈后中心线位置起往下垂直延至模特儿人台底边确定后中心线的位置。

G 用0.5 厘米宽胶带从腋下中间点起垂直延长至人台底边确定侧缝线的位置。

H 用0.5 厘米宽胶带从小肩二分之一处起，经bp点至四分之一前腰线和臀围线延长至模特儿人台底边，确定公主线的位置。

I 从耳根垂直往下至颈侧点起，用0.5厘米宽胶带往肩端点方向至肩端边止确定小肩宽的位置。

J 用0.5厘米宽胶带从小肩二分之一处起，过肩胛骨与四分之一后腰宽、臀围宽这一点相连接至模特人台底边，确定刀背线的位置。

2.造型线的标示（图63－65）

在模特儿人台上设定好辅助线之后，还必须用0.5厘米宽的胶带标出款式的造型线。造型线包括款式外轮廓线和内分割的结构线和扣眼线等。标示造型线通常先定外轮廓线后再确定内结构分割线。造型线的标示要求位置正确无误，记号清晰。

3.大头针的别法（图66－68）

立体裁剪中用试样布在模特儿人台上造型和连接衣片，均要借助于大头针的固定。如图66所示的斜插法是用大头针固定的最基本方法。布与布之间的固定方式则采用重叠、对折和撬别等方法。

（1）重叠法（图67a）

在第二块与第一块衣片相接处，先将第二块衣片依造型线折向背面，留出 2厘米余量剪去多余布料。然后把第二块衣片的造型线与第一块衣片的造型线对齐，用大头针斜插固定。

（2）对折法（图67b）

将两块试样布依照造型线位置分别折向背面，留出2 厘米余量剪去多余布料。另一种对折法是先将两块试样布依照造型线位置用大头针固定，使缝份向外留出2厘米余量后剪去多余布料。

（3）撬别法（图68a—68b）

当两块试样布贴近或其中有一部分远离模特儿人台又需要相连接或捏起面料加放松量时，可采用撬别法固定。将大头针依造型线先穿过两层布，针头朝上使大头针的前端头露出布面。

4.省的取法（图69－71）

省道分折叠与开剪两种取法。如图69在省道处将多余的布料捏住向一边叠褶，用大头针固定的方法称为折叠取省法。若在省道位置将多余的量捏住，如图70所示垂直剪开，左、右两边分别抹向省道结构线，留出缝份用大头针固定的取省称为开剪法。

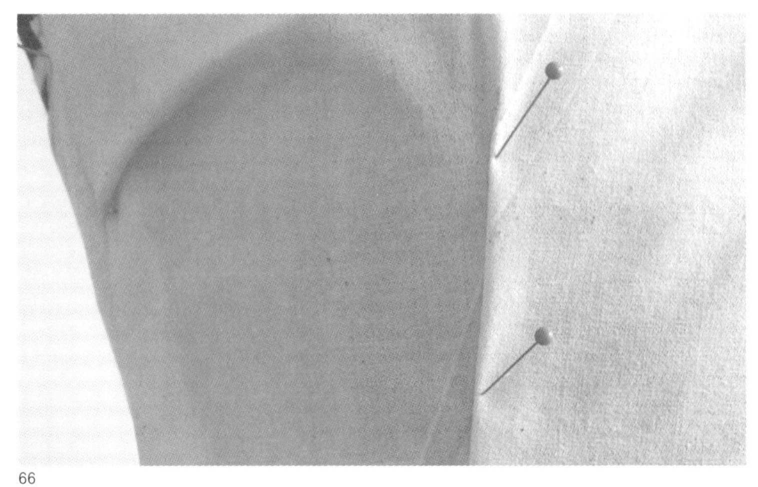
66

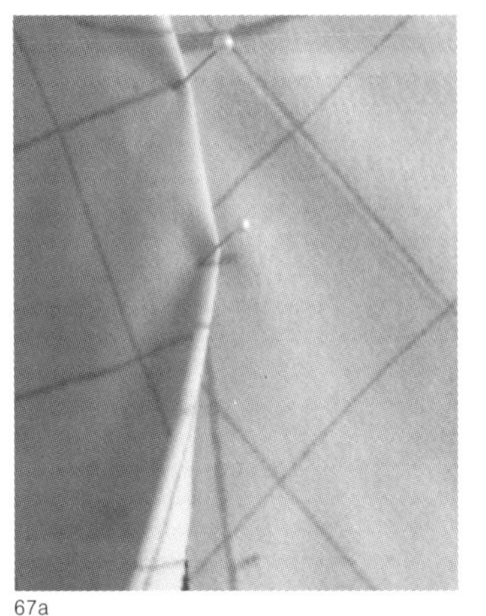
67a

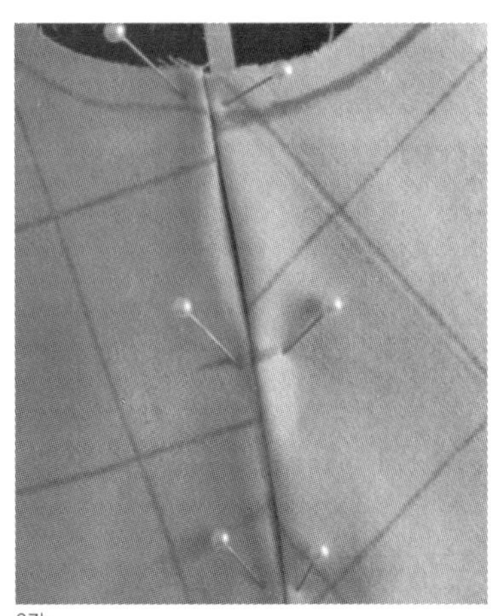
67b

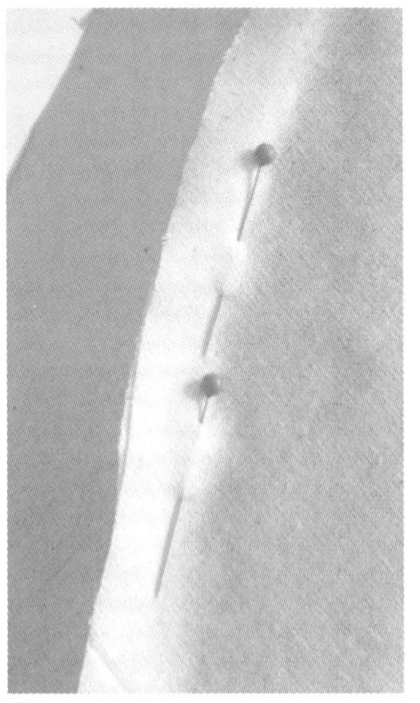
68a

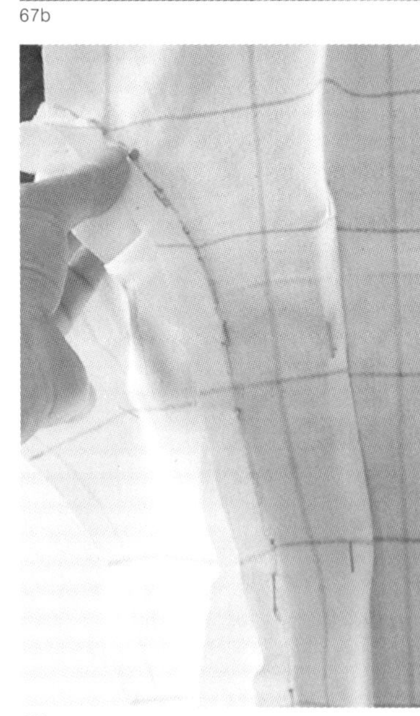
68b

66 大头针的斜插法
67a 衣片之间重叠后用大头针斜插法固定
67b 衣片缝份折光后对合用大头针斜插法固定
68a 衣片缝份向外对合后用大头针撬别法固定
68b 衣片缝份向外对合，加放松量后用大头针撬别法固定

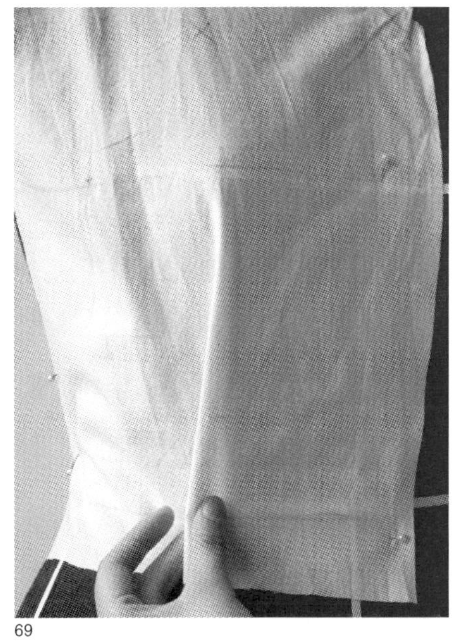

69

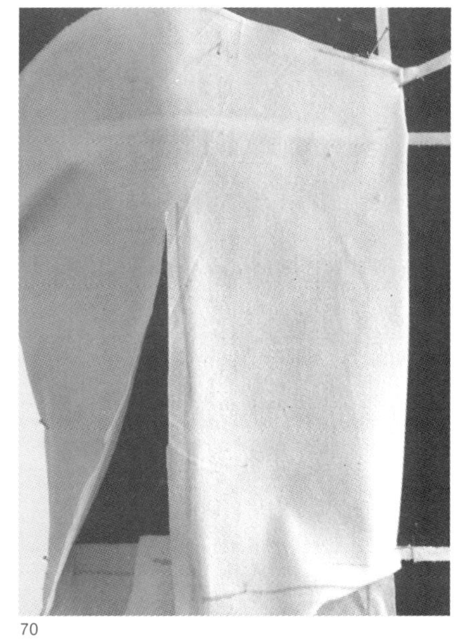

70

71

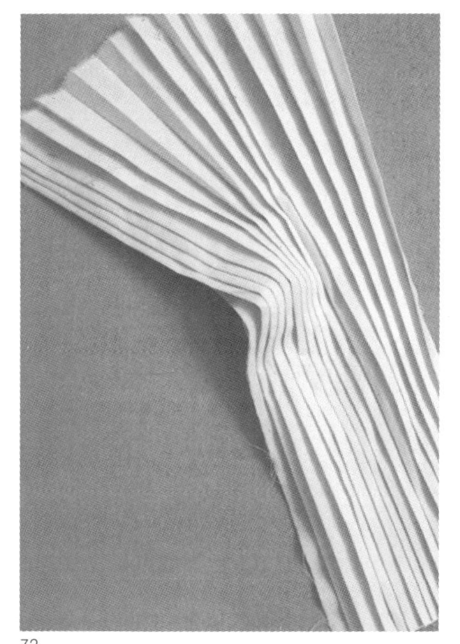

72

73

74

5.褶法（图72－77）

褶的种类很多,有活褶、叠褶、箱褶、顺褶、抽褶、荷叶褶、垂褶和缀褶等。一般可分为规则的和不规则的两类。按规则打褶的方法又可分两种，一是先将面料平放，标出每个褶的量和褶的间距，用大头针固定，熨成有规则的褶纹状，然后将它贴放到模特儿人台上进行立体裁剪。二是先在模特儿人台上标出褶间距与褶量，然后将布料依据所标记号折叠，使收省的量均匀地分布于各褶间。不规则的褶也有两种方法，一种是用试样布直接在模特儿人台上打褶造型或由捆扎形成褶。另一种则是在平整的面料上自由缀褶，经压熨粘合后形成半立体状的褶纹。

69－70 折叠取省法

71 开剪取省法

72 用熨斗压出等间距的褶纹

73 将试样布逐一折叠形成的褶纹

74 宽松衣缠绕形成的褶纹

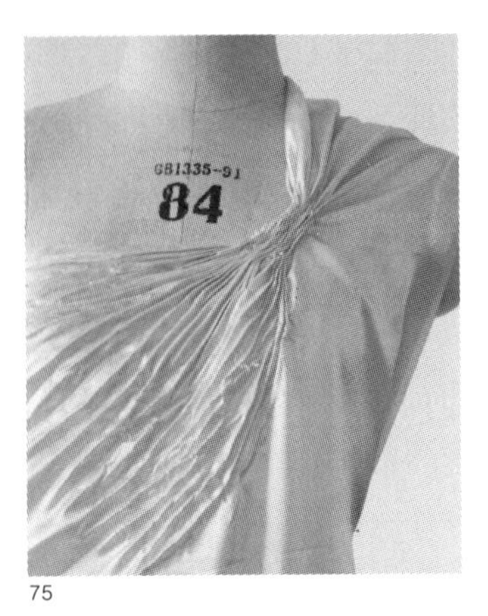

75

76

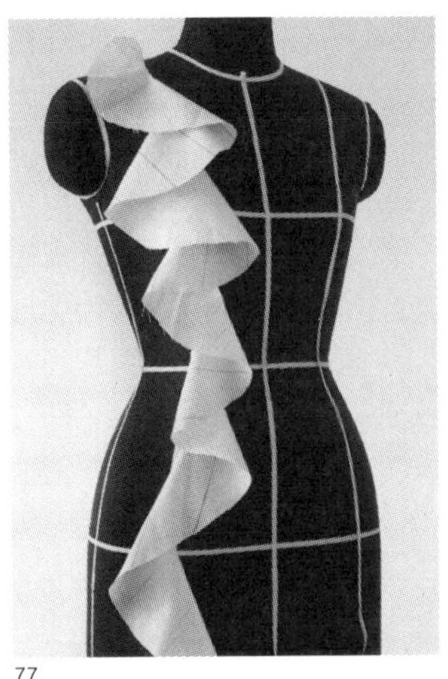
77

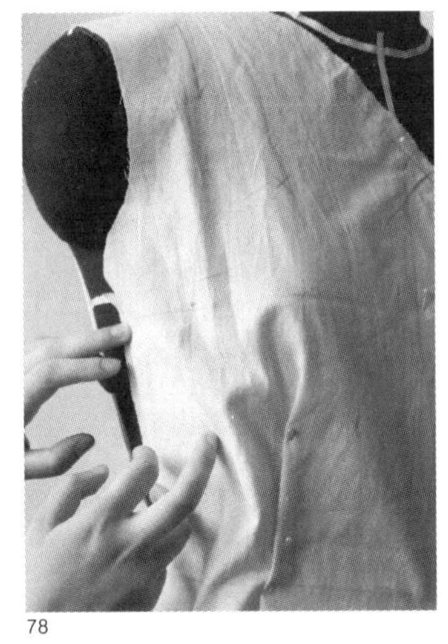
78

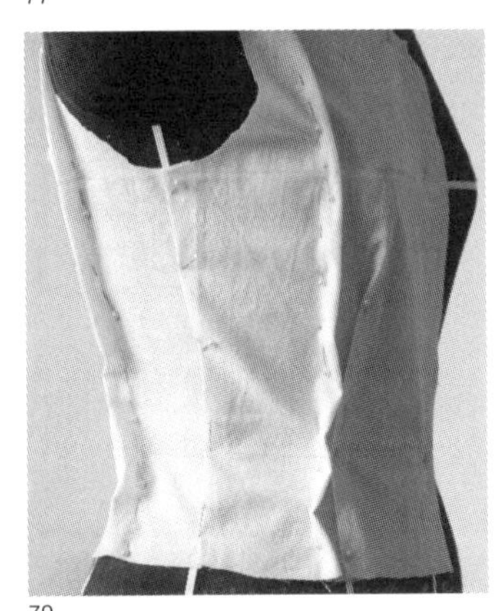
79

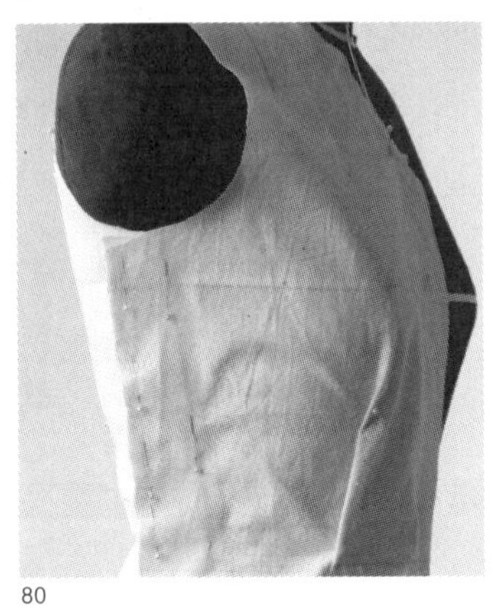
80

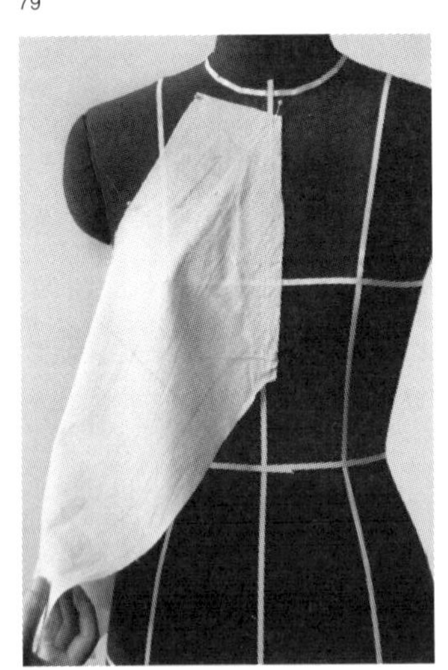
81

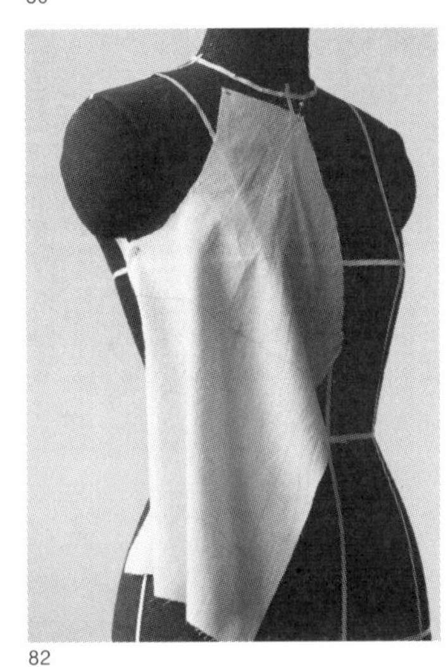
82

6.加放松量的方法

服装壳体放松量的把握应根据着装在运动中的舒适度而定。加放松量的方法一般分推移法、叠褶法、加放法和提拉法等4种。

（1）推移法（图78）

将布料覆盖到模特儿人台上，定出衣长、小肩宽和前、后胸宽的位置。在领弯弧度，袖窿处放足余量。剪去多余布料后，用左手指抵住试样侧缝处，用右手指抵住试样布往前推移至所需松度用大头针固定。此方法称为推移法。用推移法完成放松量之后，还必须观察上衣的胸围、腰围和袖窿等处离模特儿人台的空间量，以及外造型是否与设计要求相一致，确认后标出侧缝线，并在袖窿线的位置，留出缝份剪去多余布料。

（2）叠折法（图79）

将加放的松量预先折叠用大头针固定的方法称为叠折法。操作时，先在衣片公主线部位或近侧缝线处提起布料叠折，定出放松量后用大头针撬别固定。在模特儿人台的侧缝线上标出衣片侧缝线，留出缝份剪去多余布料。

（3）加放法（图80）

在衣片的前后胸宽和侧缝线位置向外加放松量的方法称为加放法。立体裁剪时先将布料覆盖在模特儿人台的相应部位，用笔标出侧缝线位置，从侧缝线上、中、下部位根据款式要求分别加放松量并用笔标示后用大头针固定，留足余量剪去多余布料。当造型外观与设计要求相一致时，画笔顺侧缝线、袖窿弧线和衣下摆线，剪去多余布料。

（4）提拉法（图81－82）

将布料提拉取得较多放松量的方法称为提拉法。这种方法常应用于宽松衣或特殊部位需要较大放松量的款样。

75－76 先以一定的间距用针线穿连拉紧，然后抽去缝线形成褶纹逐一向上提拉面料固定于肩部形成的悬垂褶

77 用圆形裁剪法完成螺旋形条状裁片后，提拉一端使其自然下垂形成波浪状褶

7.专用尺的使用(图83－89)

在服装裁剪和版型制作的过程中，除了使用直尺外，还常用到如“6”字形和“大刀”形的专用尺。专用尺的使用不仅方便裁剪和制图，而且画成的线条相当流畅优美。无论在立体裁剪的过程中，还是在试样衣片上作轮廓线和结构线的修正或版型制作，均要正确地使用专用尺。

(1) 6字尺的使用(图83－86)

6字尺因与“6”字形状相似而得名。在模特儿人台上用6字尺绘制袖笼弧线、领弯和弧形分割线十分方便。6字尺可上下倒置，即可左右倾斜使用，用笔描绘弧线是一顺到底还是虚线连接，可根据造型的需要而定。

(2) 大刀尺的使用(图87－88)

大刀尺细长略弯曲，形如大刀。画裙侧缝线、公主线和竖向略有弧度的分割线，借助大刀尺可以取得较好的效果。画裙腰或裤腰的侧缝线应将大刀尺的刀头向上，刀尾向下。画竖向曲线可根据需要自由移动大刀尺，即可采取边移动边画弧线的方法。

(3) 专用尺在衣片上的使用(图89)

从模特儿人台上取下样衣分成若干块衣片平放于桌面，用专用尺划顺衣片轮廓线和省道等线条，有利于修齐缝份使版型正确优美。直线状轮廓可以借助刻有厘米的直尺。6字尺可画出领弯、袖弯弧线和省道线。而借助大刀尺可画顺公主线分割线，以及衣片侧缝线、衣摆起撬弧线和裙腰侧缝线等轮廓线。

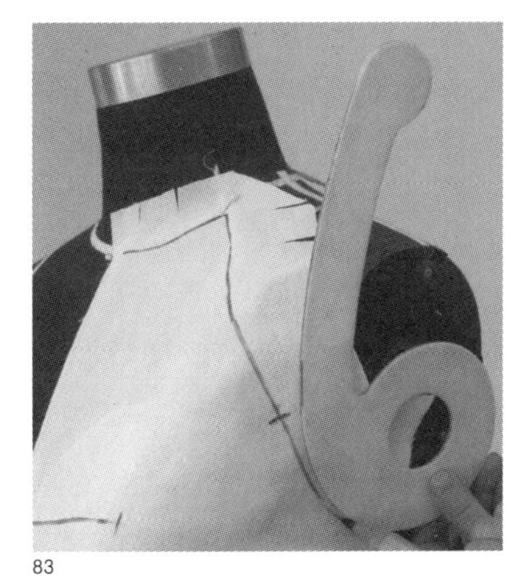
83

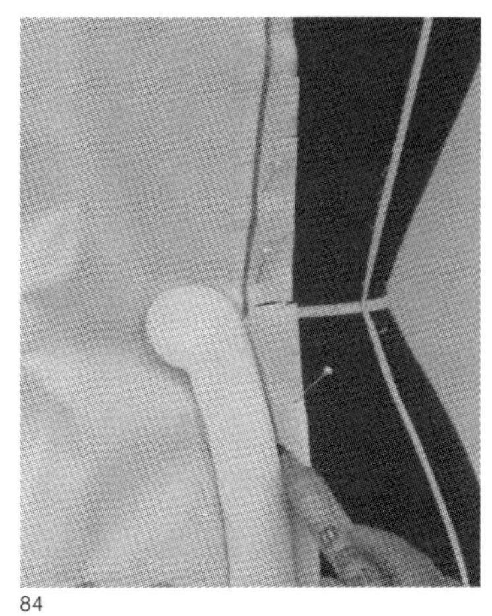
84

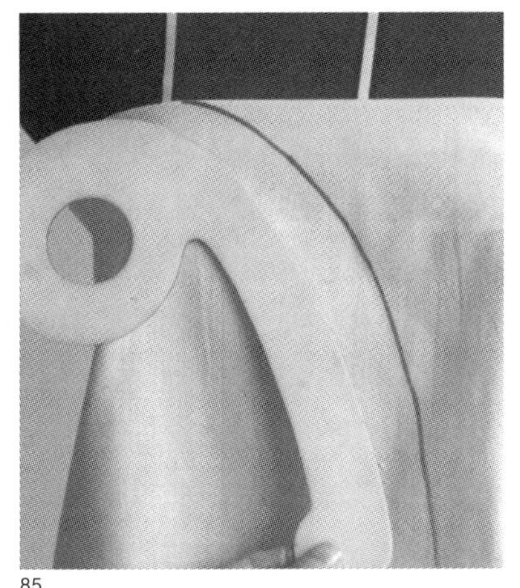
85

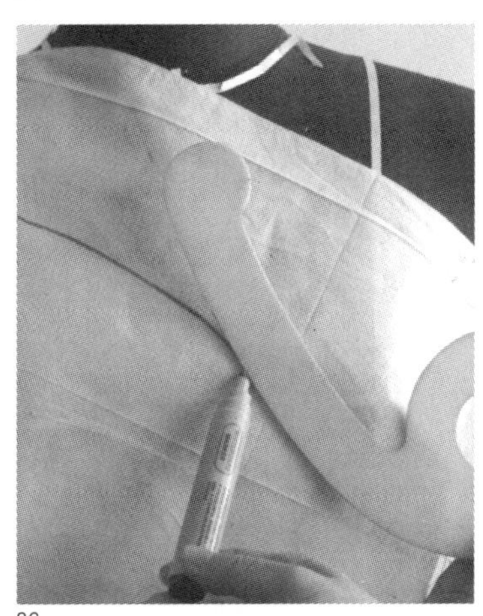
86

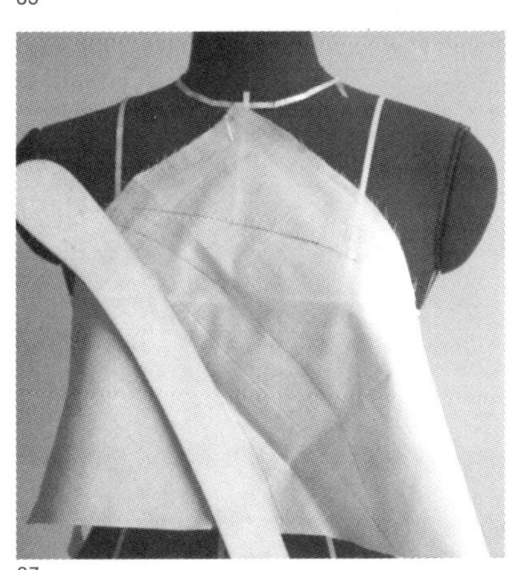
87

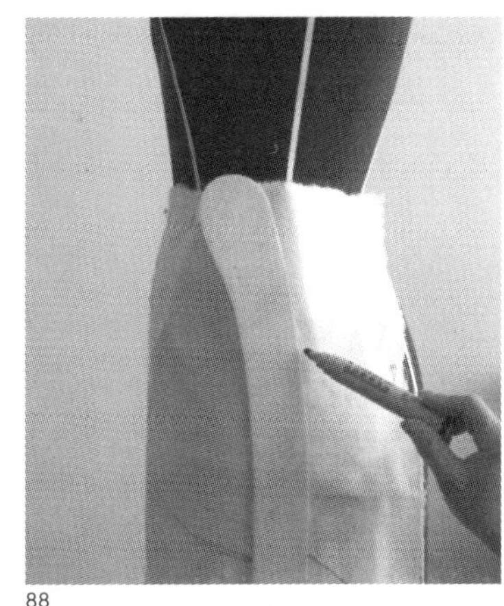
88

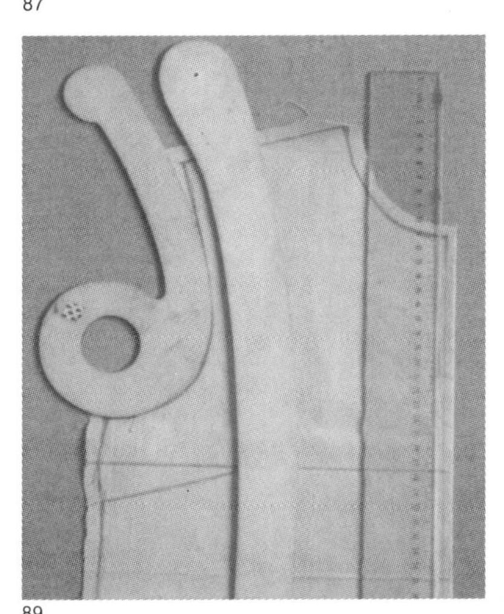
89

78 用手指推移面料形成的放松量
79 将布料的放松量捏起用大头针撬别的推移法
80 将侧缝线按所需放松量的外移并固定的加放法
81－82 提起衣摆定出侧缝线的提拉法
83 用6字尺画插肩袖窿底弧线
84 将6字尺倒置画背中缝腰线以下的弧线
85－86 转动，翻转或倒置6字尺画弧线
87 用大刀尺画公主线和竖向曲线
88 用大刀尺画裙腰至臀部的侧缝线
89 取下衣片展平用专用尺划顺轮廓线

8.造型的方法

选择与面料质感相似的试样布或用面料直接进行立体裁剪时,可根据款式的造型、结构和垂感等特点,先在直裁、横裁或斜裁之间作出选择,然后根据造型、结构和比例的大小，将布料分成大于立体造型尺寸的若干块方形和长方形备用。

(1)直裁法(图90)

衣片竖直走向与布料的长度方向相一致的裁剪称为直裁法。直裁法的优点是既方便省料，又不走形。因此，直裁法在立体裁剪中应用最普遍。

(2)斜裁法(图91)

衣片竖直走向与布料长方向呈45度的裁剪称为斜裁法。斜裁的衣片穿着效果显得柔软。薄形面料斜裁的线条流动飘逸,悬垂的褶纹自然顺畅,颇具美感。斜裁在立体裁剪中的运用也相当普遍，但缺点是比较费料。

(3)横裁法(图92)

衣片竖直走向与布料长方向呈90度的裁剪称为横裁法。横裁的衣片造型虽有扩张感，但下垂感较差。在立体裁剪中运用横裁没有直裁和斜裁那么普遍。

(4) 圆裁法 (图93)

以圆、圆弧或螺旋弧线分割线组成的衣片，覆盖在模特儿人台的造型线处，拉开弧线布料下端自然形成波浪起伏的形态。

9.直接造型的方法

在立体裁剪时用试样布或直接用面料作服装壳体造型的方法，一般可分为先实施面料肌理的造型法、块状布料造型法、平面裁剪与立体裁剪相结合的造型法和匹料造型法。

(1)先实施面料肌理的造型法(图94)

平面布料经人为加工使其外观形态改变，形成纹理凹凸的效果，是一种对面料的肌理处理。在立体裁剪时，遇到面料肌理有特殊设计的款式，通常按设计要求先对面料进行处理，以获得与设计要求相一致的肌理效果。有肌理的布块面积要大于实施造型的形面，这样才能在模特儿人台上进行立体造型与裁剪。

(2) 块状布料造型法(图95－104)

如果款式的结构由若干个分割面组成，那么采用块状布料造型是合适的。先根据模特儿人台前侧分割面所标示的长宽比例，在试样布上标出布纹走向和相应的辅助线,放足余量(长、宽各3厘米)，剪一缺口用手撕出粗坯，整理好布料的经、纬线使其水平和垂直后烫平。另将试样布放在模特儿人台前侧的分割面处，依造型线用大头针固定后用笔标出衣片轮廓，留出缝份后剪去多余布料。第二、三块分割面的衣片造型方法相同，在两块衣片连接处为了正确标示缝合的轮廓线位置，可将第二块衣片的缝份沿轮廓线折向背面，重叠于第一块衣片相接的轮廓线处，视其正确无误后用大头针固定。

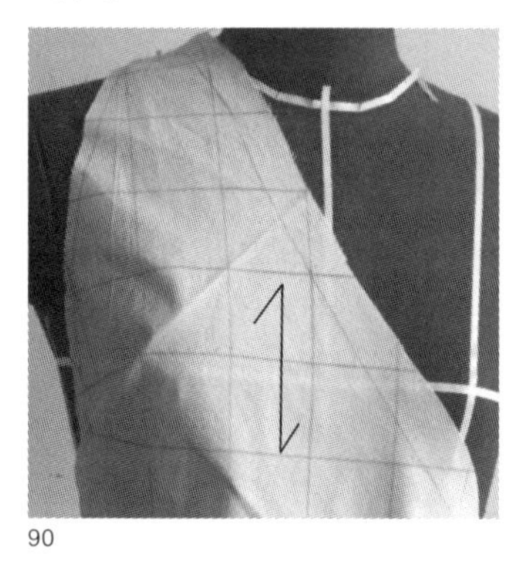
90

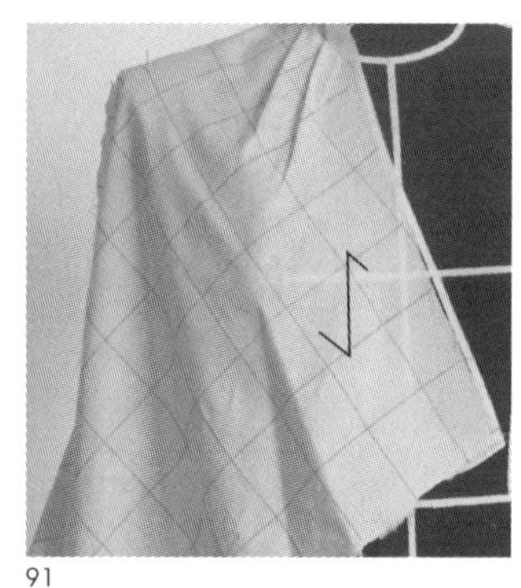
91

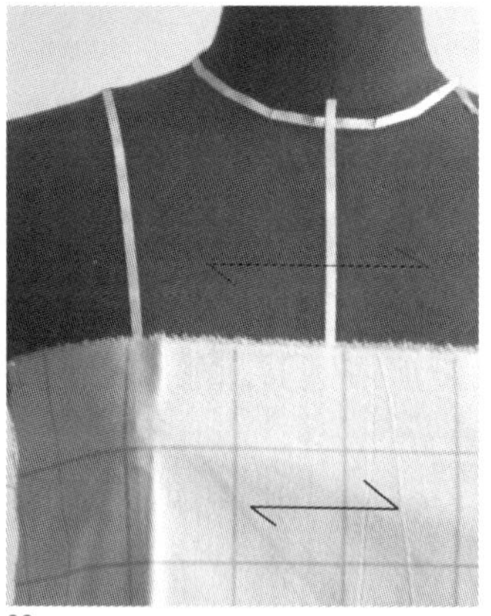
92

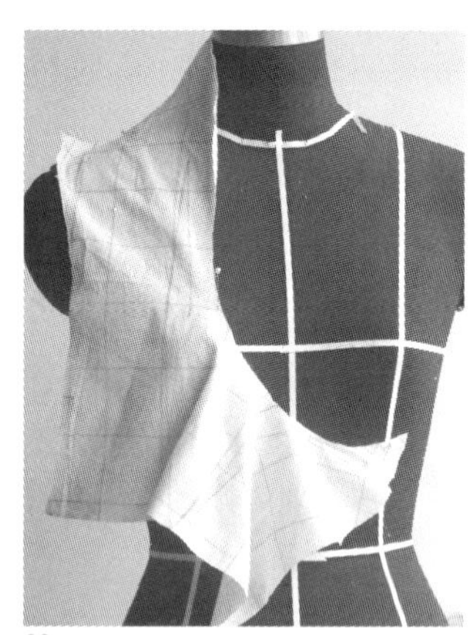
93

94

90 按布料的长度方向覆盖到模特儿人台上与中心辅助线平行的直裁

91 布料以45度斜向覆盖于模特儿人台上的斜裁

92 将布料幅宽方向覆盖到模特儿人台的横裁法

93 圆裁法

94 先将面料压烫出凹凸起皱的肌理后，覆盖在模特儿人台的装饰部位，然后进行立体裁剪

95－104 竖向分割式收腰上衣的立体裁剪步骤

（3）平面与立体相结合的造型方法

服装款式中的某些部分如用平面裁剪也能实现时，可以采用部分平面裁剪与部分立体裁剪相结合的方法。具体操作时，可先用试样布完成平面裁剪的衣片，放足余量后覆盖到模特儿人台上，与模特儿人台上的造型线相吻合后用大头针固定，或直接用衣片纸样开剪、扩展成新的纸样。然后用面料或试样布在模特儿人台上进行立体裁剪。

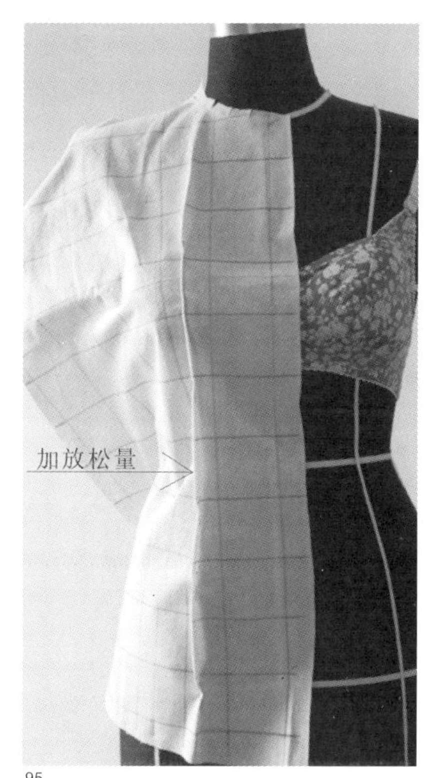

95

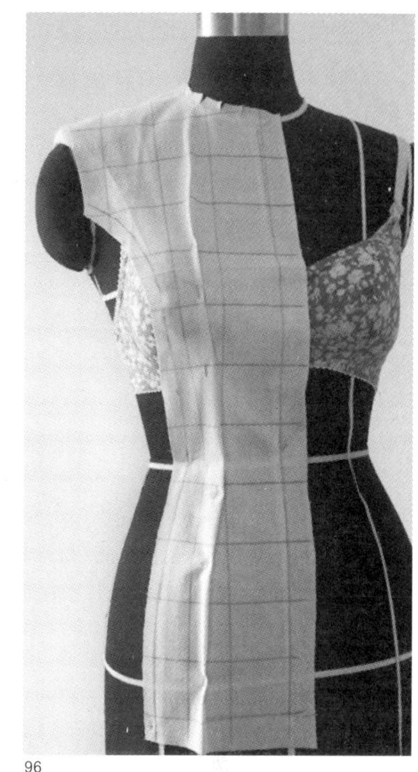
96

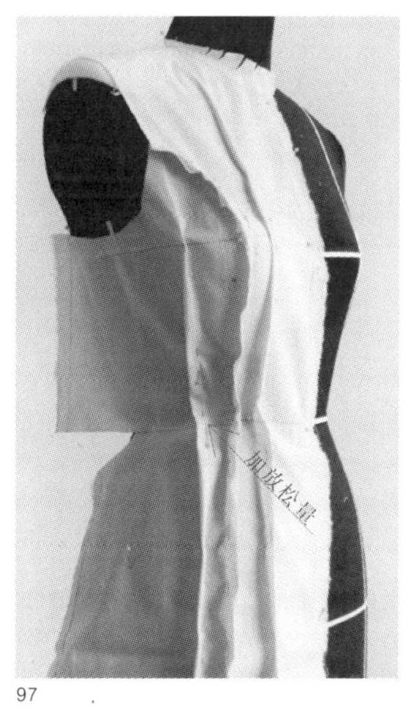

97

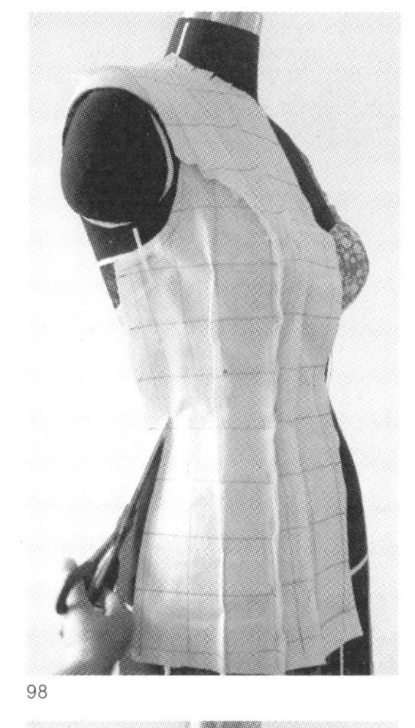
98

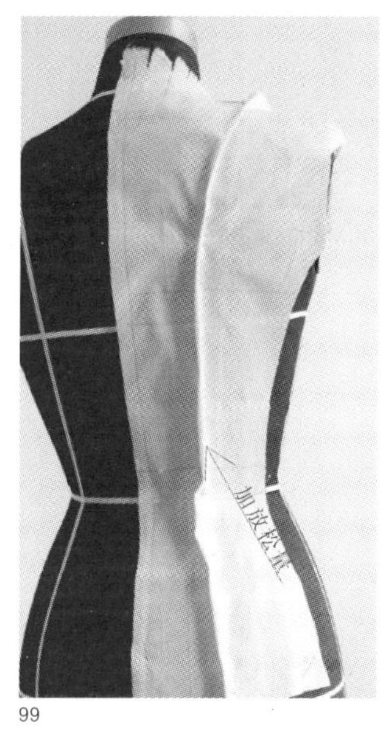

99

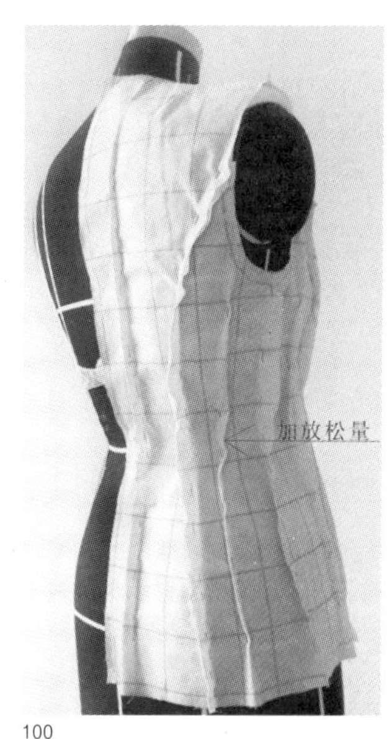

100

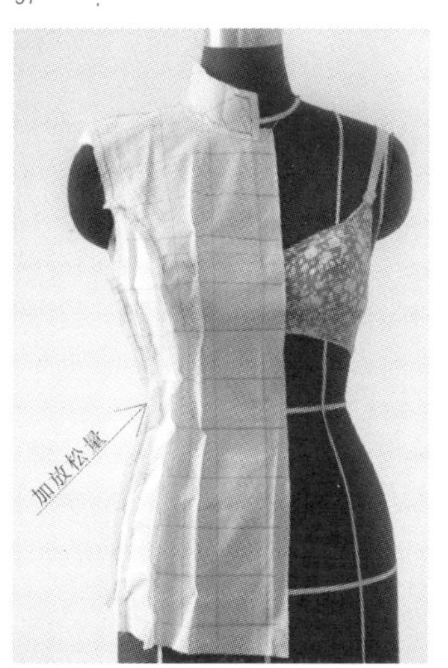

101

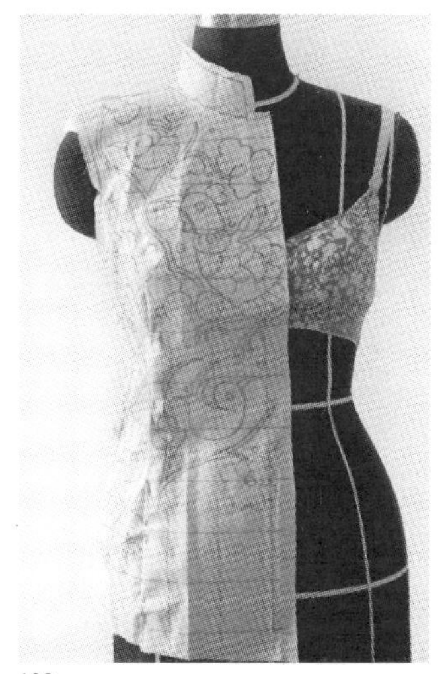
102

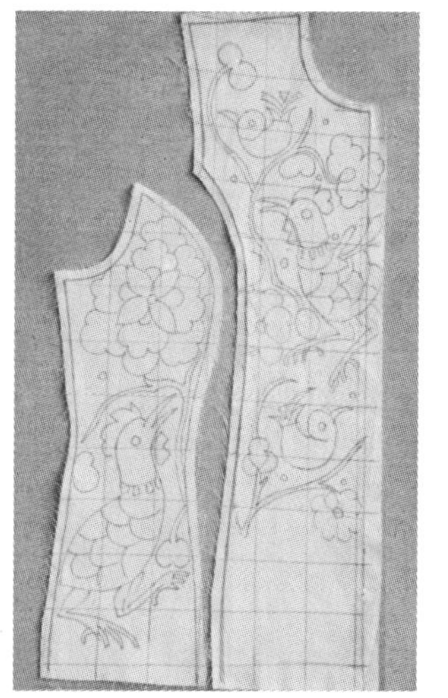
103

104

（4）匹料造型法（图105－111）

打褶一片裙、拖地长裙和包裹披挂式一类的立体裁剪，由于用料量大又无法精确预计，因此，一般用整段面料或试样布直接在真人或模特儿人台上试验，用剪开或合拢等手段进行直接造型，当呈现的款式与设计意图相吻合时，便可剪去多余布料。

10.在人体上直接造型的方法（图116）

对于特殊体形或有特殊要求的款式造型，除了对模特儿人台作补正后裁剪外，也可直接在真人身上进行造型与裁剪。在真人身上直接作立体裁剪通常显得方便直观，同时较容易获得正确的立体廓型与平面版型。通过面对真人举手抬足和转身弯曲动态的观察，将有利于确定放松量，追求着装的舒适度和机能性的合理性，以及审美性的体现。

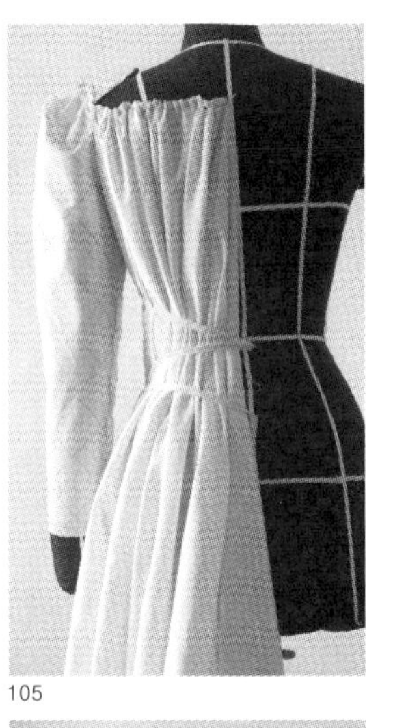

105

106

107

108

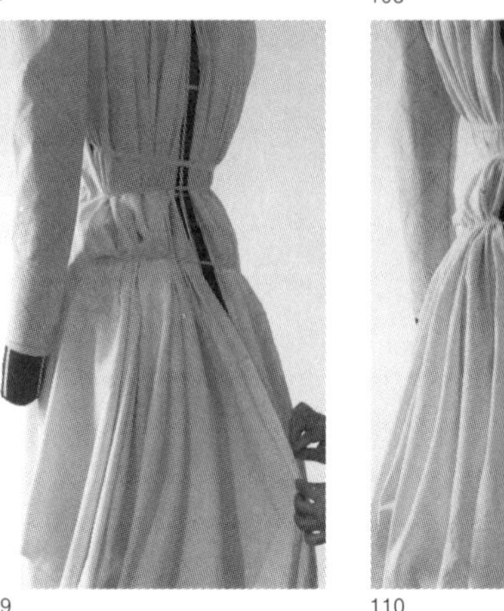

109

110

111

105－110 用匹料造型的步骤。取5米长试样布／剪去匹料上端的一角呈45度斜边／用绱针缝并抽缩成褶／覆盖在模特儿人台后背与造型线重合／用大头针固定／腰部用细带缠绕形成褶纹与收腰造型

111 用匹料裁剪完成的款式造型

11.假缝试样（图112－117）

将立体裁剪所获得的衣片，依其结构关系用绱针假缝成一件壳体状的衣服，是为了试穿后便于拆开和修正。从假缝到试穿的过程其实就是试样的过程。假缝通常不用车缝而用手针试缝，两块衣片连接处的缝份，一边折向背面并与另一块衣片轮廓线叠合对齐，用绱针粗缝固定，使起止针的线头与线尾外露，以便补正时能快速又方便地从正面抽掉缝线。

假缝样衣在试穿时，应从正、背、侧不同角度观察着装的效果，除了穿着的舒适度外，还要注意在运动过程中，举手抬脚的动作是否自如，如果发现问题应及时补正。如果改动部位较少，可抽拉少部分线迹使修改的两块衣片的缝份分开，调整后用大头针暂作固定，并用笔标出修改部位与对齐记号。如果改动较大，则要抽掉部分假缝线，调整造型后重新用大头针固定，作出记号线。然后将样衣平放抽去大头针，划顺轮廓线与结构线，重新假缝成样衣再次试穿，若还有不妥之处需视具体情况再次作补正处理。

12.板型确认的方法

在模特儿人台上，经过立体裁剪和试样所得的衣片，经缝纫成样衣，再通过试穿确定为最佳效果后，便可确认为版型。版型的确认包括样衣版型和推挡放码两方面内容。通常情况下，先用纸覆出衣片（含缝份），要求样衣的衣片齐全，记号线标示正确，线迹清晰。版型完成后，方可进入版型放码乃至投入批量生产。

板型的确认须将壳体状的样衣拆开，展开成平面衣片状态，用笔划顺衣片轮廓线和结构线，以及缝合时的对合标记、归拔记号、口袋线、省道、钮扣位置和布纹走向等。然后剪齐缝份标出款式代码等，便成为衣片的毛样。将衣片毛样放在纸（牛皮纸、硬纸板或白纸）上覆出衣片纸样作为生产版型的基础，若批量需要可依此型为准分别作大、中、小、特大等各型号的推挡放码。

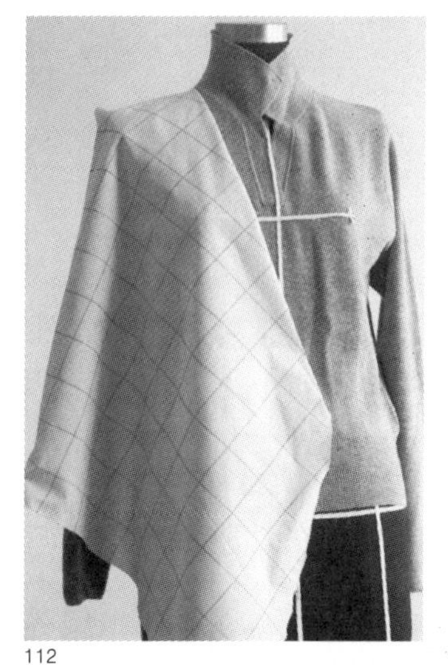
112

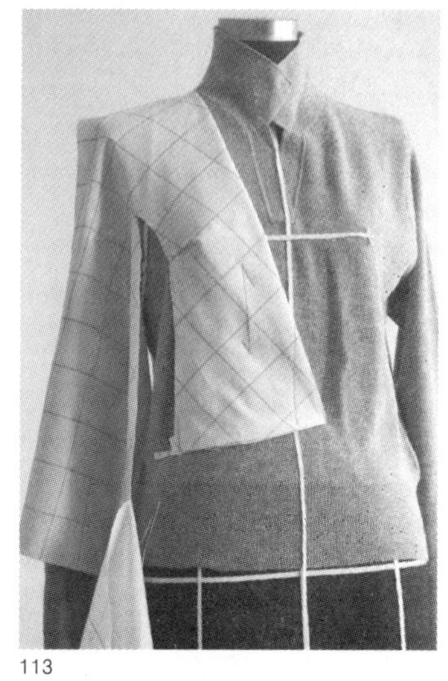
113

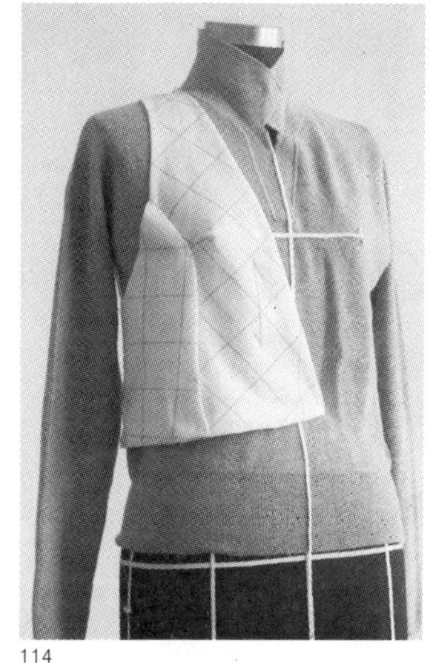
114

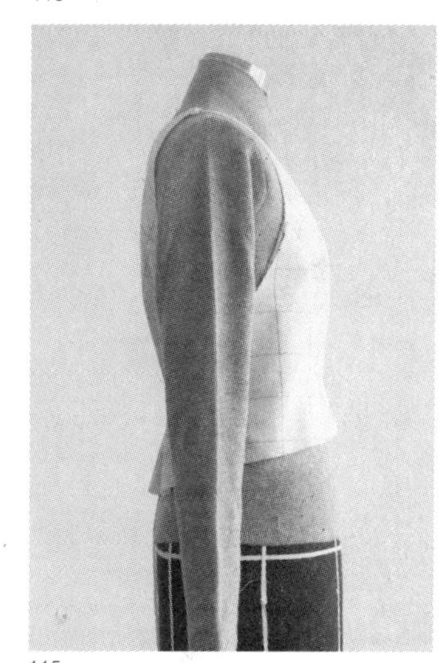
115

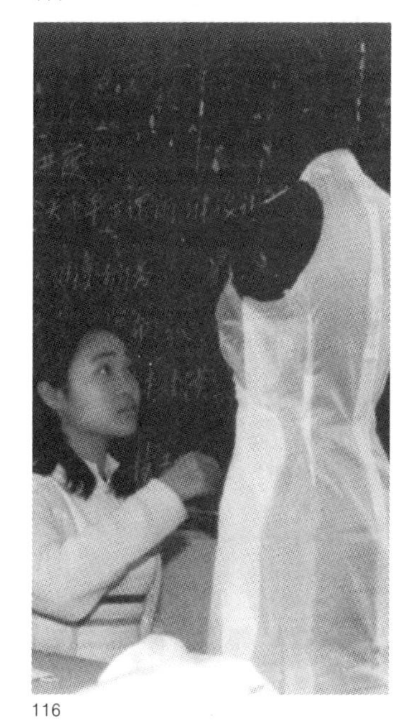
116

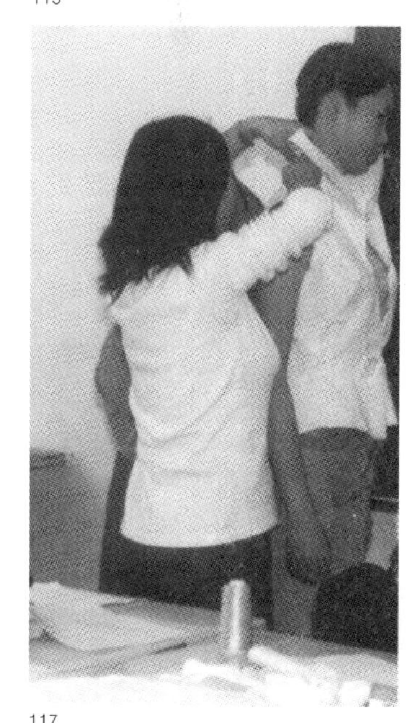
117

112－115 在套有毛衣的模特儿人台上作立体裁剪的假缝试样便于把握放松量
116 在模特儿人台上作假缝试样
117 在真人身上作假缝试样

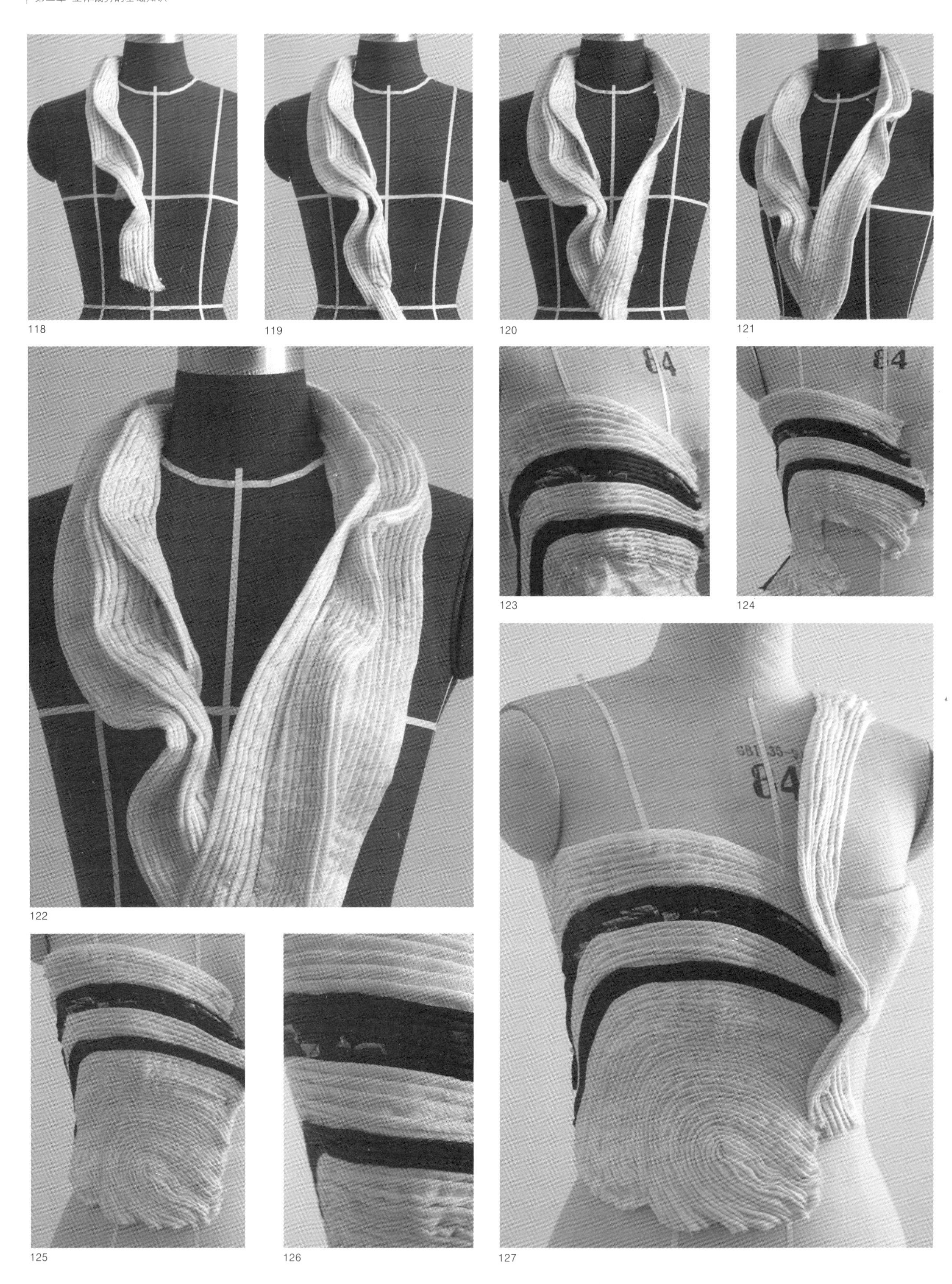

118－127 掌据立体裁剪的规范的操作才能优美地表达款式造型，进而取得正确的版型

3

紧身衣的立体裁剪方法

女人体与衣原型
切割式紧身衣的立体裁剪
褶式紧身衣的立体裁剪
编织式紧身衣的立体裁剪
缠绕式紧身衣的立体裁剪

第三章 紧身衣的立体裁剪

紧身衣通常以贴体、收腰为特征，强调紧身合体的服装造型，突出人体曲线美。例如泳装、紧身内衣、收腰连衣裙、收腰套装、收腰酒会装和紧身晚礼服等。本章从人体与衣原型的关系切入，分析衣片平面形状与立体廓型外观的造型原理，从而探讨紧身衣立体造型和立体式裁剪的方法。

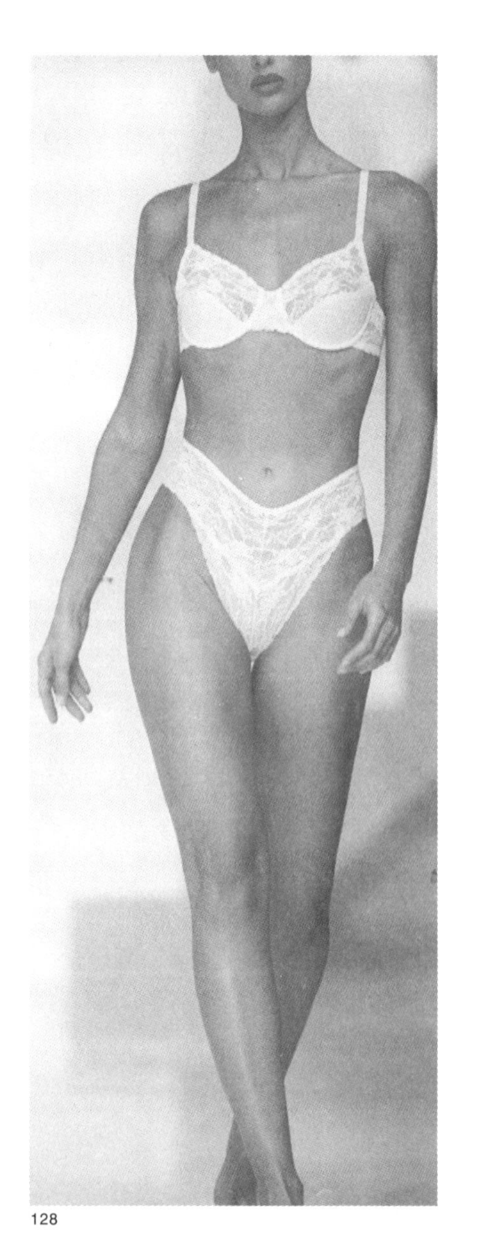

128

第一节 女人体与衣原型

1.解剖与运动知识

在作紧身衣的立体裁剪之前，需要了解与此相关部分的解剖与运动知识。以脊椎骨为中线呈左右对称结构的特征是人站立与运动的基础。脊椎骨由24块椎骨组成。它分为三组。7块颈椎骨支撑颅骨，使它具有转动的可能性。12块胸廓背椎与肋骨相连形成胸廓，形成躯干上半身的形状和轮廓。5块腰椎骨与尾椎骨相连,具有前后、左右扭转的功能。上肢由上臂、下臂和手组成。上肢自然下垂时，下臂微微向前弯曲。上肢的活动幅度较大，可上举180度，向后60度，旋转360度。下肢是由大腿、小腿和脚组成,下肢的活动幅度一般是向前抬举90度，向左右上举约60度，旋转360度。

2.女人体的体表特征

骨格与肌肉决定着人体体表凸陷和外形轮廓形态的特征。女人体躯干部位的外表特征尤为鲜明，双乳隆起呈半圆球状，细腰、腹部平坦和臀部凸起，使外形曲线显得特别优美。由于女性的个体和年龄差异使得体表特征有较大的不同与变化。因此，在立体裁剪中，为更好的表达设计意图，获得优美的版型，必须围绕对象的身高、头围、颈围、肩宽、小肩宽、肩斜、胸围、前胸宽、后背宽、腰围、臀围、双乳间距、乳峰高、臂围、臂根周长、腕围、掌围上臂长、下臂长、大腿围、小腿围、踝围、大腿和小腿长等部位的尺度，分别进行测量与比较，建立起基本的尺度资料。其次要对双乳、腹部和臀部的起伏等特征差异与外形轮廓的区别进行观察与分析。进而把握外形的变化与所呈现的形态特征。对于人体运动状态中的形体外观和尺度变化特点，可以通过横向或竖向剖割的分析加深认识与了解。

3.女人体与女性原型

女性原型是指衣身原型、袖原型和裙原型。无论那一种原型均由衣片组成。衣片的形状与大小是以人体的三维形体为依据的。假如将胸部体块从腋下中点起作竖向分割，前面称为前胸，相对应的衣身原型也称为前片。后背相对应的衣身原型为后片。女性前胸乳房呈半圆球状隆起，位置大约在第二至第七根肋骨之间，乳头（bp点）高低与乳房大小形态因人而异，然而它对衣身前片的构成至关重要。同样后背肩胛骨突起，腰部凹进的特征，也是构成后片原型的缘由。在进行立体裁剪时，先用试样布在模特儿人台上完成衣身原型的前片与后片，然后展开成平面衣片，将平面衣片与模特儿人台相吻合形成壳体状造型。这种互相转换的操作实验和对比分析，可以使学习者加深对女人体与衣身原型关系的感性认识与理解。如果对不同体型作原型制作实验，自然会更清楚地了解个体差异产生原型变化的缘由。另外，处于运动状况下的尺度会有所改变，原型制作还须在衣片的肩线、前胸宽、后背宽和侧缝处加放基本放松量。

4.衣身原型的立体裁剪（图129－134）

用试样布在标有辅助线的模特儿人台上，分别裁剪出二分之一前片与后片版型（含基本放松量），是取得衣身原型的最基本的方法。具体操作如下：

（1）试样布的整理

A 先整理好试样布的布纹走向，使经、纬线呈水平与垂直状态，避免出现纬斜并烫平。

B 确定上衣原型前、后衣片试样布的大小。先量出真人或模特儿人台二分之一前、后胸围的尺度，然后另加3 厘米，确定前、后衣片试样布的宽度。衣片长度从真人或模特儿人台的颈侧点量起，然后经乳峰点至腰围另加 3 厘米余量，便可确定前衣片的长度。后衣片长度，先从颈侧点起过后背肩胛骨至后腰围处另加3 厘米余量。在定出的长宽位置处各剪一刀口，用双手食指与姆指分别扯住刀眼两边的布角用力撕开，形成长方形布块，整理好备用。

（2）试样布的辅助线

A 分别在前、后衣片试样布的垂直方向离布边0.5厘米处画出垂直线，此线即为前、后中心辅助线。

B 将前、后衣片的中心辅助线分别与模特儿人台的中心辅助线对合。使上、下两端留有余量，并用大头针固定在模特儿人台中心线与胸围线的相交处作一记号，取下试

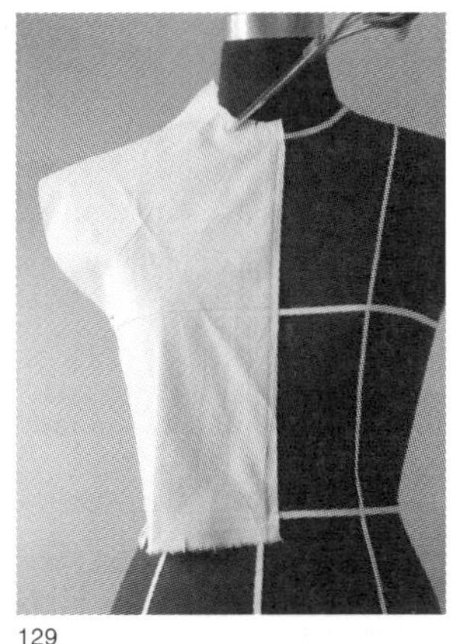

129

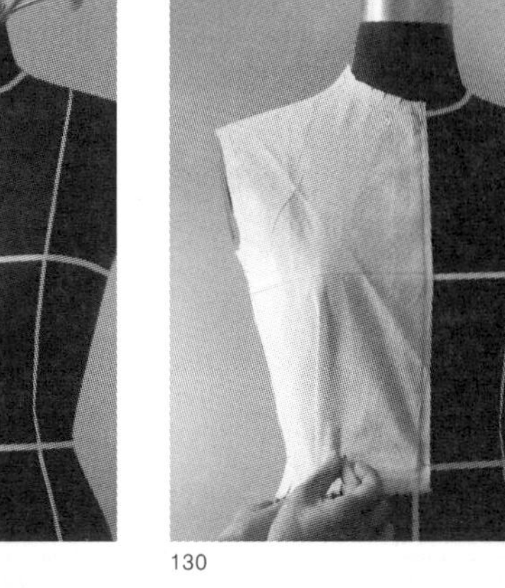

130

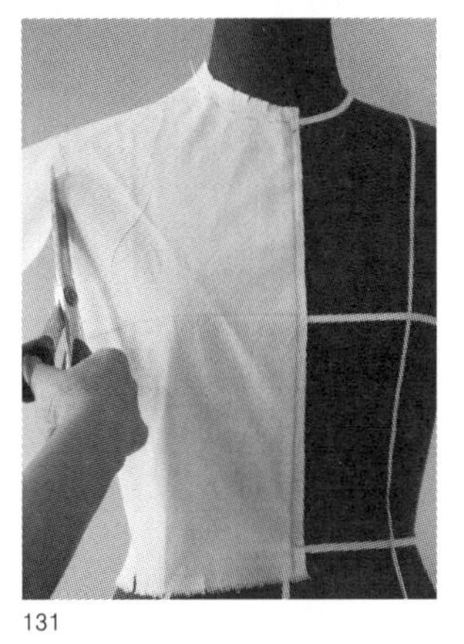

131

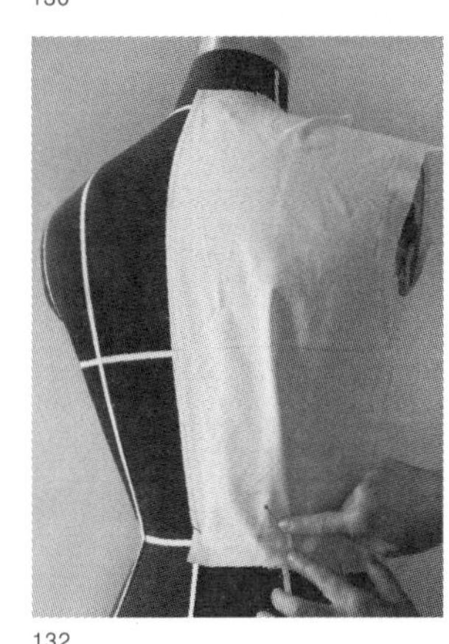

132

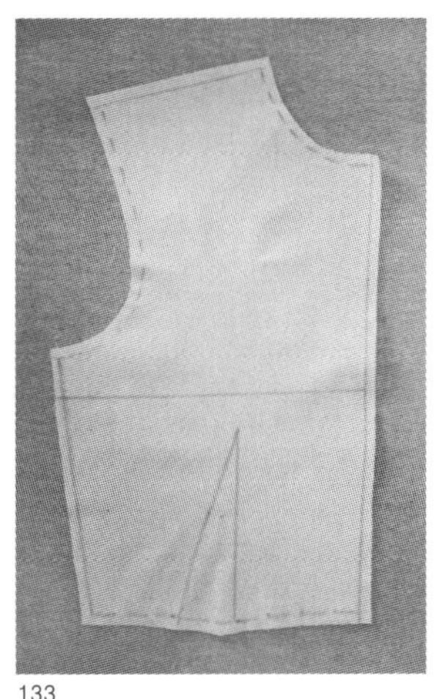

133

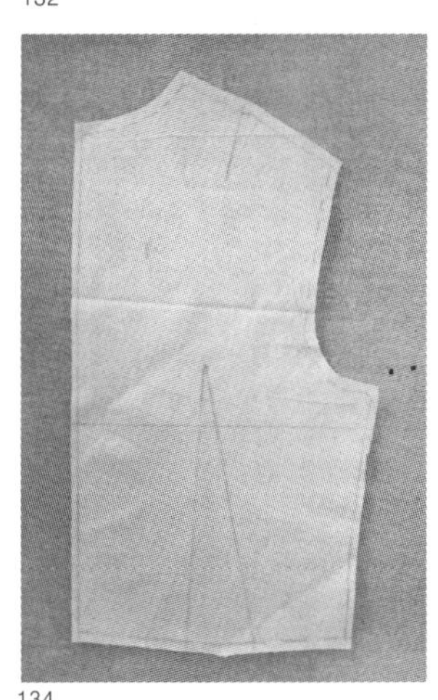

134

129－132 女性上衣原型的立体裁剪步骤

133－134 上衣原型裁片展平/划顺轮廓/剪齐缝份成为平面版型

样布平放在桌上，在记号位置上画一条垂直于中心线的辅助线，即为前、后胸围辅助线。

(3) 衣身原型的前片

A 前衣片领弯弧线的取法（图129）

将标有辅助线的试样布覆盖在模特儿人台的胸部，与模特儿人台的前中心辅助线、胸围辅助线对齐，在前中心线上下两端、胸围线与侧缝线相交点、肩端点、颈侧根部与肩线相交点处，分别用大头针斜插固定。在颈根围往上1.5厘米处剪去多余布料，在弧线边缘剪出刀眼（离开 颈根弧线约0.3厘米），使领弯处的试样布平服地覆盖在模特儿人台上，再用划粉或笔按颈根前中心点往下1厘米处，顺势画出前领弯弧线，然后留出缝份剪去多余布料。

B 前衣片胸省的取法（图130）

女性的体型特点，使覆盖在模特儿人台上的试样布从乳峰点往下垂挂时，并不贴合腰部。若收腰的话，必须把多余的布料折叠或剪去，这种方法称为取胸省。胸省的取法以bp点为中心，向任何方向定位均可以，但最基本的胸省位于bp点下2至4厘米起至腰围线处。具体的取法是：先从公主线过乳峰点处，往下垂直拉一直线至腰线相交点，用笔在胸省位置作一记号，再用右手按住试样布胸围辅助线以下的前中心辅助线部位，用左手将多余的布料向垂直线方向抹去，右手则将多余的布料向侧缝线方向折叠，用大头针固定，使省尖端离开bp点约2至4厘米。省道折量的大小与长度，视乳房形状的变化而定。

C 肩斜线、袖窿弧线和侧缝线的取法（图131）

将试样布从bp点抹向肩部，标出小肩线，留出缝份剪去多余布料。以肩端点、腋下中点（离臂根下2厘米）为前袖窿线的起、止点，画出前袖窿弯弧线。依侧缝线放出1.5厘米放松量画出侧缝轮廓线，留出缝份剪去多余布料。

D 前衣片腰线的取法（图132）

在标出腰线记号后取下裁片平放，依省道位置折叠后用直尺连接腰辅助线的两端，画一条直线成为前衣片的腰线。

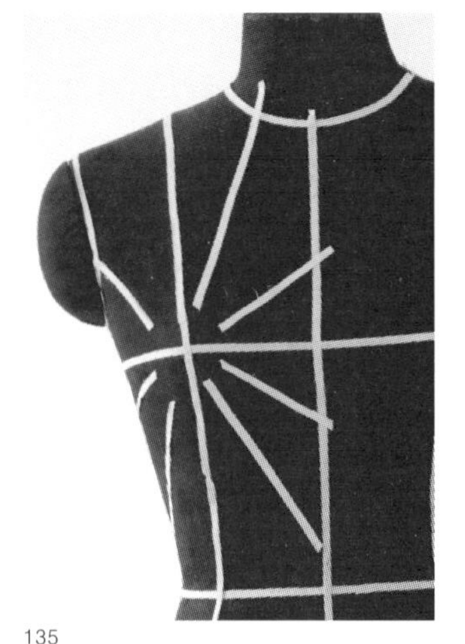
135

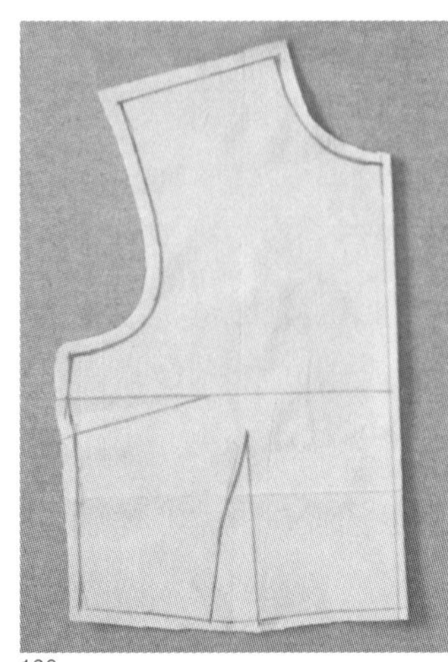
136

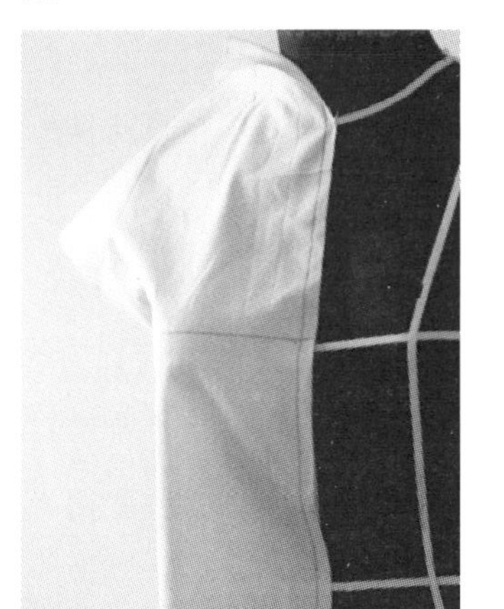
137

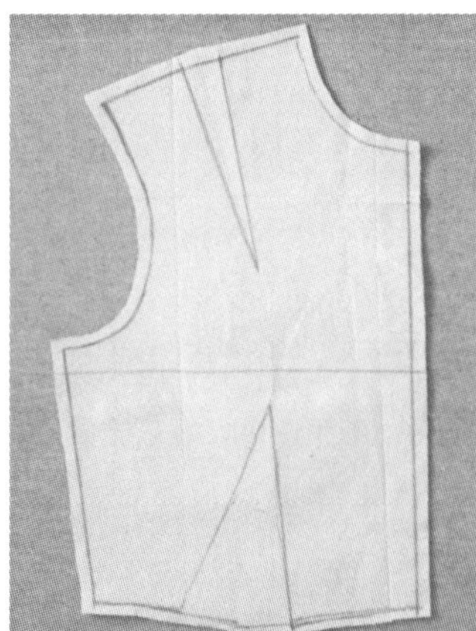
138

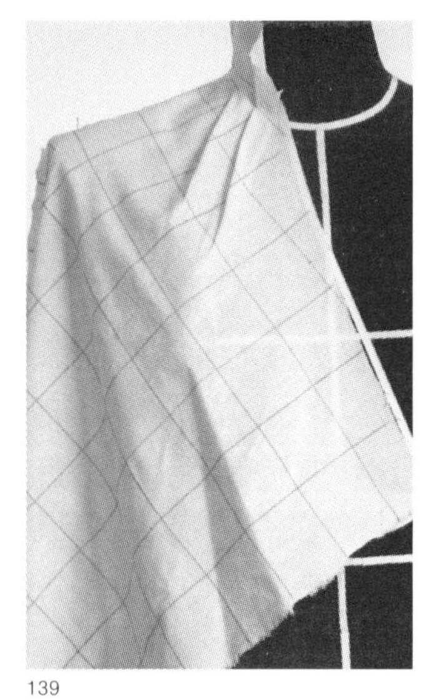
139

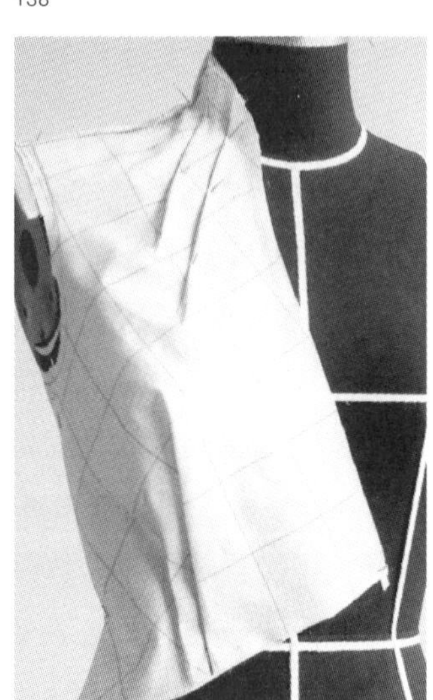
140

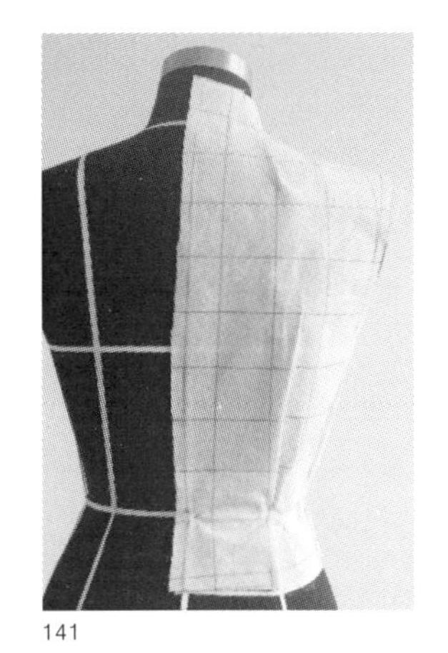
141

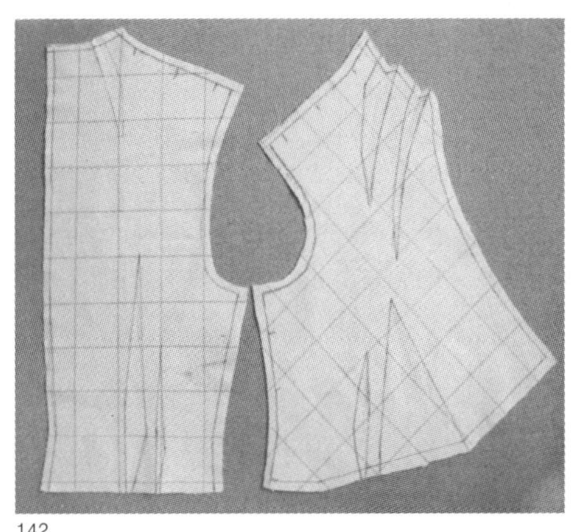
142

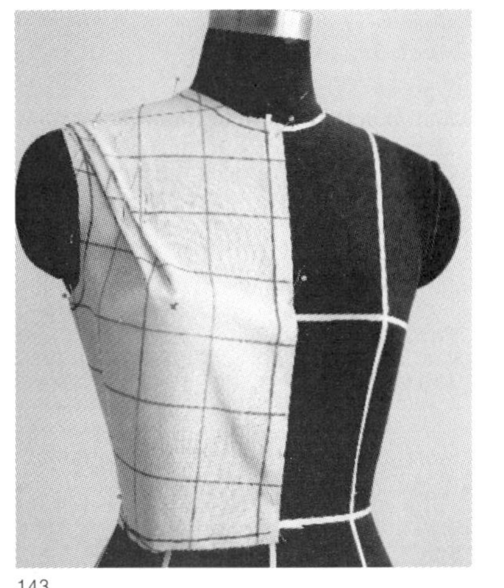
143

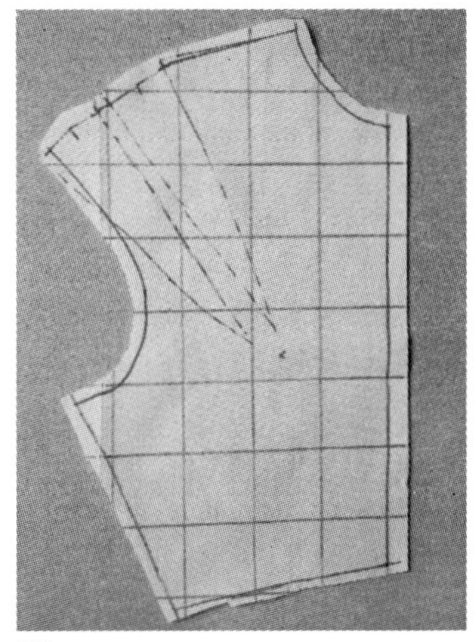
144

145

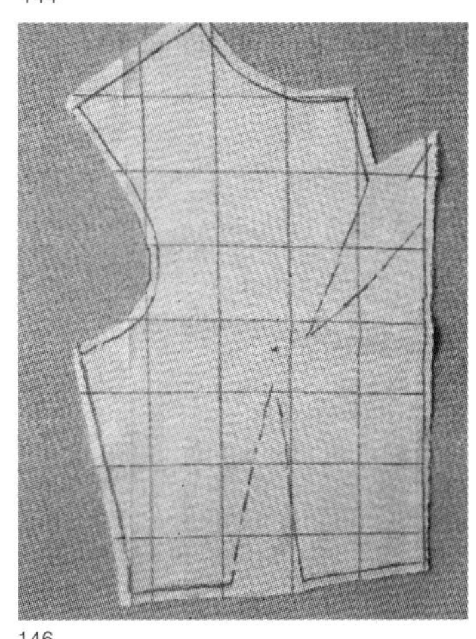
146

147

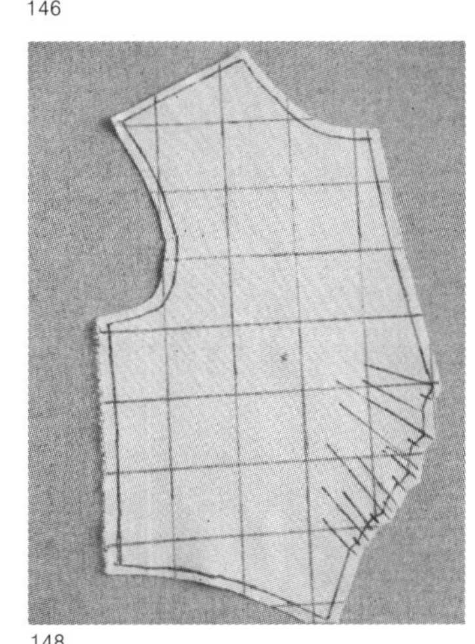
148

(4) 衣身原型的后片

后衣片与前衣片的取点基本相似。肩省与后腰省位于刀背线上下两端。从小肩的二分之一处起，经胛骨往下引一直线与腰围线交，上端的肩省长约7厘米，折叠量为0.5厘米，不作肩省时以0.5厘米左右的归拢量处理，以适合人体肩、背等形体特征的要求。从刀背线与胸围线相交点2厘米往下至腰线，折叠多余的量即成为后腰省，使衣后片成为适身合体的造型。

(5) 基本松量的加放法

前、后袖窿弧线确定之前应先加放基本松量。深呼吸后的前胸宽差数为前胸宽线部位的基本松量；双臂自然下垂与向前合拢的背宽线差数为后背宽部位基本松量。前、后胸宽线部位一般采用推移法加放松量。

前后衣片在侧缝线处相合时亦应加放基本松量。深呼吸后的胸围差数定为胸围的基本松量，一般在前后衣片侧缝线处先用大头针固定，然后采用加放法放出胸围部位的基本松量。

5.衣身原型的省道变化

从平面试样布到壳体原型的呈现，可以清晰地看出省道与女性双乳隆起和收腰的体表特征关系密切。因此省道是体现女性曲线美的关键。如图135所示，以乳峰点(bp点)为中心向四面八方展开的处于不同位置的省道变化多样，其称呼也各不相同。如胸省、肋省、腋下省、袖窿省、肩省、领口省和撇门省等。还有省道的数量、长度及折量大小也可随款式设计要求的变化而变化。具体的操作方法与上述取省道的方法相同。

135 以bp点为中心取省
139－142 多个领省和腰省
143－144 肩峰处向bp点取两个省
145－146 前中心线和腰线向bp点取省
147－148 前中心下端向bp点取多个省

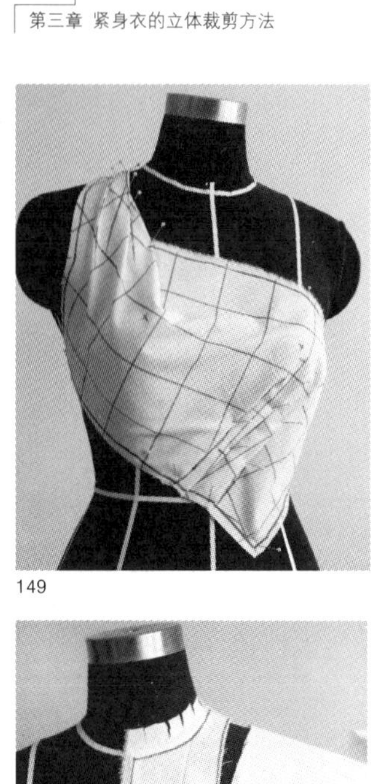
149

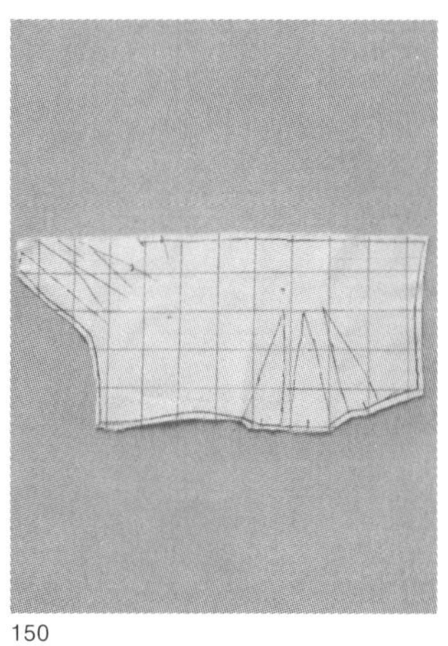
150

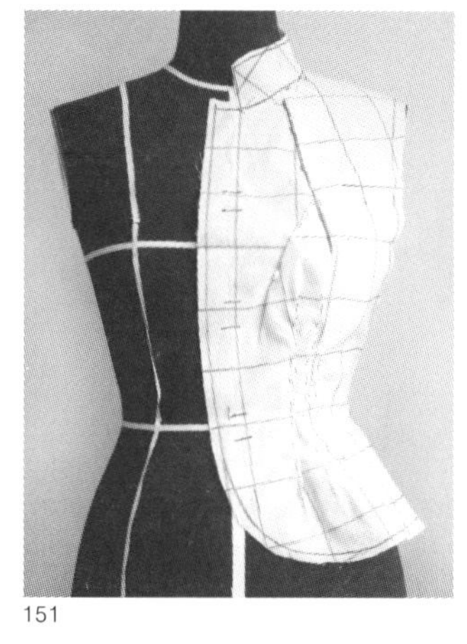
151

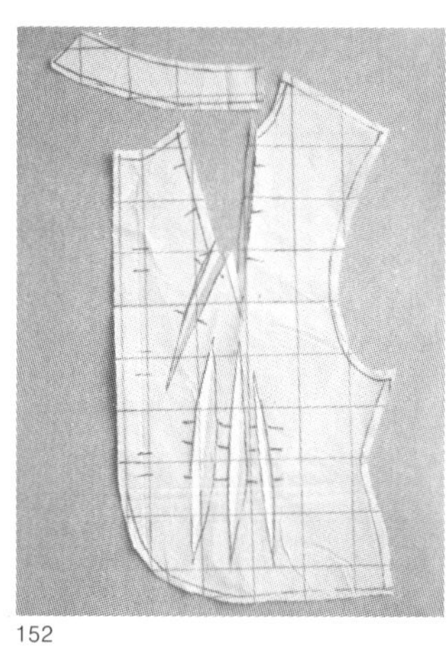
152

153

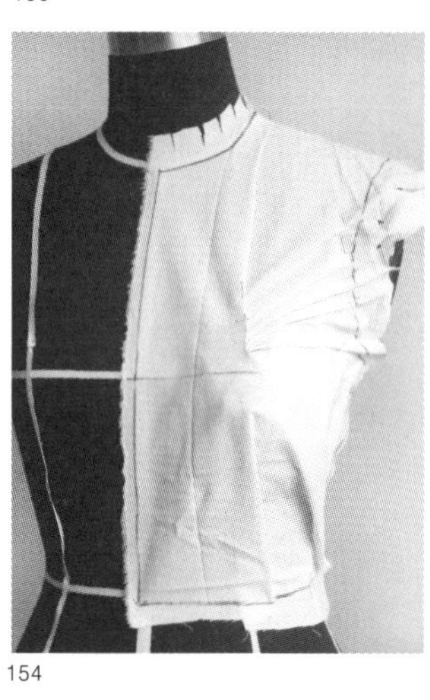
154

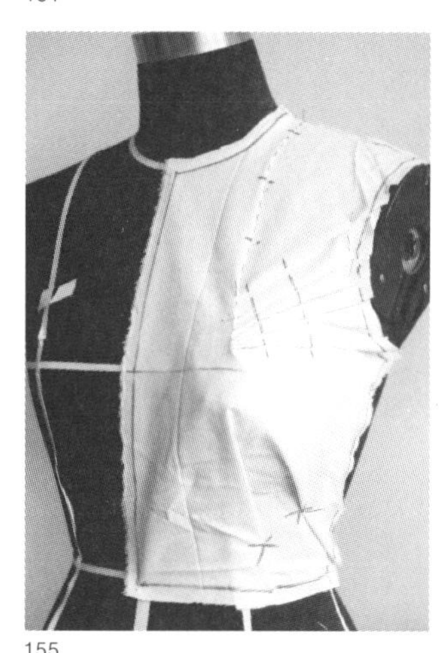
155

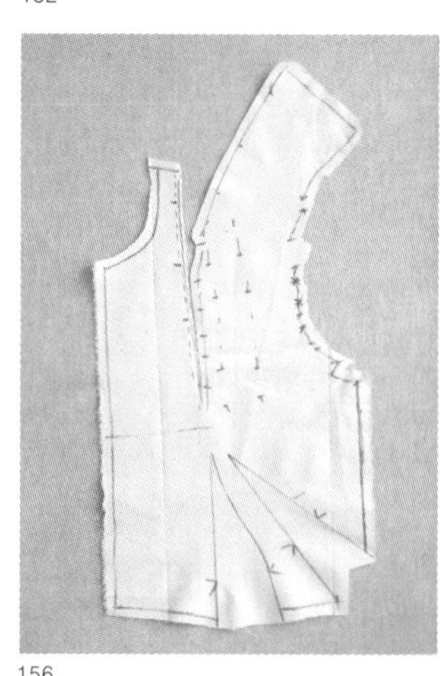
156

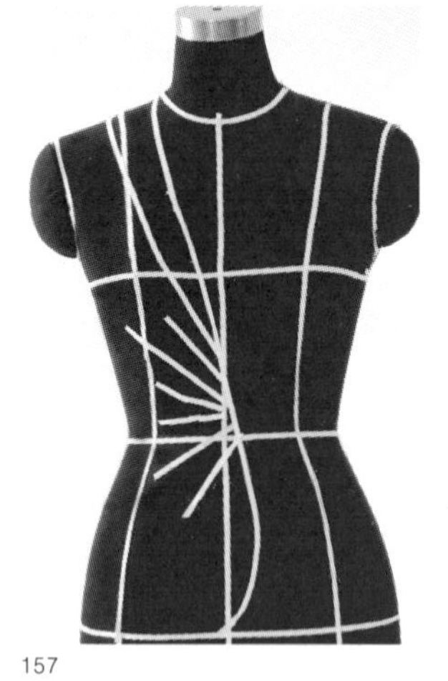
157

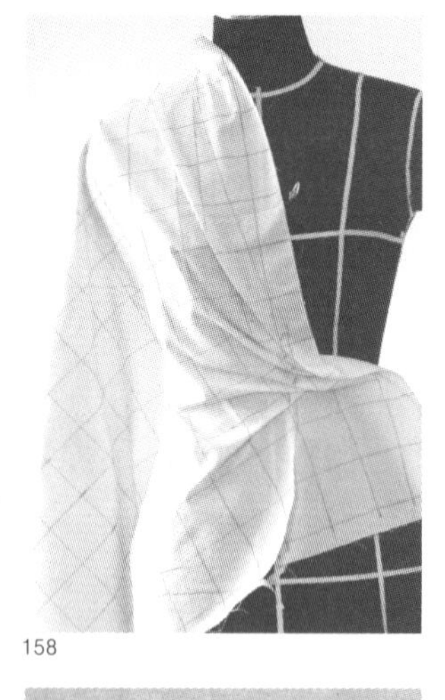
158

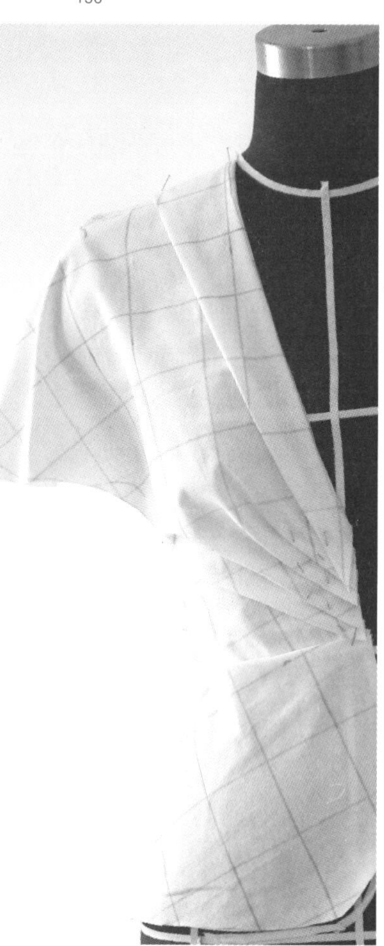

149－150 从下摆中心线向左bp点取省。将右胸省的量分配于右肩折叠的褶间

151－152 从领口向bp点方向取省，从领省一边和腰部向bp点方向取省

153－156 从公主线、腰部向bp点方向取省

157－161 从门襟处向bp点方向设放射状褶，省道量分布在各褶间

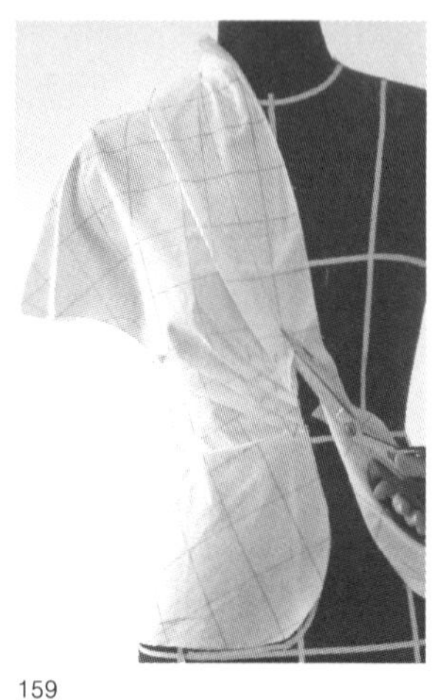
159

160

161

第二节 切割式紧身衣的立体裁剪

切割式紧身衣是指运用曲线、直线在模特儿人台上标出造型线和结构线，形成大小形状不同的分割面，然后用大于各分割面的试样布或面料，覆盖在人台相对应的分割面，经过弯曲、折叠和剪断等手法，用大头针固定而获得的板型。此壳体状造型要达到与体表起伏相吻合的要求，除了正确把握放松量的度数，还必须采用省道或切割裁断的方法，变化结构与组合的关系，使紧身衣的样式更加丰富多样。

1.切割式紧身衣的分割线

紧身衣的分割线分规则分割和自由分割两种。前者是指有规律可循的分割，具有稳重的美感。后者指随意性的分割，具有活泼多变的视觉效果。分割线以方向分，有竖向分割、横向分割、斜向分割、放射分割和任意方向分割等。从形态上分，有直线分割、曲线分割和波折线分割等。分割线的方向、位置、形状、长度和数量的差别，会造成形状各异的分割面。分割面的不同连接与组合又会形成千变万化的三维壳体状的造型形态。因此，对紧身衣的分割线——“开”与“合”（组合关系）的把握，要通过实践不断地深入体验。

紧身衣分割线设定的原则，一要讲究合理性和机能性，以符合人体和人体运动机能方面的要求。二要讲究审美性，在讲究实用的同时，使造型适合人对着装的审美需求 。

肚兜式紧身衣的立体裁剪（图162－168）

A 在模特儿人台上先标出紧身胸衣的造型线和分割线，将试样布覆盖在人台相应的位置，按造型线标出轮廓记号，而后再在与其他分割面相邻处以分割线为准向外留足2厘米余量，剪去多余布料。

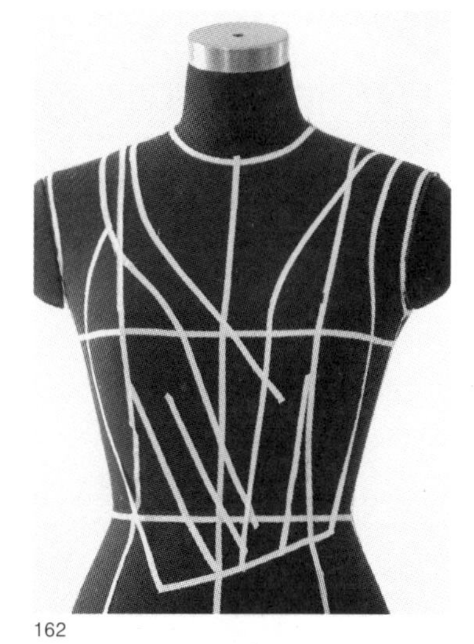
162

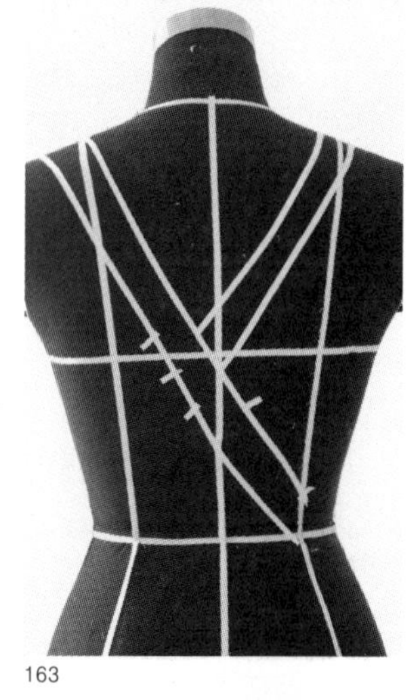
163

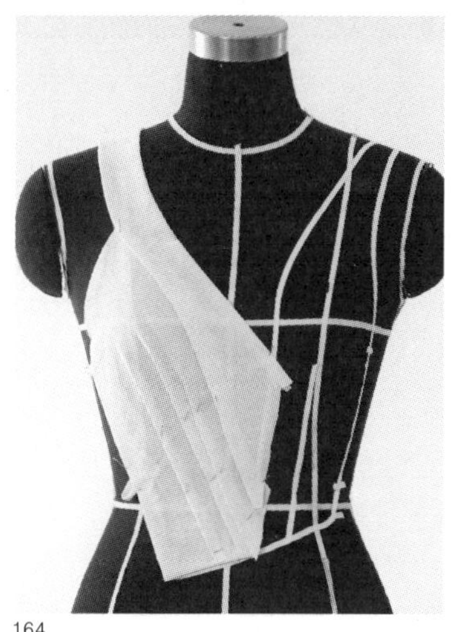
164

165

166

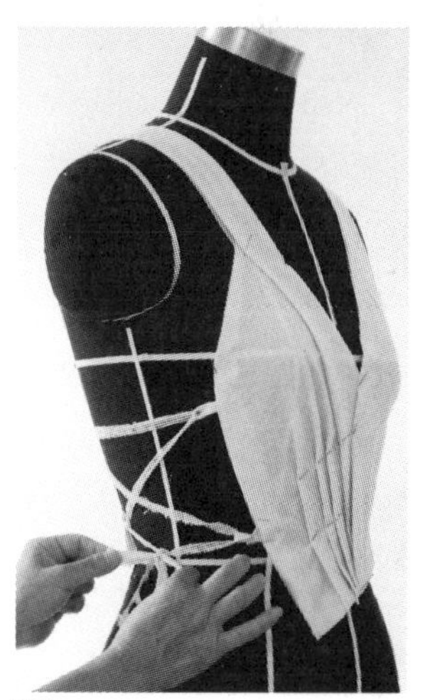
167

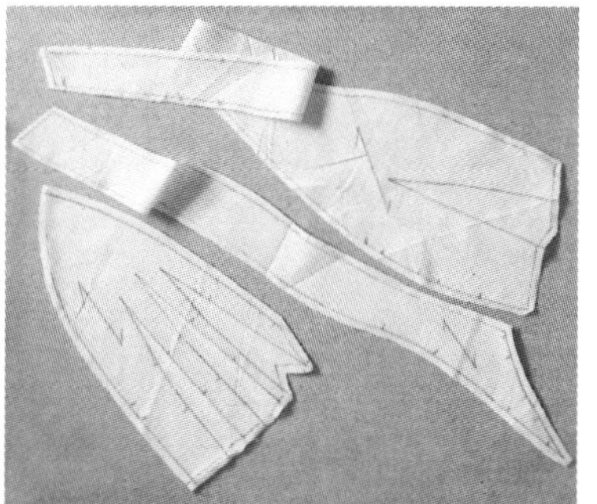
168

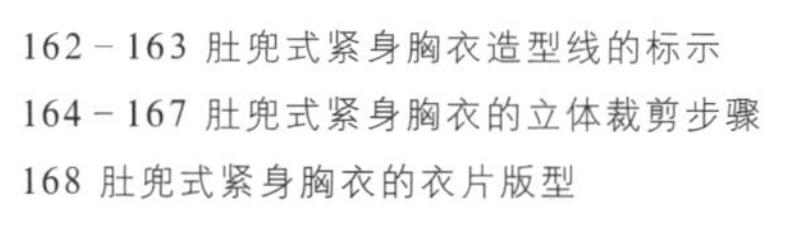
162－163 肚兜式紧身胸衣造型线的标示
164－167 肚兜式紧身胸衣的立体裁剪步骤
168 肚兜式紧身胸衣的衣片版型

B 将第二块试样布与第一块衣片在分割线处重叠后，把第二块试样布依分割线的位置和形状折向背面，留出2厘米余量。剪去多余布料后，与第一块衣片的造型标示线对齐，用大头针固定。

C 用同样的方法完成其余分割面的立体裁剪。

D 用带子交叉穿过前衣片两侧的布扣眼系于后背，裸露的后背具有线的重复交叉的装饰效果。标出轮廓线与对合记号。

E 当造型与设计图相符时，从模特儿人台上取下衣片展平，划顺轮廓线，然后假缝、试样和制作版型程序。

2.分割式紧身衣的“开”与“合”

（1）竖向分割式紧身衣（图169－175）

竖向分割即垂直方向的分割，可分为公主线分割、等间距分割和不等间距分割等。无论那一种，要达到贴体紧身的造型，都必须将布料剪开分割成若干块面，并把多余的量（省道）在“开”的线上除去，正确处置“开”与“合”的形态表现。

公主线的竖向分割，通常是从前胸小肩的二分之一处向下，bp点向侧缝方向约2厘米处相接，然后延长至腰围、臀围线乃至更长部位。以bp点为界，将上端与下端的收省量剪去，使各分割面贴合于形体，有机地组合成一个整体。

以前胸宽或胸围周长为基准，作等间距的竖向分割，其收省量在各分割线处除去。等间距竖向分割的紧身衣具有重复的整齐美，若改变某一分割面的色彩或面料的肌理、图案或添加装饰线，则会打破整齐划一的单调感，产生活泼生动的视觉效果。

竖向自由分割是按竖直方向作不等间距的分割。自由切割式紧身衣的立体裁剪，以及分割线的长短、疏密和分割面的大小，均要注重节奏感与韵律美的表现。

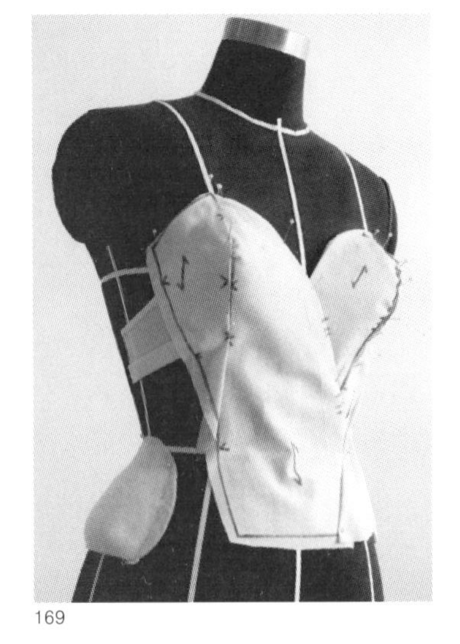
169

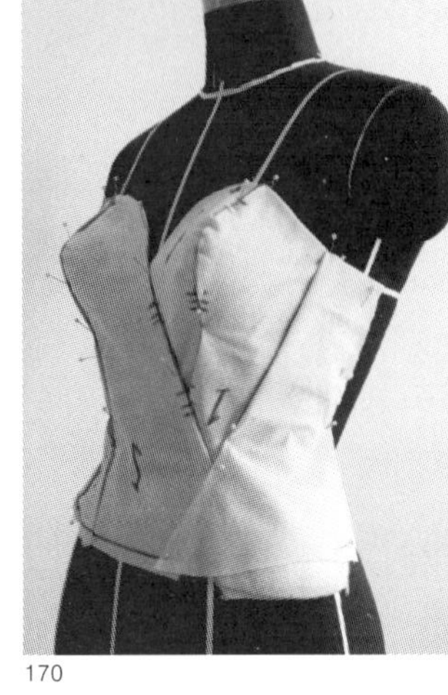
170

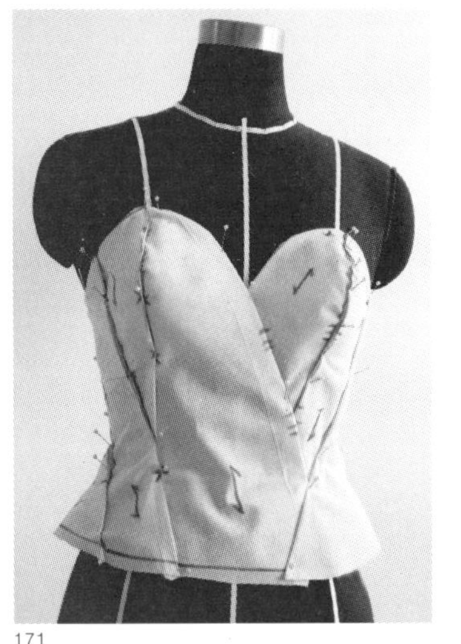
171

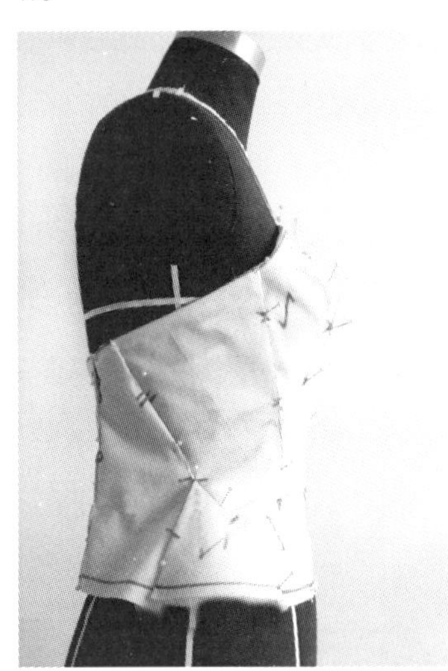
172

173

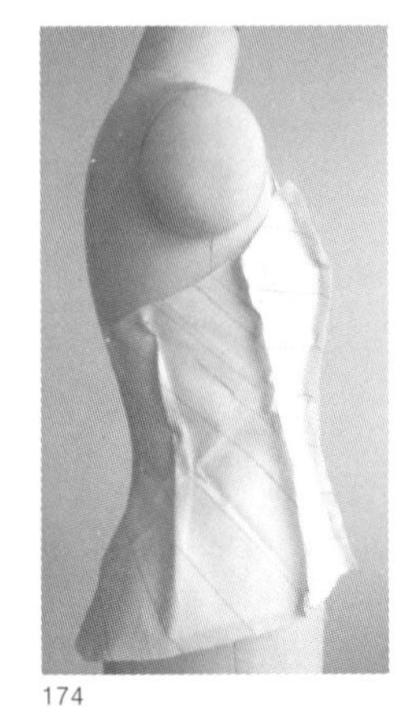
174

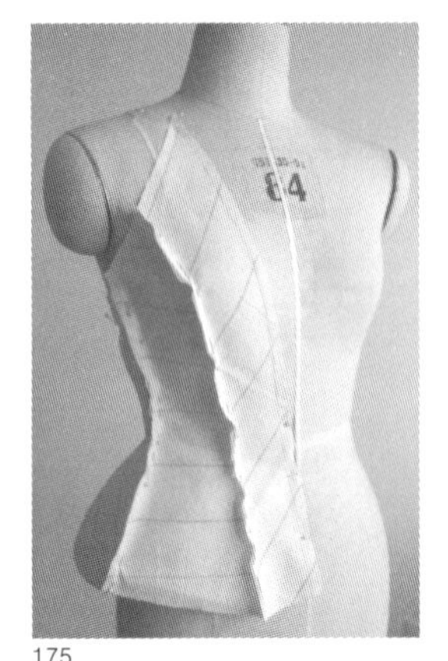

175

169－173 竖向公主线分割与竖向自由分割式相结合的立体裁剪步骤，及壳体状造型与平面衣片的关系

174－175 下摆向外扩张的竖向分割式紧身胸衣造型

竖向自由分割的紧身胸衣

A 如图169所示先在模特儿人台的胸部和腰下侧缝处加垫海棉补正，标出造型轮廓线和分割线。用大于各分割面的试样布，覆盖在模特儿人台相应的位置，按造型线标出轮廓记号，留出缝份，剪去多余布料。将另一块试样布与第一块衣片在分割线的位置重叠，重合后用大头针固定。

B 如图170－172所示以同一方法逐一完成其余分割面的造型，用大头针固定。然后用笔标出对合记号和排列序号。

C 从人台上取下裁片后展平，如图173那样划顺衣片轮廓线，剪齐缝份成为版型。

竖向分割下摆扩张式紧身衣（图174—175）

A 在模特儿人台的臀围处作好下摆向外扩张的补正工序，用0.5厘米胶带标出竖向分割线。

B 取大于各分割面的试样布，逐一放在各分割面上，使左右两块试样布在分割线处对合，后放出松量，用大头针撬别固定，留出缝份剪去多余布料。按设计图要求修剪下摆外轮廓线。

（2）横向分割式紧身衣（图176－183）

横向分割即水平方向的分割，分为水平直线分割和水平弧线分割两种。收省的量在切割线的两端除去。由于双乳隆起，水平方向的分割一般在略高出或略低于bp点处设定分割线为宜。分割线的形状与分割面的大小，可根据结构和装饰的需要而定，例如异质面料或不同花色的面料镶拼的分割线，其省道的量可在分割面的镶拼处除去，因此，水平分割线形状与位置的设定，应该同时考虑款式结构的合理性和装饰的效果。

无论水平直线或水平弧线分割，都应先用胶带在人台上标出分割线，分别用试样布按分割面的大小逐一剪裁固定，然后在分割面之间缝合线处画出对合的记号，以便缝合时能准确对合。

176

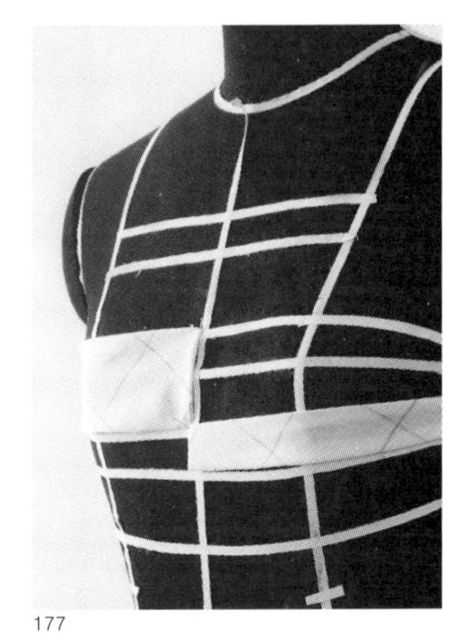
177

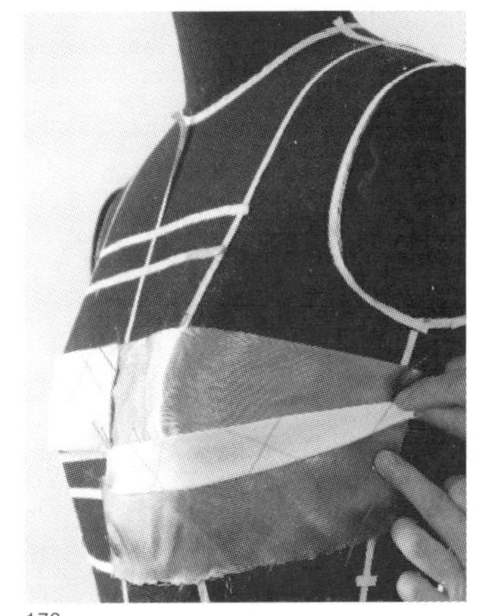
178

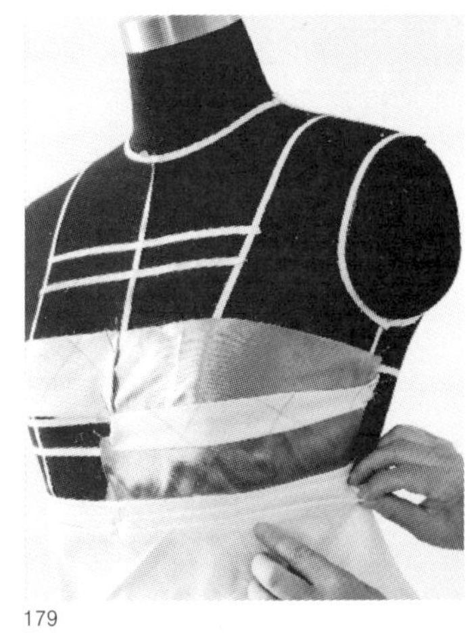
179

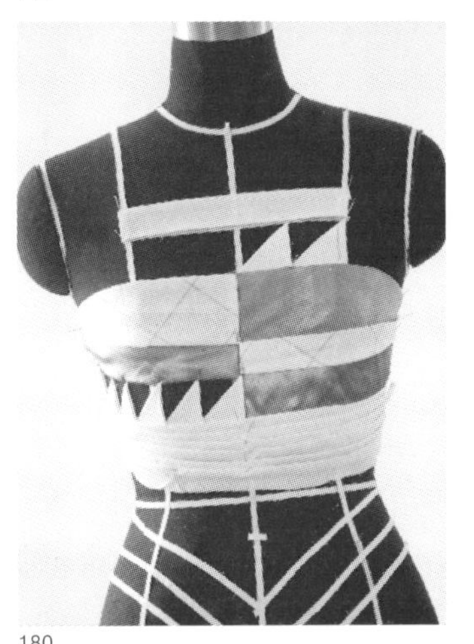
180

181

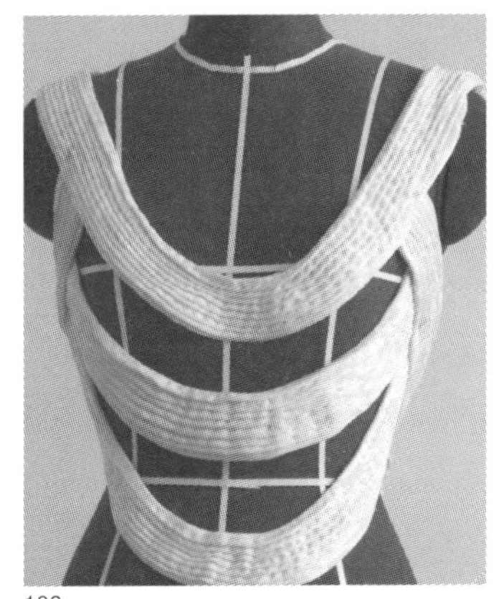
182

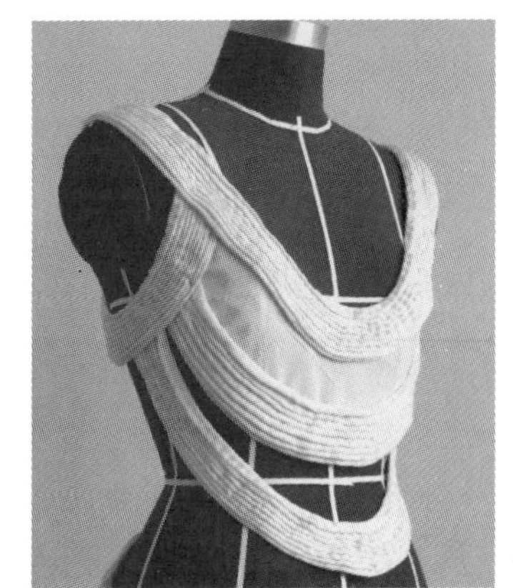
183

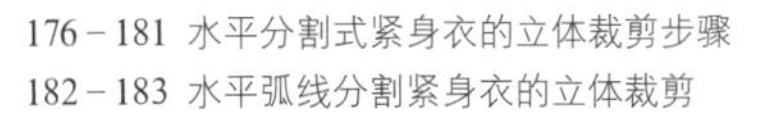
176－181 水平分割式紧身衣的立体裁剪步骤
182－183 水平弧线分割紧身衣的立体裁剪

（3） 斜向分割式紧身衣（图184－190）

斜向分割与水平、垂直分割相比，显得更生动。斜线的倾斜度和疏密度的处理是把握好斜向分割的关健。

从图184－190中可以清楚地看到，斜向分割紧身衣的造型结构线是以双乳为重点，一侧从水平弧线向斜上方分割，另一侧从垂直方向向下作弧线斜向分割。其巧妙之处不仅在于它将省道的量自然分布在各分割中，而且精心推敲的分割线走向与分割面的大小及黑白对比，使人感到有一种优雅的美感和动感的张力。

A 用胶带在模特儿人台上标出造型线，取深、浅两种试样布逐一覆盖到人台前胸造型面的相应位置，留出缝份剪去多余布料。

B 取适量的深、浅两种试样布逐一覆盖到斜向分割造型面部位，按造型线留 2 厘米余量剪去多余面料，将余量折向背面后压在第一块衣片缝份处，用大头针固定。

C 以同样的操作方法完成前、后衣片的其余斜向分割面的裁剪。

D 当造型与设计图相符时，标出对合记号取下衣片，进入假缝到版型制作的工序。

（4） 放射状分割式紧身衣

放射状分割是指从一侧或一点引发的放射线的分割。它由细到宽向不同方向散开形成放射状的分割面的壳体造型。它与上述几种分割式立体裁剪的方法与步骤基本相同，所不同的在于放射分割线的位置、起点、方向和长短的设定。放射状分割向内收紧的具有向心力，向外发射的具有离心力，而旋转状发射则更具有离心外扩的动势。图 189 的紧身胸衣右侧采用放射分割。

（5）自由分割式紧身衣

自由分割是指紧身衣分割线的设定带有一种任意性，或两种不同的分割线混合运用形成一种无规律可循的分割。图 190 紧身胸衣的上端采用斜向分割，嵌入荷叶皱边装饰。下端采用竖向分割结构。

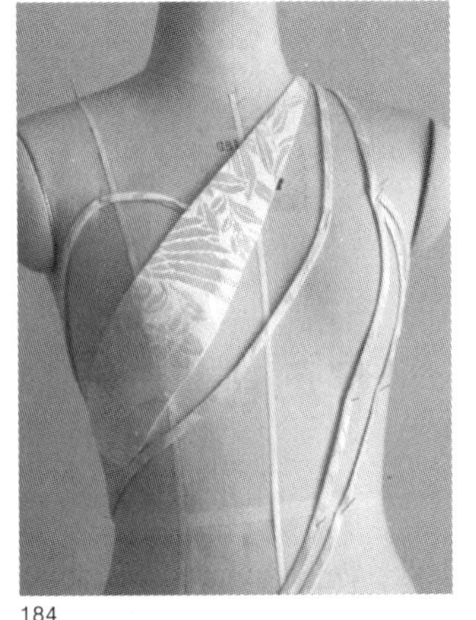

184

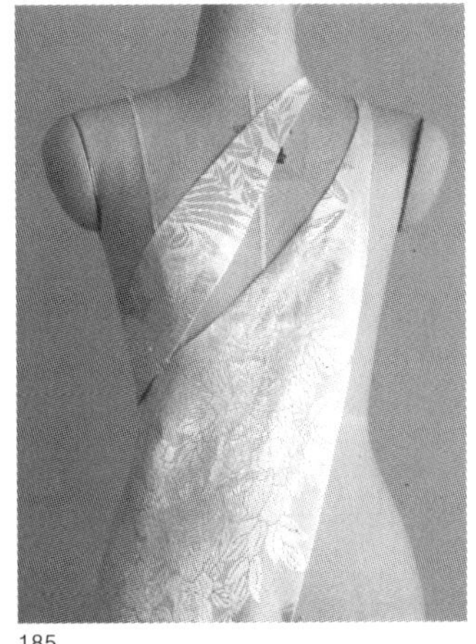

185

186

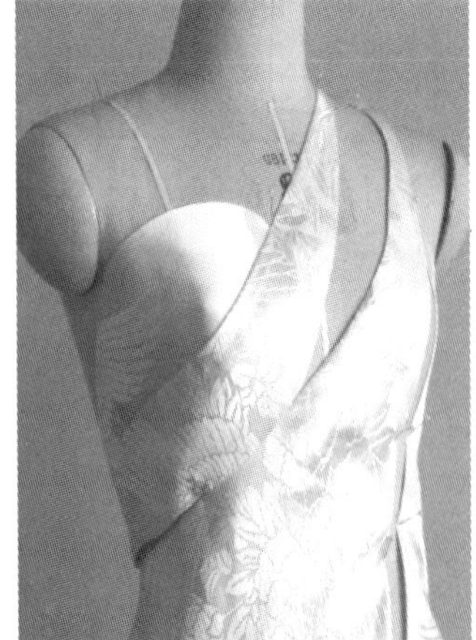

187

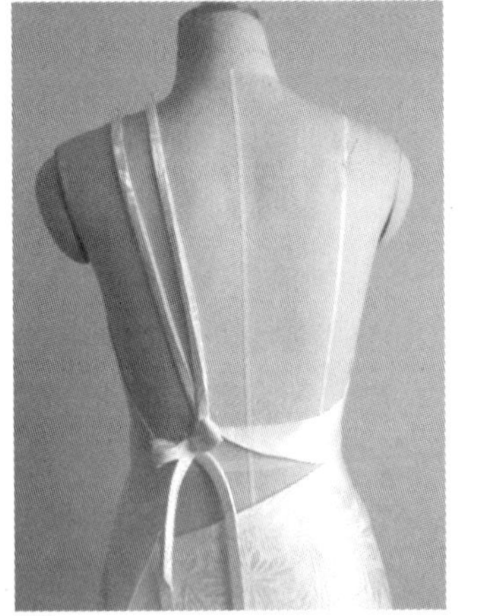

188

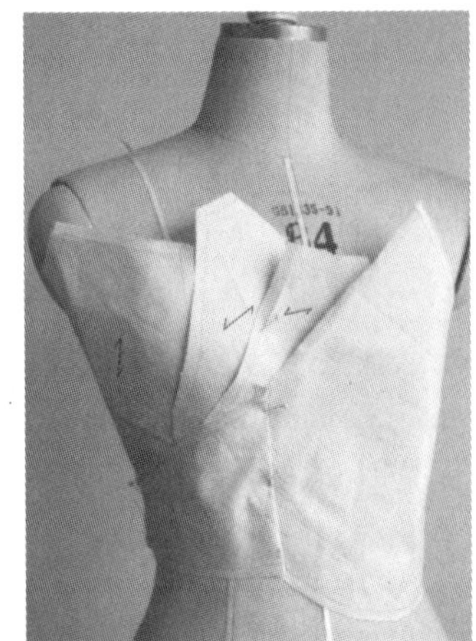

189

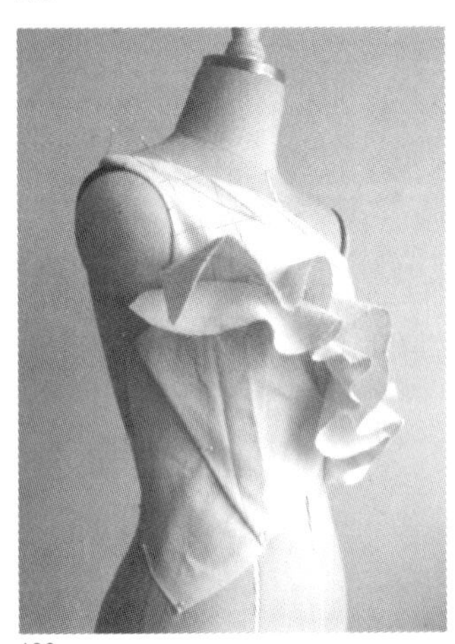

190

184－190 紧身衣的分割与合拢／左右分割面，两边距离拉开／虚实、疏密、大小、开合等对比与和谐的处理／紧身衣造型的表现

191

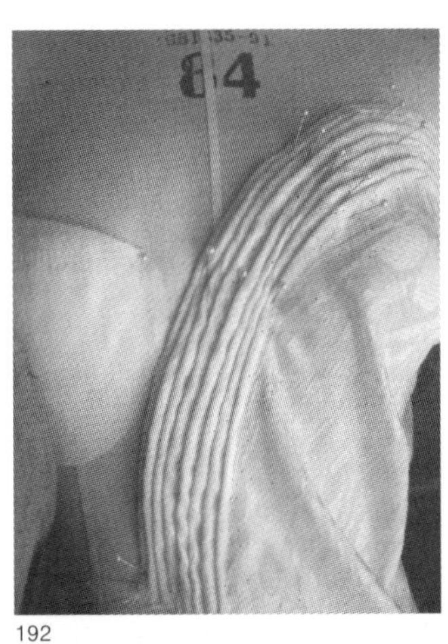
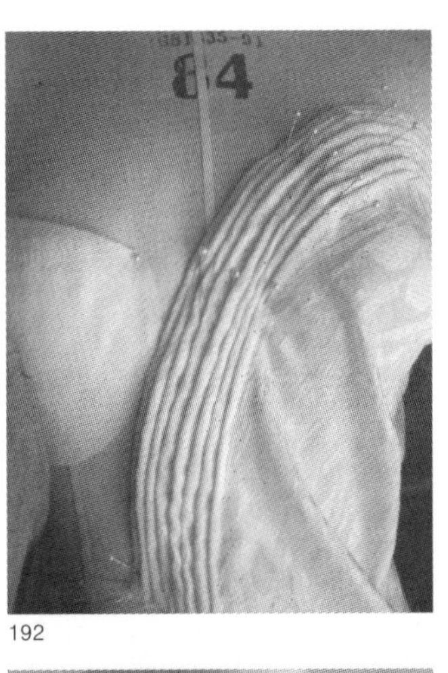

192

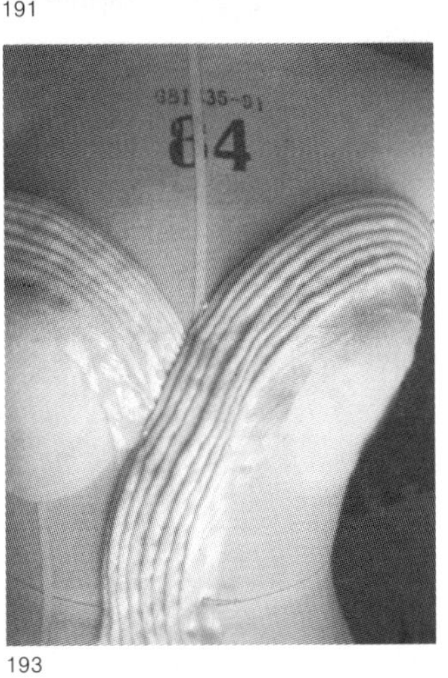

193

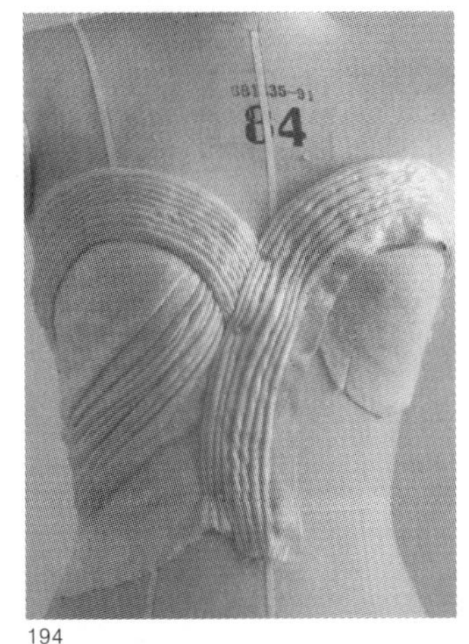

194

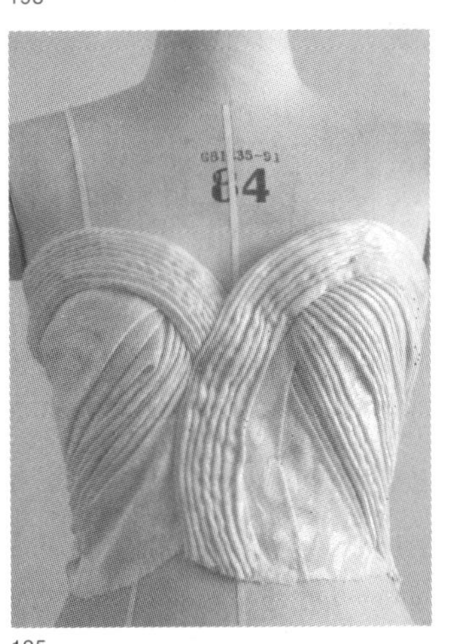

195

196

197

198

第三节 褶式紧身衣的立体裁剪

褶式紧身衣造型既具紧身衣的特点，又有褶纹的肌理。由于面料打褶，使表面形成凹凸和明暗的对比效果。褶的形态多种多样，有碎褶、细褶、宽褶和密褶等。褶法又可分为抽褶、叠褶和悬垂褶等。由于材质不同,即使同一种褶法， 其形态也常常变化不一。因此，在立体裁剪中，褶的形态把握除了用试样布做练习外，还应选择不同面料进行各种实验，通过比较积累经验。

1.叠褶紧身衣

叠褶紧身衣的造型结构一般分为两种，如图191－198的褶纹是由数块面料折叠而成，而图199－200的褶纹则是取整块布料的一部分组成的。

分块叠褶式紧身衣（图191－198）

A 用胶带在模特儿人台上标出造型线，裁取大于各分割面（留足打褶的余量）的试样布备用。取前胸部左和右两侧分割面试样布分别覆盖在人台的相应位置，逐一叠褶于分割线处用大头针固定，用笔标出侧缝线位置。

B 用同样的方法叠褶完成其余各分割面的造型，用大头针固定。

C 取试样布在裙腰侧缝线叠褶完成裙的立体裁剪。

D 扯住布料一角覆盖在模特儿人台的肩部前端至前胸造型线与公主线的相交点，用大头针固定后，肩后试样布便自然垂挂形成褶纹。

191－198 褶式紧身衣的立体裁剪／褶的处置是关健／褶的方向宽窄、长短、疏密、凹凸、光影等多样统一的表现

整块布料叠褶的紧身衣（图199－200）

A 按弧形褶边的构想，在模特儿人台上标出造型线，按造型线长度剪去面料一角覆盖在模特儿人台上，依造型线逐条叠褶约10条后，逐一用大头针固定，从上端至下端间隔4厘米左右用针线串连褶纹。

B 用上述方法继续叠褶，为了便于操作可将模特儿人台放平，折叠的褶纹顺胸部形体起伏而弯曲。直至褶纹宽度与设计图相符为止。

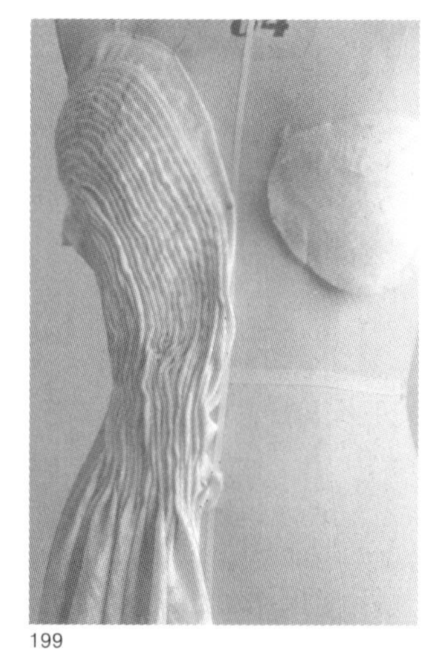
199

200

2.预先叠褶式紧身衣（图201－206）

预先叠褶准备是将试样布平铺在工作台上，按设计要求先标出叠褶的宽度和间距，依照记号逐一折叠烫平，延至所需长度后剪去多余布料。

A 先对模特儿人台的双乳部位作必要的补正，标出造型线。用试样布覆盖在模特儿人台前胸右侧下分割面造型上。按照设计要求将叠褶上端，覆盖到人台右肩，用大头针固定。再扯住叠褶布的下端斜向覆盖住右乳，顺形体起伏转折线的位置固定。

B 取另一块叠褶布，上端覆盖于左肩，用与上述相同的方法完成左衣片造型，并使收省的量分布于各褶纹之间。同时将细条按设计要求的位置作波折弯曲。

C 当紧身衣造型与设计要求相符后，取下衣片展平，划顺轮廓线后假缝完成版型的制作工序。

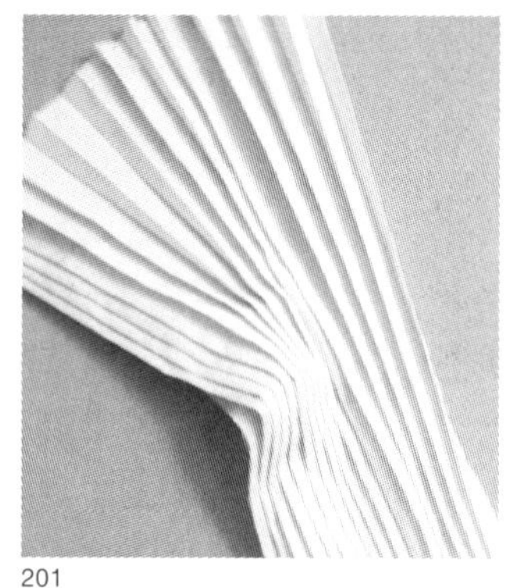
201

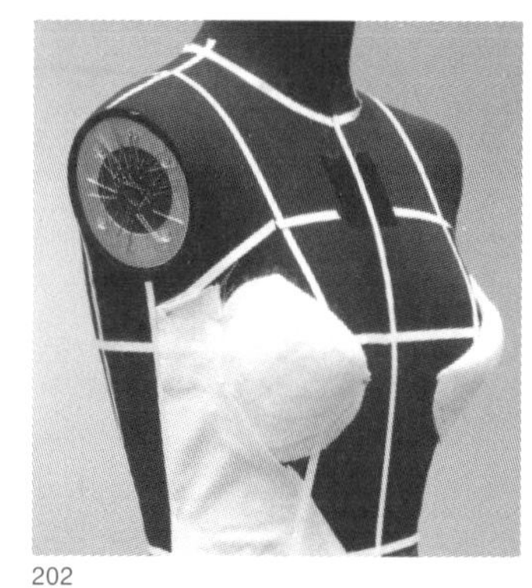
202

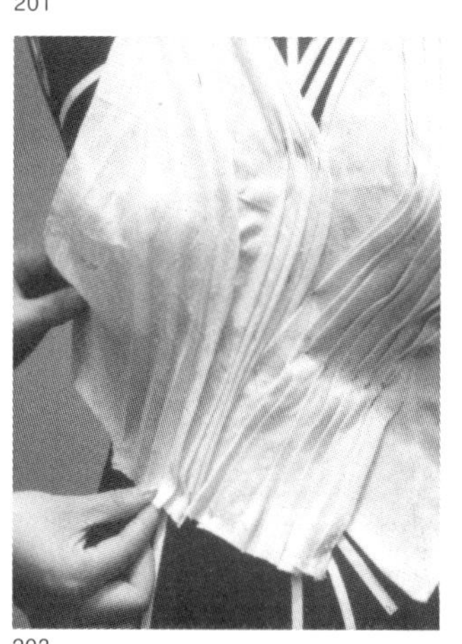
203

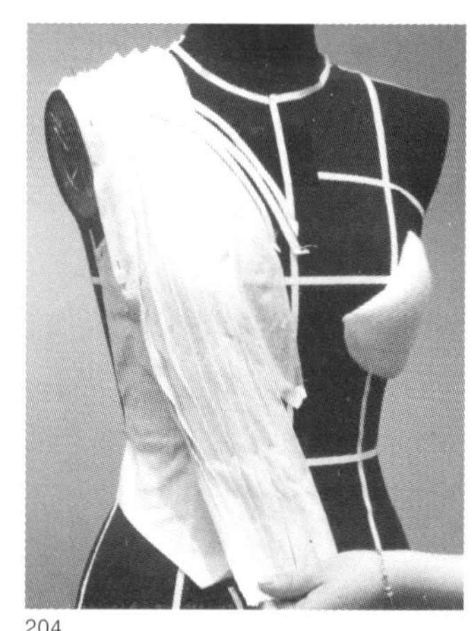
204

3.竖向叠褶式紧身衣（图207－211）

竖向叠褶是指用试样布覆盖在模特儿人台上，逐一顺上下方向叠褶并用大头针固定形成的竖向褶纹。

A 按设计图先在模特儿人台上标出竖向褶纹的部位与走势。将布料覆盖在模特儿人台的前胸，依设计图所标示的竖向褶纹走势叠褶，用大头针逐一固定。

B 用同样的方法确定其余竖向褶纹造型，并将收省量分配在各叠褶量之间。留出缝份剪去多余布料。取试样布用立体裁剪的方法完成其余部位的裁片造型。

C 当紧身衣造型与设计要求相符后，用笔标出褶纹走向和对合记号，抽去大头针褶纹便自然松开，取下衣片展平，划顺轮廓线，假缝后经试穿、补正确认后，完成版型的制作。

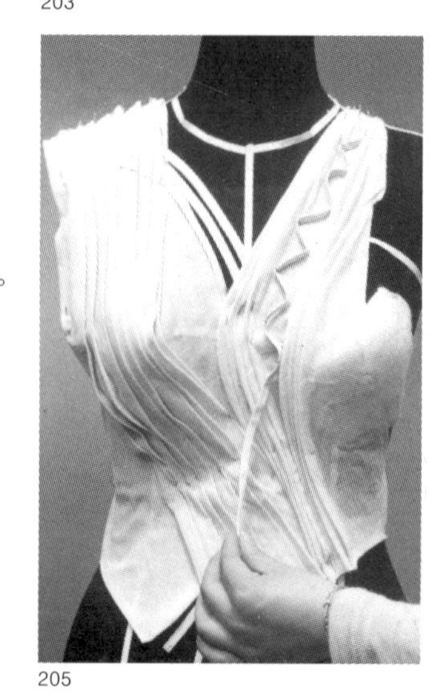
205

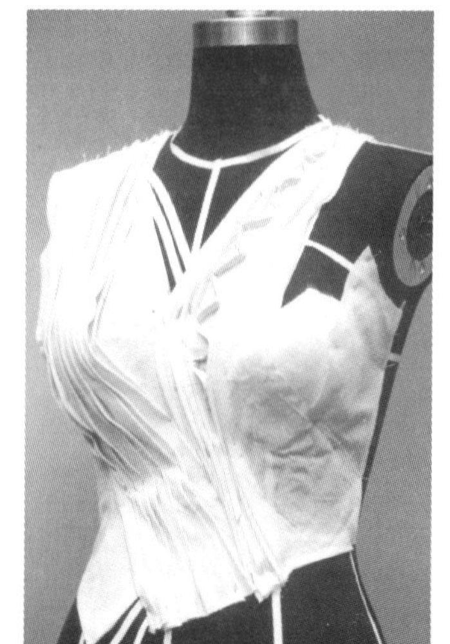
206

207

208

209

210

211

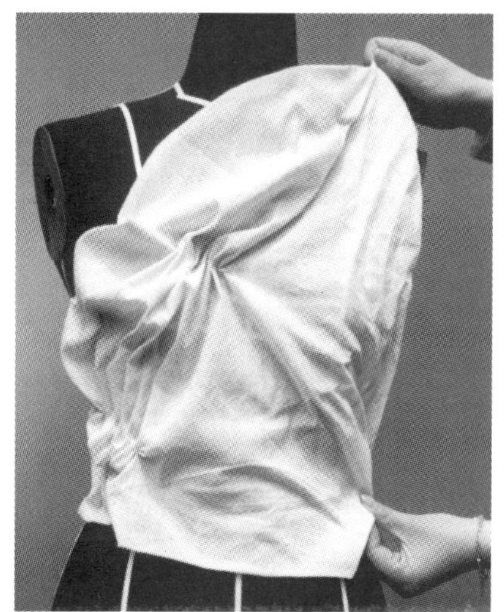
212

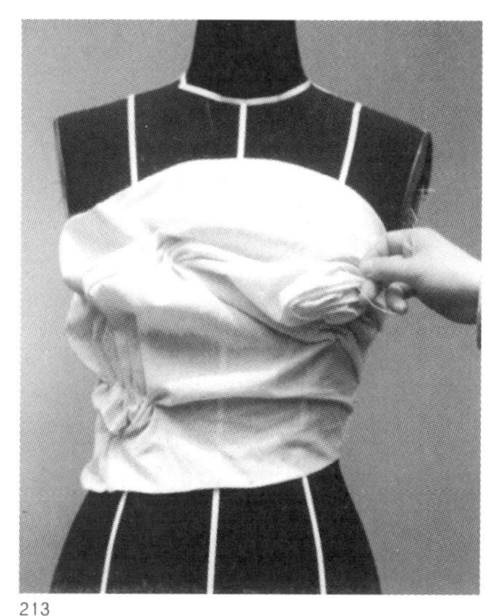
213

199－200 整料披挂式叠褶的立体裁剪／对褶布局，作形态设计和正确表达／分组用针线穿连褶纹是有效呈现褶纹外观的方法

201－206 用褶纹试样布进行紧身衣立体裁剪的步骤

207－211 将布料顺形体起伏叠褶/立体裁剪的构思与表现／构想新款样式／褶纹的表现／从褶线美的布局中随机应变处置褶纹和壳体造型

212－213 采用抽褶方法表现的紧身衣，是体现女性胴体曲线美的方法之一

4.抽褶式紧身衣（图214）

在平面布料上绱针缝并使线尾露出布面，扯住线尾抽拉，便自然形成大小不等、疏密有致的凹凸褶。抽褶的形态与面料的质地和针缝线迹的长短有关。除了可从水平方向、垂直方向和斜向褶外，还可以用不同的面料和长短的针距变化进行抽褶。在紧身衣造型中运用抽褶使面料紧缩，是体现女性曲线美最有效的造型方法之一。

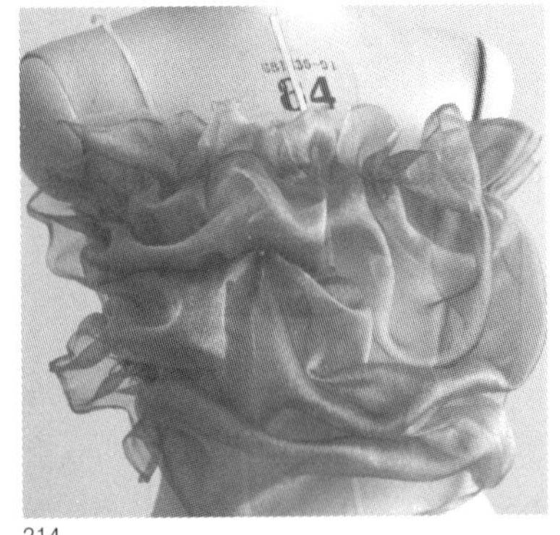

214

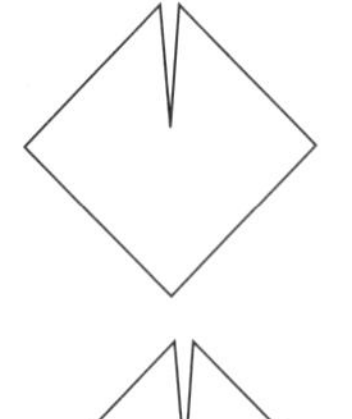

215

5.斜裁垂褶式紧身衣（图215－228）

斜裁垂褶式紧身衣是指将试样布以45度斜向覆盖在模特儿人台上与中心线重合，并采取多次提拉、折叠所形成的有半立体褶纹的紧身衣。

腰部垂褶式紧身衣（图215－221）

A 取一块方形薄纱面料对角折叠，并剪出弧形线，其长度略大于设计图所示的直开领和后领弯的长度。扯住薄纱剪开的两端覆盖到前胸与颈后中心线重合，并用大头针固定。

B 在腰部叠褶 3 次收省量，用大头针固定，留出缝份并剪去多余面料。

C 把右边薄纱逐一向左腰方向提拉叠褶，用大头针固定。当褶纹形态和款式造型与设计图相符时，作对合记号，取下衣片，经假缝、试样和补正后，展平并划顺轮廓线修齐缝份，进入版型制作工序。

216

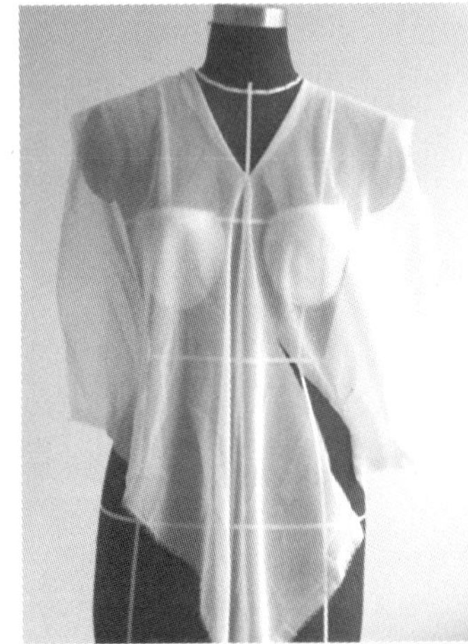

217

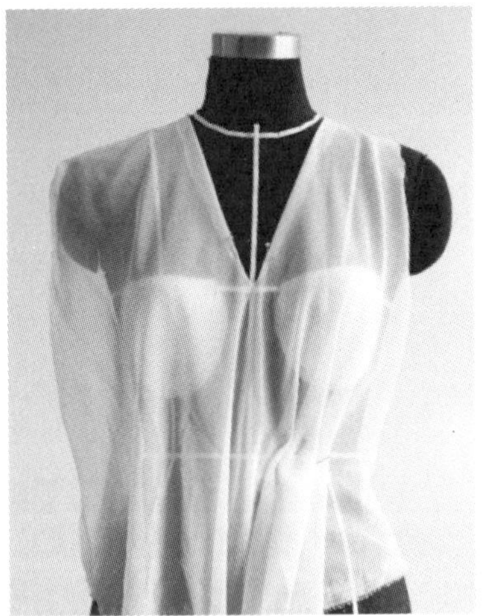

218

219

220

221

214 抽褶的肌理和外观因材质的差异而变化/在硬挺、闪光的面料边缘用绱针抽缩/形成有光泽又较硬朗的褶纹肌理

215－221 柔软、悬垂的薄纱优美地呈现出褶纹形态

弧形垂褶式紧身衣（图222－228）

A 取一块柔软透薄的面料，大小根据设计款式而定。按直开领和二分之一横开领的长度加余量，在面料一角以45度斜向剪出弧形。扯住开剪处的两端覆盖在人台的颈和双肩部位。按设计要求先在领口前中心处用大头针固定，然后分别扯住左、右肩部的面料上提叠褶于颈后中心线处，留出放松量和叠门量，用大头针固定。

B 按设计要求在左边提拉面料并叠褶于腰线处用大头针固定，将胸省的量分配在若干条褶纹中，留出缝份剪去多余面料。提起左侧薄纱在左肩与右腰部逐一叠褶并用大头针固定。

C 当垂褶紧身衣的造型与设计要求相一致时，将下摆折向背面的余量处留出后剪去多余布料。用笔标出衣片轮廓及褶纹走向，作为制作时的辅助记号。然后从模特儿人台上取下衣片假缝，经试穿、补正和确认后，再拆开展平并划顺轮廓，剪齐缝份后完成版型制作工序。

222

223

224

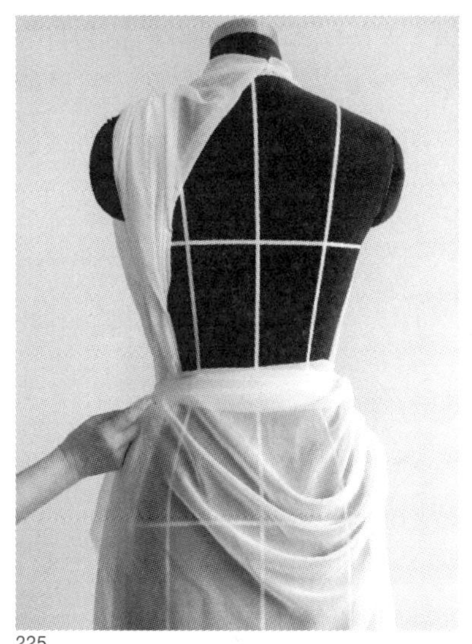
225

226

227

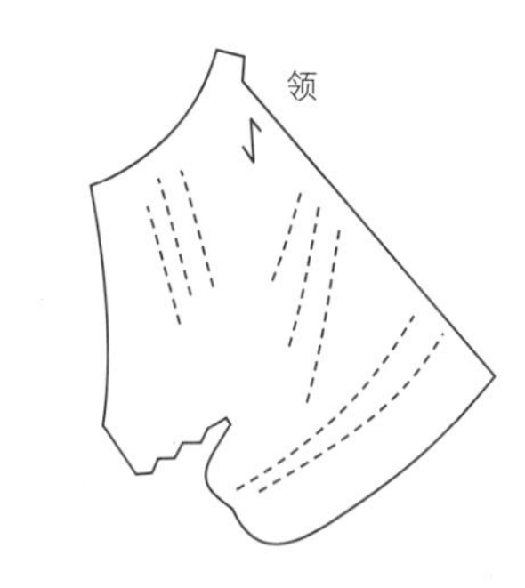

228

222－228 褶式紧身衣的壳体形态，不仅与提拉面料的方向、折叠量的多少有关，而且会因固定位置的高低方位的变化而改变。在立体裁剪过程中，要注重褶纹的疏密、长短及动感的表现

第四节 编织式紧身衣的立体裁剪

编织式紧身衣是用条状织物在模特儿人台上作交叉编织或扭曲连接等方式进行。编织方法有十字、人字、网状、套结编织和自由编织等。无论用那一种方法，都要在双乳隆起和收腰部位将省道的量分布于条状的编织之中。

1. 十字编织（图229）

用条状物作水平和垂直相交编织的方法称为十字编织。十字编织紧身衣的立体裁剪比较简单，只要对布条的宽窄、色彩和表面肌理进行处理，就能改变规则编织结构引起的单调感。其方法如下:

A 先选择合适的胸垫放在模特儿人台双乳部位作补正处理，并用大头针固定。用胶带在人台上标出紧身胸衣的外轮廓线和结构线。用里布先完成胸衣造型，并在其表面标出十字交叉的结构线。

B 按照十字编织条的宽度、长度（放足余量）和数量剪好条状试样布。按设计轮廓线与水平、垂直方向的造型线作交叉编织，将收省的量分配在十字交叉的宽度变化之中，使壳体状编织物的双乳部位隆起，腰部贴合用大头针固定。上、下编织带的余量按造型廓型线折向背面，留出缝份剪去多余布料，用大头针固定。

2.人字编织（图230）

人字编织即将条状物按人字形交叉编织。人字形编织的位置、面积、方向和倾斜度的不同将使造型产生十分丰富多样的变化。

3.棱形编织（图231）

交叉形成棱形格状的编织称为棱形编织。棱形编织的紧身衣可以直接在模特儿人台上标出棱形状交叉布局后编织，方法与十字编织相似。也可以将布带平放在桌面上按设定的结构作棱形编织。每个交叉点用大头针固定后覆盖到模特儿人台上，逐步调整到与设计要求相符时，用大头针固定。

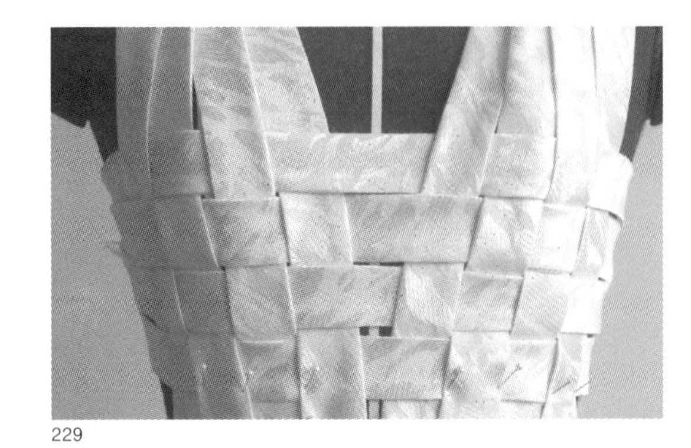
229

230

231

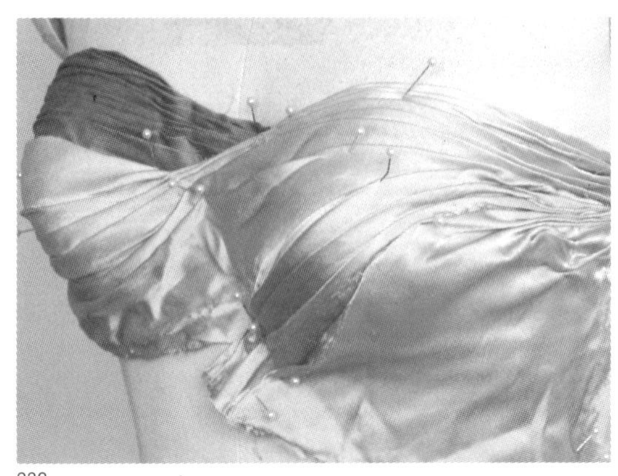
232

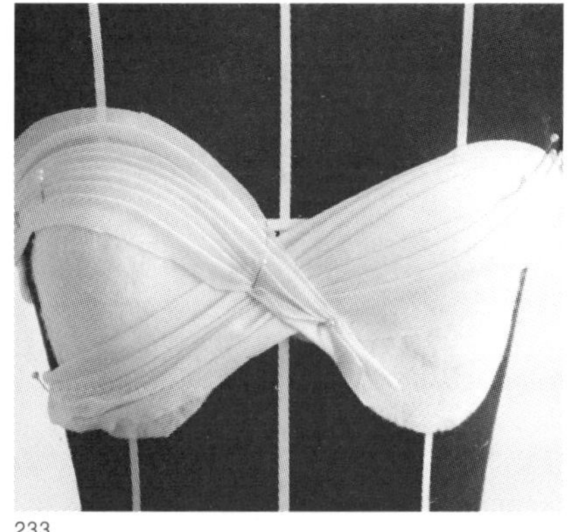
233

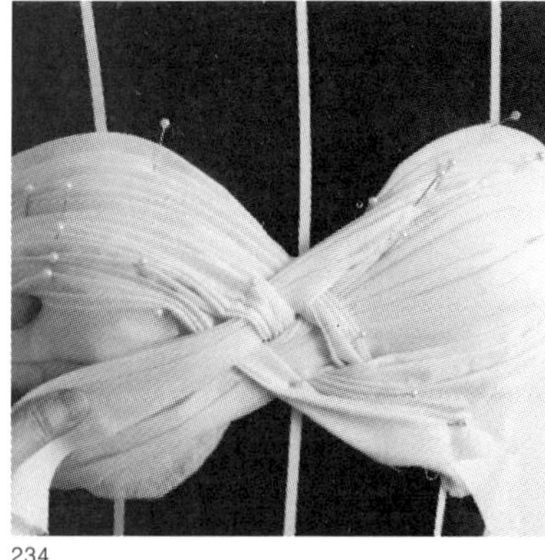
234

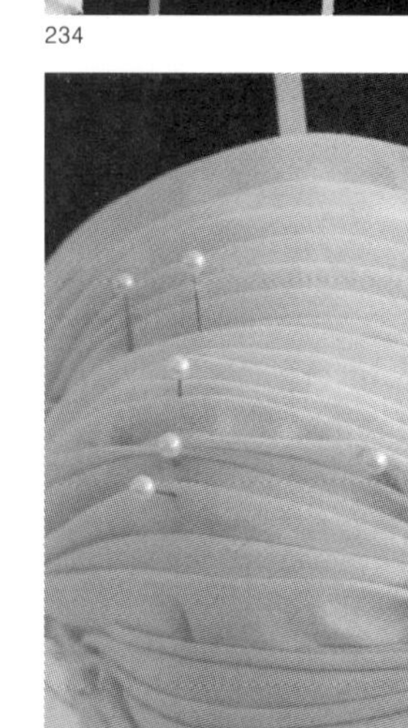
235

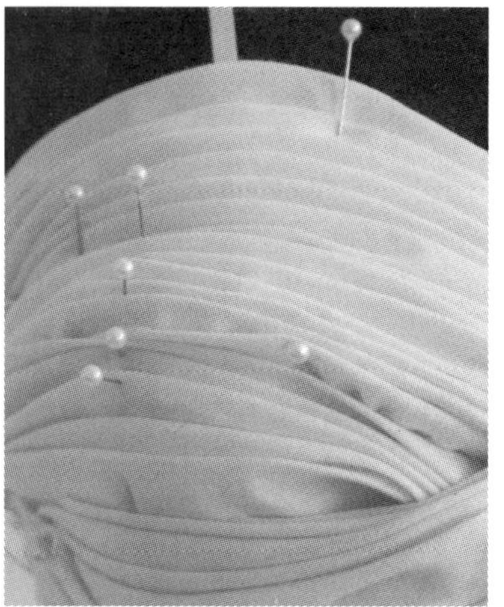
236

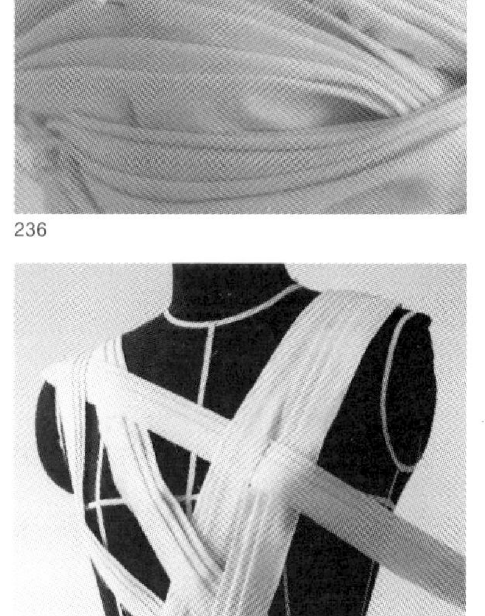
237

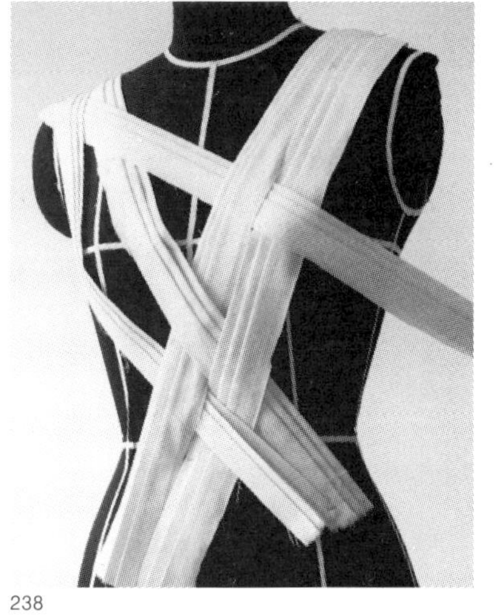
238

239

240

双色棱形编织（图232）

按设计要求取两种颜色的试样布分别剪成若干条长布料，每条宽度应含有褶量，也可试编织几行，再决定褶量的宽度。其编法与十字编织相似。

紧身小胸衣的叠褶编织(图233–237)

A 先对模特儿人台的双乳进行补正，然后按设计要求在模特儿人台上标出造型线，依照各分割面大小放足余量后，准备好斜裁试样布，顺轮廓线造型和双乳起伏形态逐条叠褶，用大头针固定。

B 以同样方法完成其余的交叉并用大头针固定。各条随意性的交叉叠褶使双乳中央交叉处形成近似棱形的形状。

4.自由编织（图238－240）

自由编织属于没有规律性的编织方法。自由编织强调线的内在衔接关系，第一根与第二根相交的形态，可引出第三根与其相交的方位，互相之间有着一种呼应、对比和力的均衡关系。

褶纹交叉自由编织紧身胸衣(图238－240)和细带重叠交叉自由编织紧身胸衣（图241－243)的实例可供参考。

229－232 用不同编织方法完成的形态各异的紧身胸衣

233－237 用交叉与自由编织相结合的方法进行紧身小胸衣立体裁剪

238－240 用褶纹带进行自由编织

5.套结编织

将两根布条分别对折后套住，并向同一或相反方向拉，使相交处形成套结后，再用针线暗撬固定。套结编织紧身衣着重于线与线的交叠以及它所显示出的具有方向性的序列结构。套结编的布条可长可短，可宽可窄，也可以是不规则的形。套结的位置及数量，对节奏感与特异变化所构成的审美张力的表达有着决定性的意义。

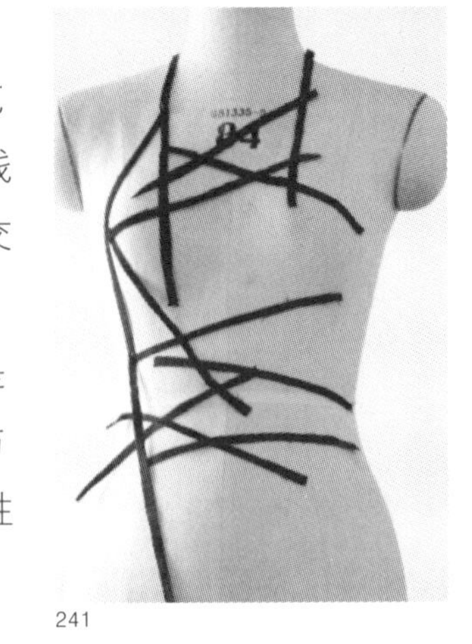
241

242

斜线状套结式紧身衣（图244－250）

A 用胶带标出造型轮廓线和交叉结构线。以双层加缝份的宽度裁剪成条状面料，并将缝份折向背面对折烫平后作备用。

B 按设计要求，从模特儿人台的双肩横向交接处，向反方向拉至所需长度用大头针固定，留出缝份剪去多余布条。依次逐一完成条状套结造型，使交叉点从左肩至右腰连成斜线，将每对套结处和每条相邻边线分别作出对合记号，然后按顺序从模特儿人台上取下布条，烫平成为版型。

243

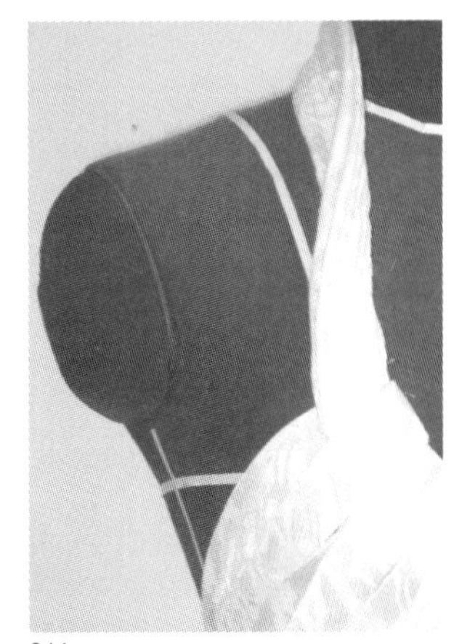
244

领口套结式紧身胸衣（图251－253）

A 分别量出一字领口长度和衣长，按领长取适量试样布一块，再取两倍于衣长试样布一块，其宽度应留足包裹胸部的褶量。

B 取领口试样布覆盖在模特儿人台的颈前和双肩处，按设计要求逐一于双肩处叠褶，用大头针固定。

C 取衣身试样布覆盖到模特儿人台左胸部，并在腰部向bp点方向叠褶，用大头针固定。将衣身试样布上端从一字领布下穿过，并折回于右胸部。按设计图叠褶，用大头针固定并剪去多余面料。

D 当造型与设计图相符时，可标出对合记号，从模特儿人台上取下衣片，展平划顺轮廓线并假缝成衣，经试穿、补正和确认，可进入版型的制作工序。

245

246

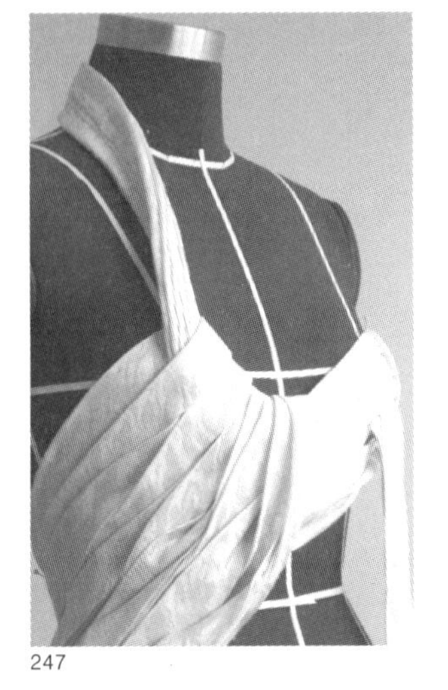
247

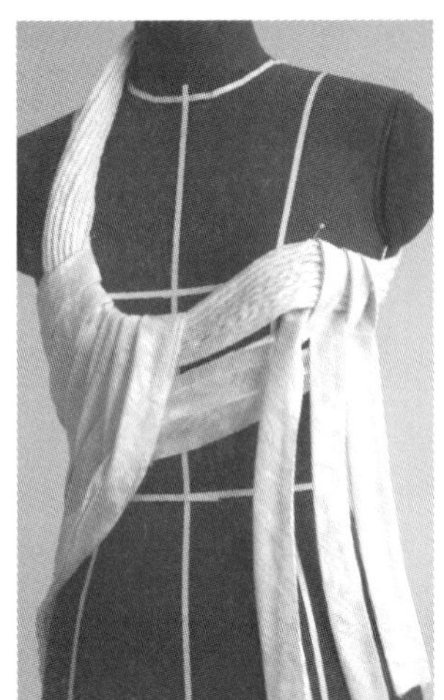
248

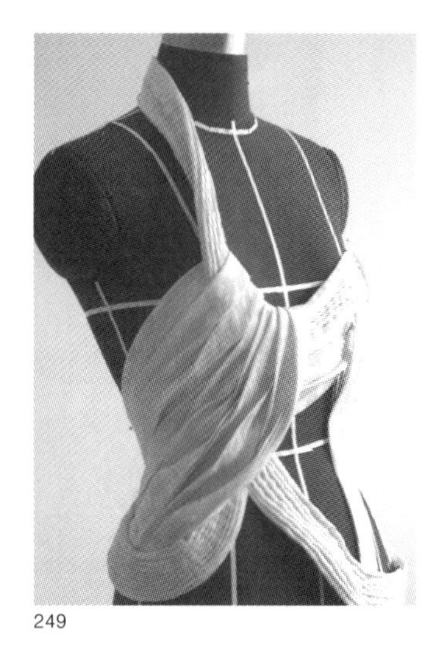
249

250

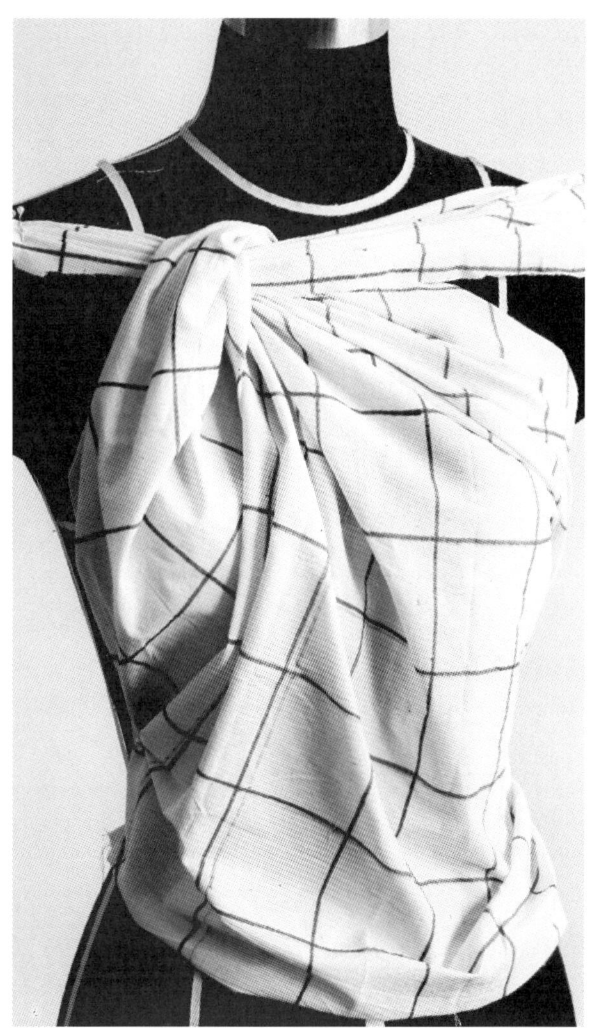
253

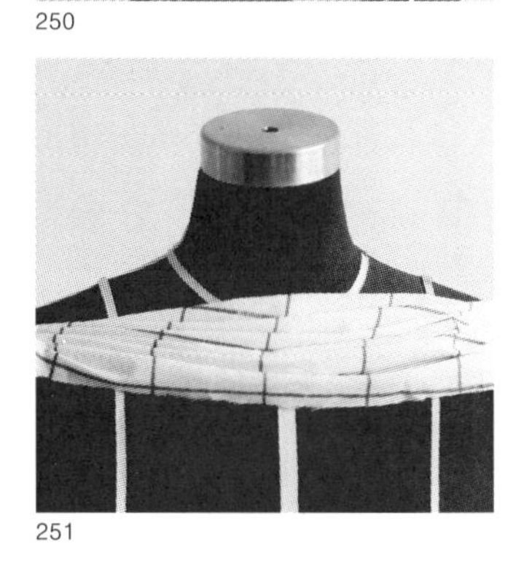
251

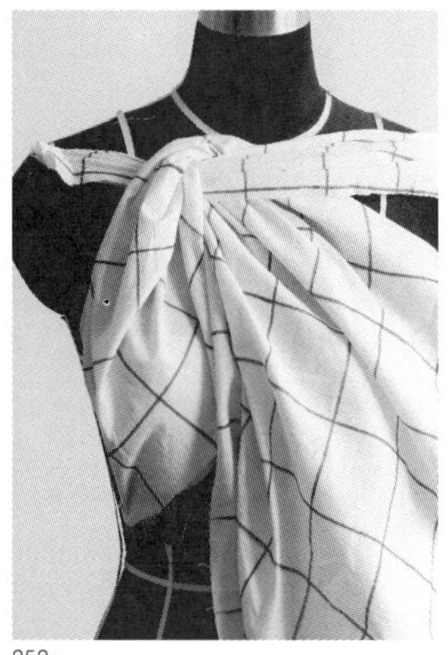
252

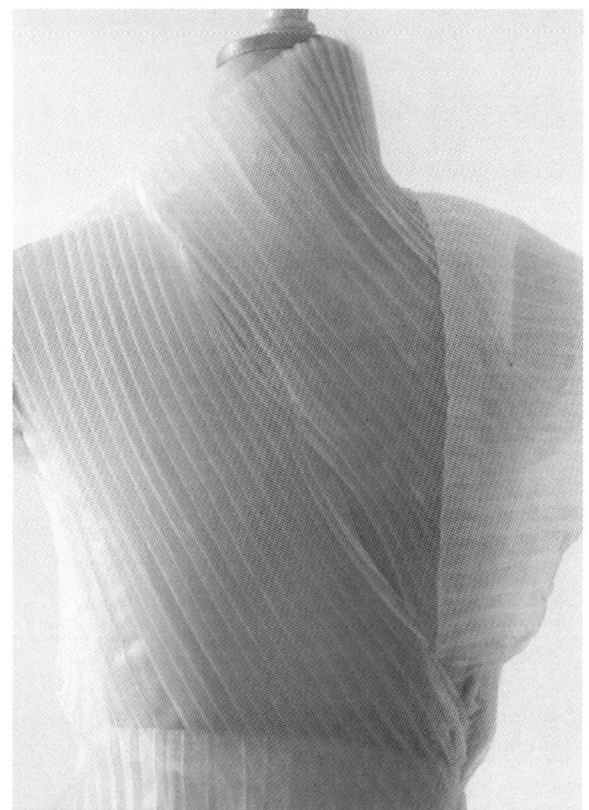
254

241－243 用细带任意交叠组成的紧身胸衣

244－250 以宽条规则排列作套结编织的紧身衣。用套结编织的斜线轨迹使线条呈现出特异的形态

251－253 套结和包裹并用的方法／随心所欲地表现紧身胸衣的过程／多种裁剪的方式／一种着装和情感表达的造型

254 用褶纹布从模特儿人台的颈、胸部位包裹至后背，连接处用大头针固定/在腰与右肩处将褶纹布向外翻折，褶纹的走向随之改变会产生对比的美感。

第五节 缠绕式紧身衣的立体裁剪

缠绕式紧身衣是人类自古至今最基本的服装样式之一，从原始人用树叶、兽皮缠绕裹身作为身体的遮蔽和保暖物、古罗马人用缠绕式托嘎作为装束以及印度妇女的莎丽装，到现代法国女装设计师格瑞夫人著名的缠绕式时装，缠绕式造型样式真可谓千姿百态源远流长。如果我们将一块布，一条宽带、一条花边或几块布料、几条宽窄不同的色带，在模特儿人台上作立体式缠绕，不论是按常规的方式还是自由的方式，缠绕的过程其实是探索种种新的缠绕方式的创造过程。一般而言，缠绕的方法有包裹式缠绕和带状缠绕两大类。

1. 包裹式缠绕

包裹式缠绕分别有筒形缠绕、包裹缠绕和任意缠绕3种。筒形缠绕是采用布料包裹、缠绕和修剪等方法一次完成的方法;包裹缠绕是采取边包裹缠绕边修剪的方法多次重复完成;任意缠绕则不用剪刀，只通过多次缠绕完成。

（1）筒形缠绕的紧身衣（图255）

取长130厘米宽40厘米富有弹性的褶纹薄纱，宽度两端对齐缝合成圆筒状，套入模特儿人台后缠绕成紧身衣。如果变换缠绕方式，改变开与合的位置，及翻折角度则会产生变化多样的各种造型。

（2）匹料包裹缠绕的紧身衣（图256－260）

图256－260为匹料包裹缠绕的操作过程。不用剪刀，用整段面料在模特儿人台上回旋包裹进行廓型和结构细节的处理。图261－264包裹式紧身衣是由多块面料包裹缠绕而成的。

图265－272 的小礼服造型是采用3米长的面料进行立体裁剪。先将面料一端对角折叠，布边朝上覆盖到模特儿人台胸部，从右侧至左侧缝用大头针固定。提拉左边面料折回到右侧缝，斜条纹变成竖条纹。扯住一边包裹至后臀与另一侧相连，使条纹呈水平状，余下面料下垂形成褶纹。然后逐一提拉右边腰臀部面料固定于侧缝处，形成短褶裙。

255

256

257

258

259

260

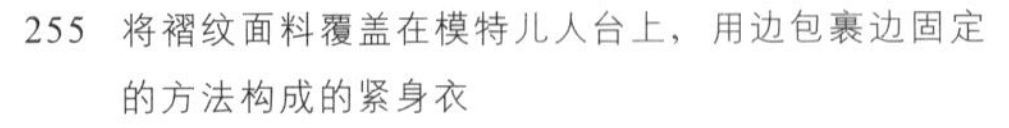

255 将褶纹面料覆盖在模特儿人台上，用边包裹边固定的方法构成的紧身衣

256－260 用匹料包裹缠绕的紧身衣的立体裁剪，可在前胸部位利用抽褶加强女性曲线美的表现

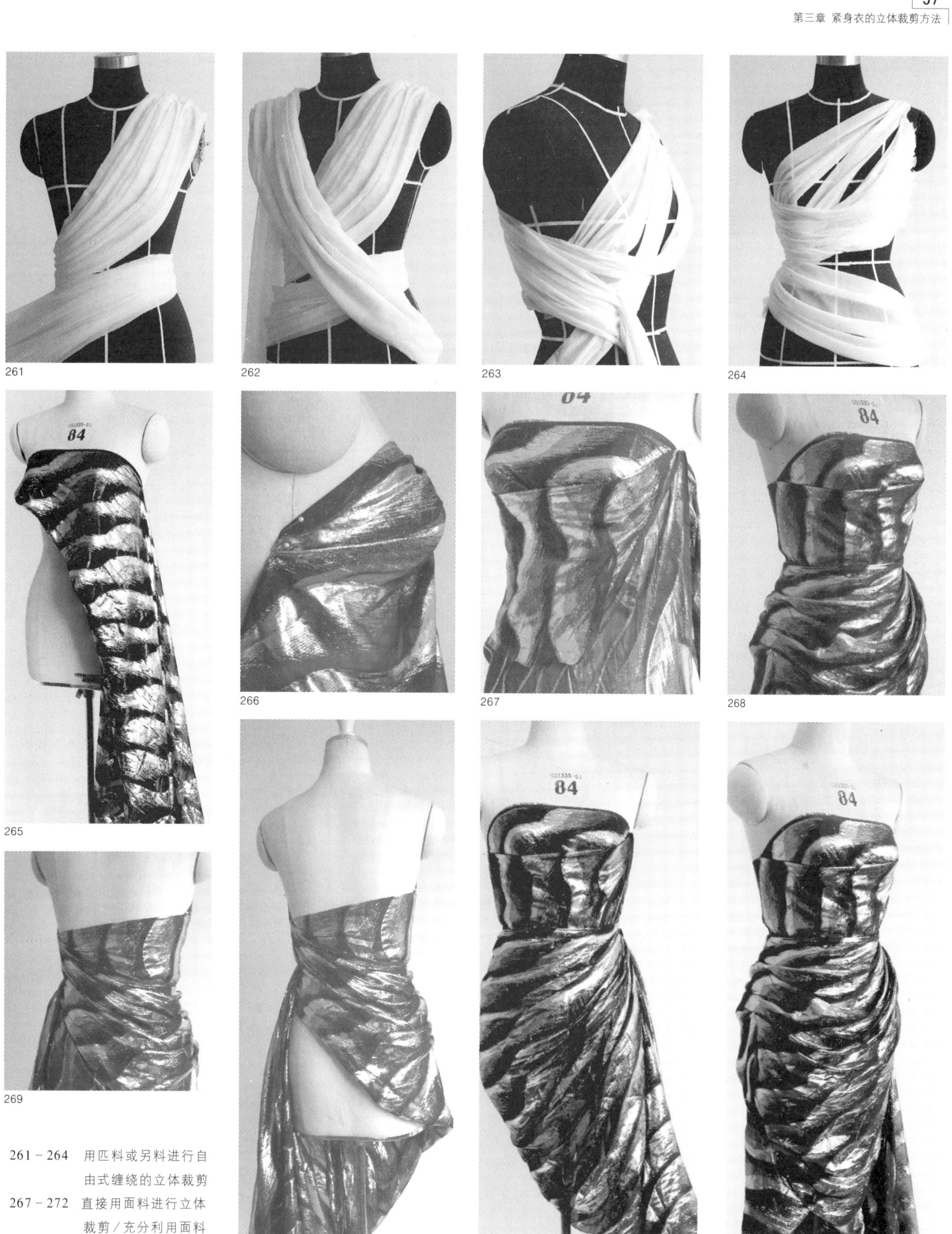

261　262　263　264　265　266　267　268　269　270　271　272

261－264　用匹料或另料进行自由式缠绕的立体裁剪

267－272　直接用面料进行立体裁剪/充分利用面料图形进行再创造/经过折叠的条纹面料/缠绕时改变方向或提拉的叠褶/条纹方向和宽窄的变化/充满活力的紧身衣造型

2.带状缠绕

带状缠绕就是用粗细宽窄不一的带条进行缠绕造型。常用的带条物有花边、布条、绳和编织带等。带状缠绕紧身衣的排列结构，分规则排列和不规则排列两大类。带状缠绕后的形状和肌理有呈整齐排列的平整效果；有呈螺旋状整齐缠绕成立体形状的；有呈规则排列加特异处理的半立体形态。此外，还有呈不规则排列的空透效果及规则与不规则的混合排列等。

（1）带状规则缠绕式紧身衣

图273—274是用同样宽度的细布条，按水平状整齐缠绕的紧身胸衣。胸衣的表现不仅具有线的规则排列的特点，而且随着体形的起伏还有着凹凸弯曲的效果。图274 胸衣一侧竖立的波状条，是利用圆形裁剪法叠褶盘成一定宽度的条状后，拉开内圆弧的两端固定所需位置的。

A 先在模特儿人台上标出胸衣的造型轮廓线。然后将试样布剪成若干条3厘米宽45度斜的布条，每条对折车缝后烫压成1.2厘米宽的布条。

B 将布条逐一按设计轮廓线横向缠绕，排列整齐后用大头针固定。胸部下凹部位的布条应预先采用归拔处理，使带状缠绕的壳体造型充分表现出女性的曲线美。

C 包裹缠绕造型符合设计要求后，将条状相叠或相接的部位用针线固定。

（2）带状不规则缠绕紧身衣（图275－280）

A 按照设计要求将细绳从胸围侧缝处依波浪形造型线盘绕，逐一用大头针固定。

B 盘绕至乳峰点时，确定拉向肩部的长度，并用最外面的一根绳子盘成小圆形，覆盖在模特儿人台的肩后部后用大头针固定。

C 按设计要求将带子从背后缠绕，过肩部后，顺公主线位置往下叠于波浪形造型线处，用大头针固定并剪去多余绳子。

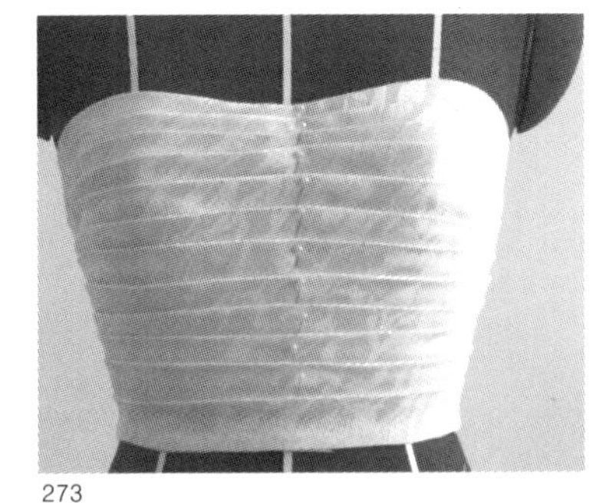
273

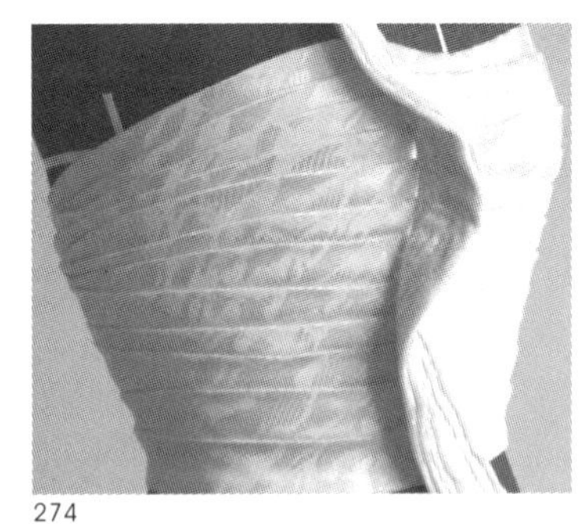
274

275

276

277

278

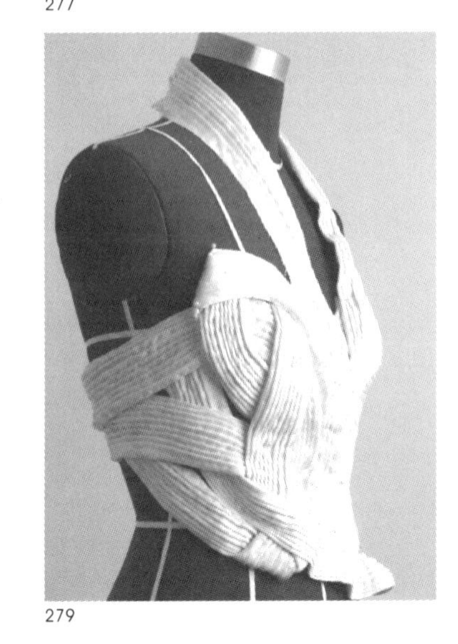
279

280

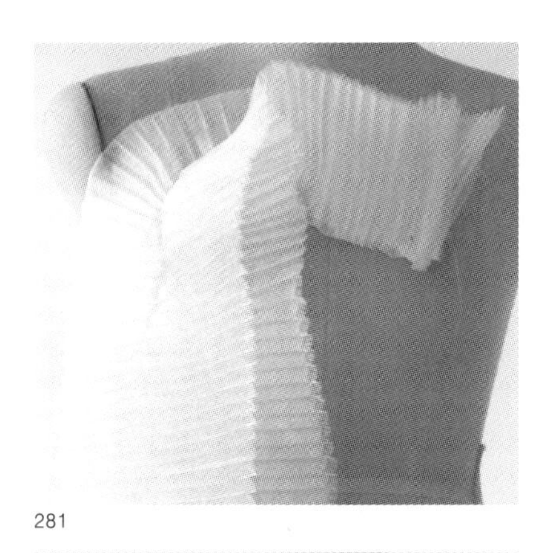

281

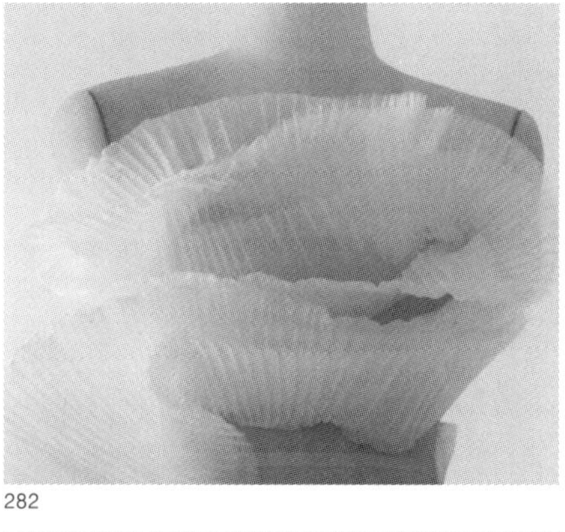
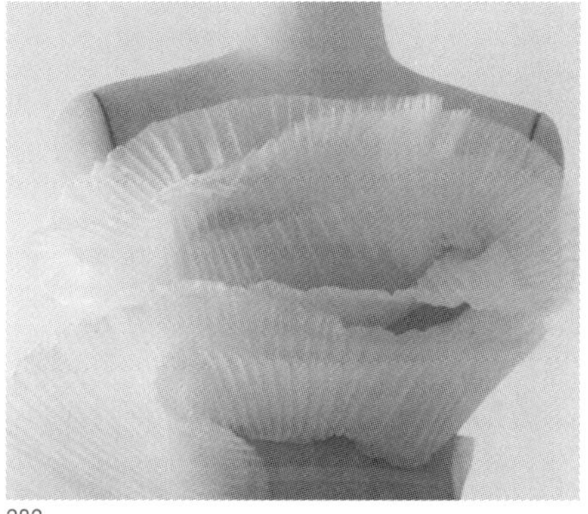

282

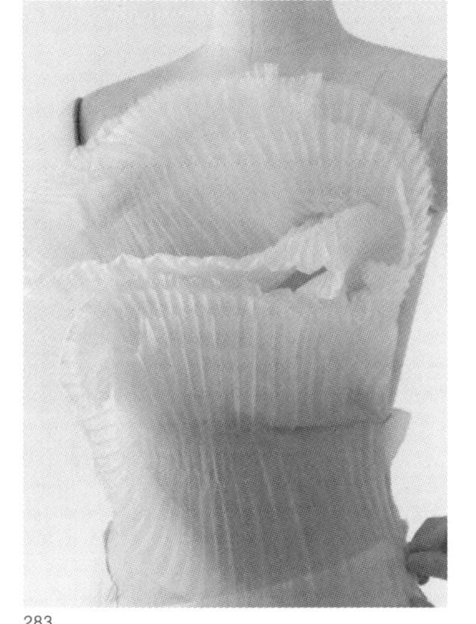

283

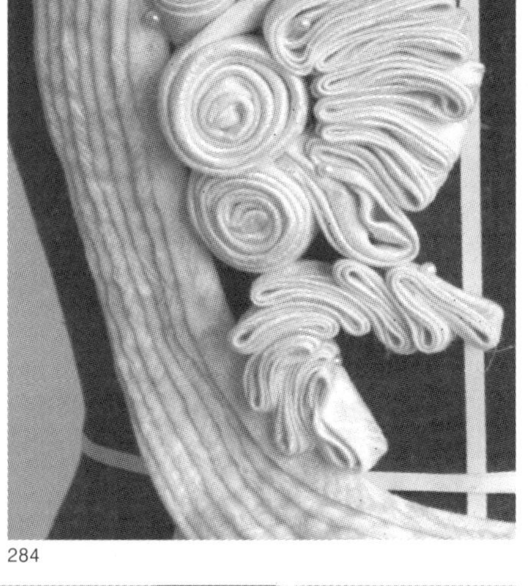
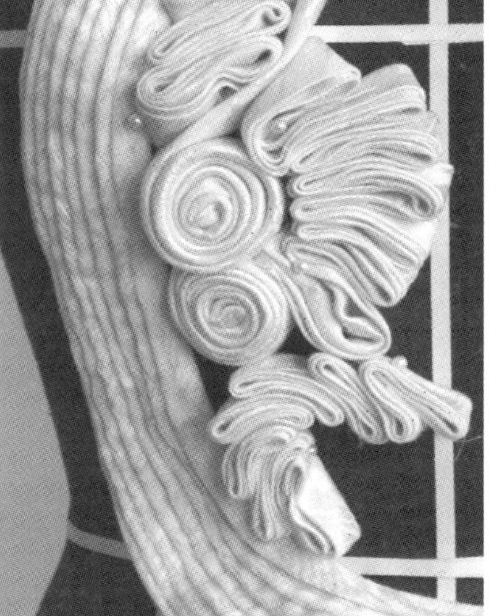

284

285

273－274 用细带作水平状缠绕／塑造胸部壳体／带子的选 择／归拔技术的运用和缝制的方法

275－280 带状不规则缠绕紧身衣的立体裁剪步骤

281－283 以之字形轨迹来回缠绕／形成多层错落式重叠／使竖起薄纱具有褶纹的疏密、方向、高低变化和空间层次的对比

284－286 以线为基本元素，用波折和回旋盘组成具有抽象装饰纹样的紧身衣

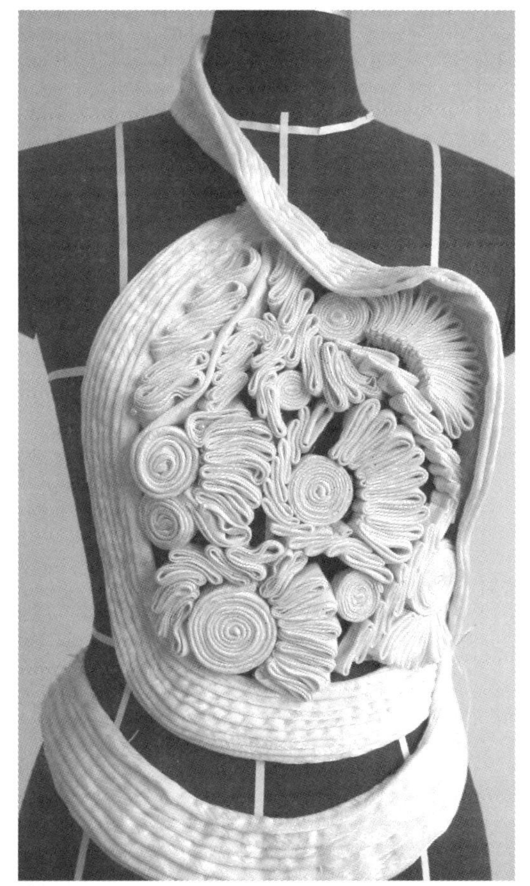

286

(3) 任意缠绕的紧身衣

任意缠绕紧身衣是利用细带、宽带和匹料为材料，在模特儿人台上进行包裹式缠绕的立体裁剪。在任意盘绕时，应思考盘绕设定的方向和缠绕整体之间的相互关系，在立体裁剪的过程中要将理性思考与感性表现有机地结合在一起。

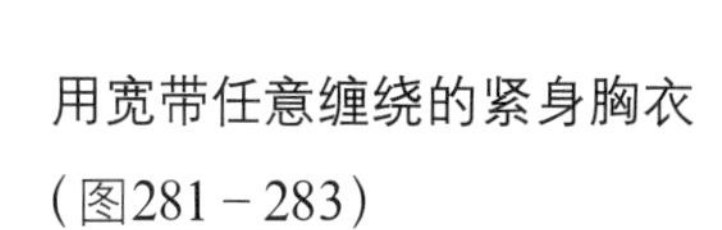

用宽带任意缠绕的紧身胸衣

（图281－283）

用长约20厘米宽130 厘米的褶纹宽带，对折后边朝上覆盖到模特儿人台的前胸如图283所示用大头针固定。然后以之字形来回盘缠，使竖起的面料多层重叠。这样不仅具有疏密、方向和曲直的褶线变化，而且富有空间层次的对比效果。

用细带任意缠绕的紧身衣

（图284－286）

以线为基本元素，用波折盘、回旋盘和直线来回盘的方法组成具有一定肌理效果和装饰纹样的紧身衣。细布条是用约3厘米宽的布条折叠成的。先把布条的两边折转至中心线，然后再对折成细布带进行盘缠。其抽象图形具有线的节奏感和凹凸效果。在整体造型中，结构线内随心所欲地来回盘绕和运用线的长短不一、方向不同，以及直线与弧线的疏密关系中，均会产生各种回折线并形成不同的图形与肌理的分割面。

287

288

287 按照立体裁剪的紧身衣版型完成的紧身礼服上衣／图288为背面的着装效果

4

宽松衣的立体裁剪方法

套入式宽松衣的立体裁剪
组合式宽松衣的立体裁剪
嵌入式宽松衣的立体裁剪
披挂式宽松衣的立体裁剪

第四章 宽松衣的立体裁剪方法

相对于合体的紧身服装而言，宽松衣的壳体造型不那么紧贴人体。由于它与人体间隙的空间和层次的差异，会使着装在静态和动态中产生形态各异的外观形象。因此，宽松衣的立体裁剪。需在立体形态下，对静态和动态中的造型效果进行丰富的想象。要预计到着装形态下的型与线的不同变化，并有效地把握贴近或远离人体的尺度(放松量)。

一种新的设计创意，还要认真研究材质的可塑性、下垂性和飘逸感的表现，以及挖孔的位置、形状及大小所引起的外轮廓和形态的变化。为此，学习并理解宽松式服装的立体裁剪方法是十分必要的。

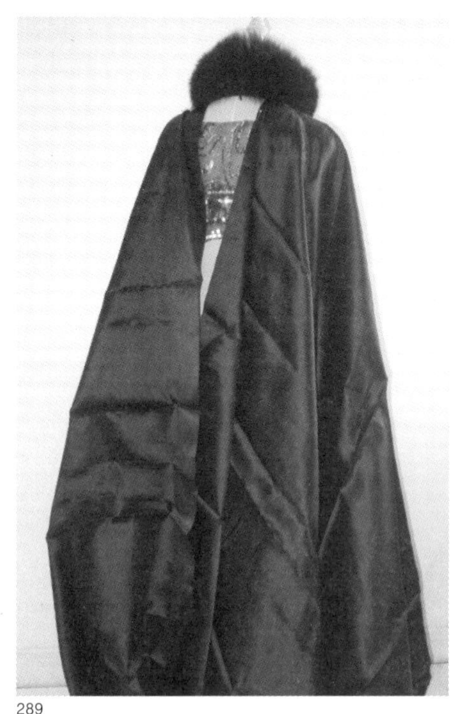

289

289 拼合式宽松披风

290-294 挖孔套入并叠褶的宽松衣/宽松度的把握和廓型的呈现/凭借直觉与感悟的创造

295-298 片状布料经挖孔成为套入式宽松衣/呈现穿着者个性和审美情趣的追求

第一节 套入式宽松衣的立体裁剪

套入式宽松衣的立体裁剪分挖空式和拼合式两种。无论是布上挖孔还是缝合后留口，其周长及放松量应充分注意与套入部位的关系、面料硬挺度和弹性的差异，以及套入颈、肩、胸、腰和臀处所形成的自然下垂的不同廓型与褶纹效果。

1.拼合式宽松衣

拼合式宽松衣自古有之。是将一块布料对折缝合后留出口子，套入颈、肩、胸、手臂处所形成的宽松袍服，亦指用两块以上面料缝合后，留出供套入部位口子后形成的宽松衣。拼合式宽松衣的立体裁剪，可以根据设计图提示的结构与廓型，选取布料并决定直裁、斜裁或横裁，可披挂在模特儿人台上进行造型与剪裁。图289是用一块面料拼合成披风式宽松衣的范例。

2.挖孔式宽松衣

挖孔服装不仅裁剪简便容易掌握，而且穿着方便仪态大方。在巴兰夏加的作品中，有用椭圆形厚质硬挺面料一端剪开一个口子并配上船型状立领，衣领垂落双肩，使肩臂的支持部位自然下垂，形成长短不一、波浪起伏的褶纹。这种充满动感的着装效果，颇具独特的艺术魅力。在三宅一生的作品中，也时常会看到挖孔宽松衣的造型，如在一块长方形面料的两边各挖一个孔，左右手臂穿其而过，随着手臂的运动，面料会时而自然下垂时而平面展开，形成下摆长短不一褶纹宽窄不等的奇特效果。

挖孔式宽松衣的裁剪，可从面料的形状、质地和特性与挖孔的数量、大小、形状和位置的变化以及套入位置和着衣方式入手，对“打开”与“合拢”产生着装造型的变化等方面进行研究。另外，面料的外形有方形、长方形、圆形、椭圆形和不规则形等。开孔的形状有圆形、扁圆形、方形、梯形和线形等。挖孔的位置、大小和数量通常由套入位置的变化和设计要求而定。

圆孔大翻领宽松衣（图290－294）

A 将长方形硬纱面料从模特儿人台的后背包裹到前胸，使左侧边线与前中心线对齐，用大头针固定。按略大于臂根形状挖孔使左手臂活动自如。

B 在右肩多次叠褶后用大头针固定，形成褶式大翻领。右边按略大于臂根形状挖孔，使右手臂伸缩自如。将右侧硬纱边线与左门襟斜向交叠，形成宽松衣。

圆孔无袖宽松衣（295－298）

A 构想薄纱面料在模特儿人台上的形态，试想形状大小、套入方法和挖孔位置。先将面料覆盖到模特儿人台上，标出肩位和宽度，画出左右袖窿形状，顺袖窿轮廓线剪去布料。

B 将挖孔的面料套入双肩处，观察其着装效果，先修正袖窿形状，然后对廓型进行多方位审视。

C 若改变套入和穿着的方式，款式造型随即会发生变化。

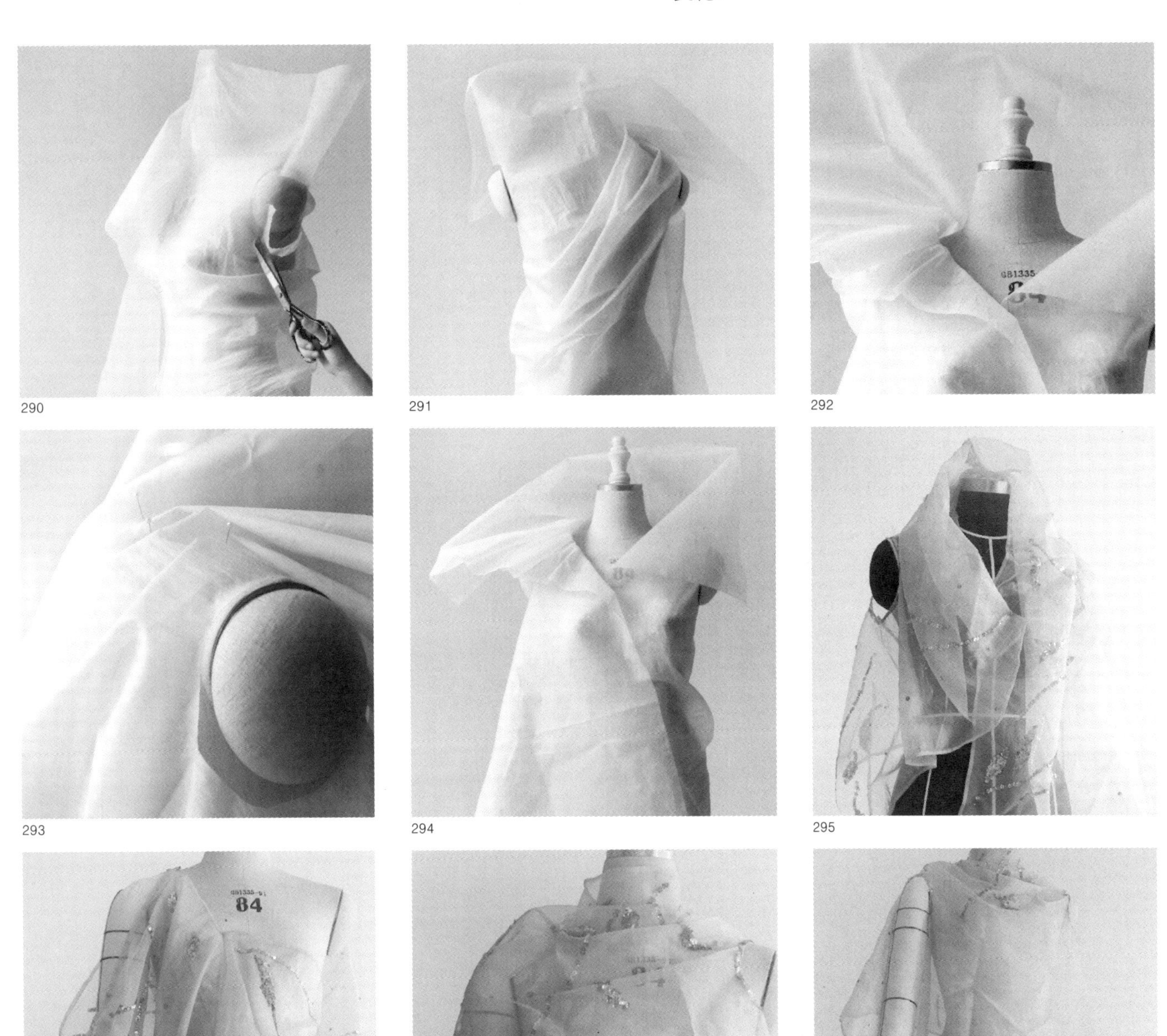

290 291 292 293 294 295 296 297 298

圆孔套入式宽松衣（图299－301）

A 图 299 将面料套入模特儿人台的腰部构成的宽松衣。

B 图 300 将圆孔面料套入颈脖、胸部构成的宽松衣。

C 图 301 将薄纱面料套入模特儿人台的上右肩和左侧腰间构成的宽松衣。

扁孔套入式宽松衣（图302－304）

套入式、斜肩、直开或斜开长门襟的宽松衣，宜挖扁圆孔，其周长略小于双肩，使衣服不易脱落。

A 在试样布的上方挖一个上大下尖的扁圆形孔，大小应超过头围周长。

B 把试样布套入模特儿人台的双肩上，按设计要求调整孔形大小。将胸、腰部左右两侧的试样布对合，并按设计要求连接前后片的侧缝。

C 从不同角度观察款式廓型和结构细节，与设计图相符时标出轮廓线，剪去多余布料后标明前后片对合记号。取下裁片展平，划顺轮廓线剪齐缝份成为版型。

线状孔套入式宽松衣（图305）

线状挖孔与上述几种挖孔的方法不同，只须用剪刀割断布料形成裂口状孔缝。其长度以套入头部、肩部、手臂或其他部位时能自如活动为准。

将方形面料对折后披挂到模特儿人台左侧肩部，手臂往下10厘米处为起点，往下剪线状裂口，其长度能使手臂通过且活动自如。当宽松外衣造型与设计图相符时，标出轮廓线号，剪去多余料从人台上取下裁片。展平后划顺轮廓线，剪齐缝份成版型。

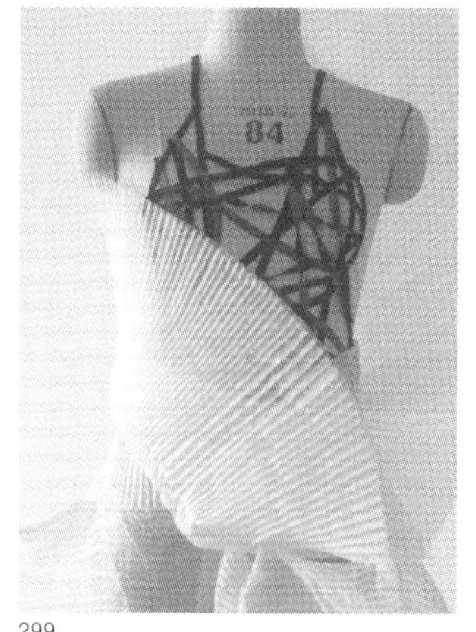

299

300

301

302

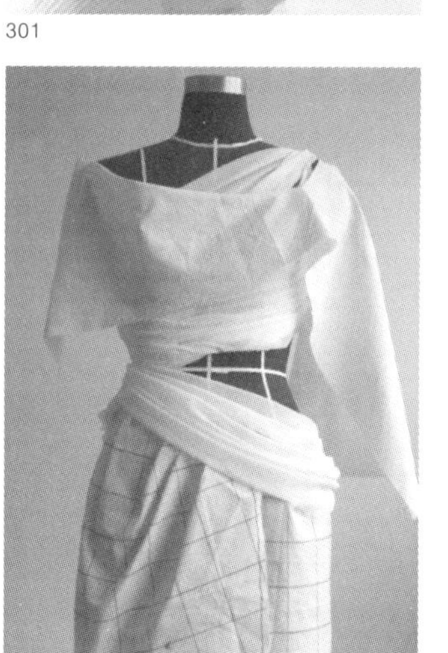

303

304

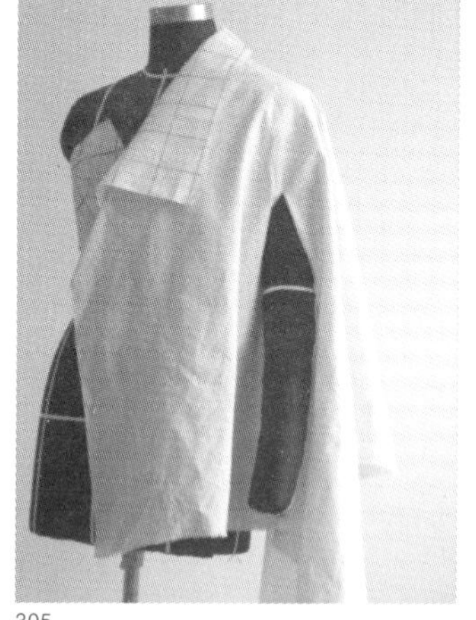

305

299－301 孔形及位置的精心处置，构成了形态各异的圆孔套入式宽松衣

302－304 扁孔套入式宽松衣

305 线状孔宽松衣

306 两块方巾拼合的宽松衣

307－309 不同面料的手感、垂感和外观的差异/在立体裁剪中充分体现面料特有的美/利用面料特性加以想象与创造性地表现

310－314 套入式披肩与布料组成的宽松衣

第二节 组合式宽松衣的立体裁剪

组合式宽松衣是将两块或两块以上的布料覆盖到模特儿人台上拼合组成的造型样式。

1.二块方巾组合的宽松衣（图306）

A 将两块印花丝织方巾覆盖在模特儿人台的前胸、后背和肩处，领型按设计要求叠褶后，用大头针固定。其余对合处用绱针缝抽缩归拢至所需长度。

B 分别在左右两侧缝处将前后片方巾对合，留出袖窿孔其余用大头针撬别固定。

C 在方巾衣的下摆作毛皮饰边装饰，形成向外扩张的A字型外型。

2.组合式无领无袖的宽松衣（图307－309）

A 准备两块大小相近的雪纺试样布，分别扯住一角覆盖在模特儿人台左右两肩与颈后中心线重合用大头针固定，雪纺布顺形体起伏下垂形成波浪状褶纹。

B 分别把侧缝处一角提起至后背肩部，并与衣片连接，形成有垂褶状的袖窿。后背处用细带连接左、右两衣片。

C 将右衣片下端提起放置右腰部用大头针固定。

D 当造型与设计图相符时，标出衣片对合记号，并从模特儿人台上取下衣片展平，划顺轮廓修齐缝份成为版型。

3.套入式披肩与布料组合的宽松衣（图310－314）

A 将开扁孔的长方形试样布套入颈部横向落在双肩，形成长短不一、波折不同的垂挂状。

B 在试样布的一角剪出弧形，将弧形两端拉开成直线与披肩下摆连接，下摆形成波浪褶纹。

C 取略大于前片的试样布，用与上述相同的方法完成后衣片造型。当造型与设计图相符时，标出衣片对合记号，取下裁片展平，划顺轮廓线修齐缝份成为版型。

306

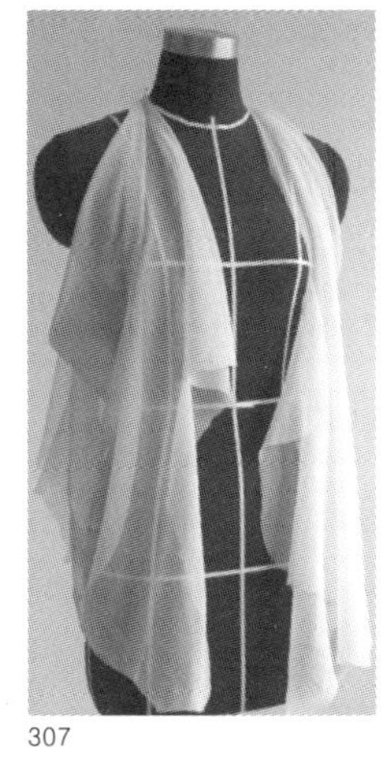
307

308

309

310

311

312

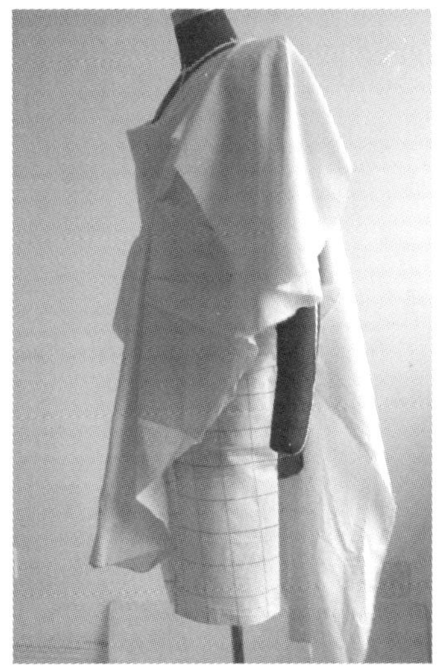
313

314

4.多块布组合的宽松外套（图315－325）

A 先在模特儿人台上标出造型分割线，然后根据各分割面的大小备好试样布，标出辅助线。取后片试样布覆盖到模特儿人台后背与相应的辅助线重合。在后领弯轮廓线处放出余量剪去多余布料。在弧形上剪刀眼使试样布平贴颈部，定出肩线、袖窿线并与下摆宽相连接，留出缝份剪去多余布料。

B 取后外侧衣片与后片对合，用大头针固定，留出缝份剪去多余布料。

C 用后片裁剪的方法完成两块前衣片的造型。

D 取袖片依中心线对折与衣片袖窿弧相接，上端除去对折处多余的量。袖口后侧向肘方向折叠除去余量，使袖向前倾。

E 提起手臂成70度，前袖山底弧按前袖窿底弧标出轮廓线后对合，用大头针固定。定出袖宽与袖底宽连成直线后，剪去多余布料。后袖片造型以同样的方法完成。

F 按设计图开落前领弯弧线，量出领弯长和宽并放足余量，在45度试样布上剪出领面试样布标出后中线。将其贴合到颈部与后中线对合，使领面下边与后衣领弯重合用大头针固定领面依翻折线翻转，标出轮廓线剪去多余布料。

G 根据设计图取一块适量的试样布，将布一端剪出与前领弯等长的圆弧形，拉直与前领弯重合用大头针固定，形成波浪褶装饰外观。

H 准备好45度斜裁试样布一块，画出对折记号线将其与后衣片中心线对合，上端依领弯和肩线标出轮廓线，侧边留放松度与袖窿重合。留出缝份剪去多余布料。当宽松衣的造型与设计图相符时，可标出衣片轮廓线和对合记号，取下裁片展平，划顺轮廓线，修齐缝份成为版型。

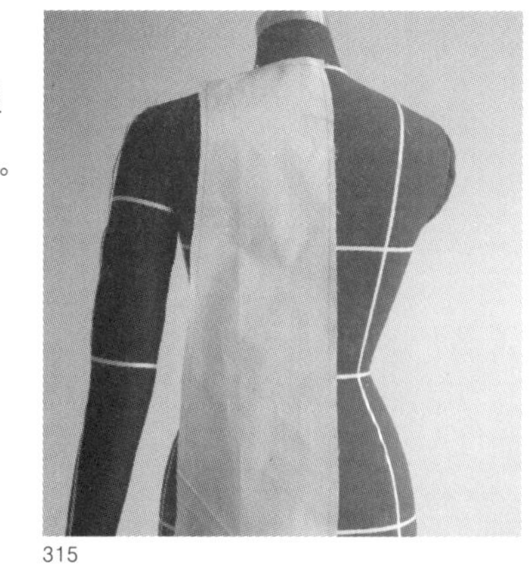
315

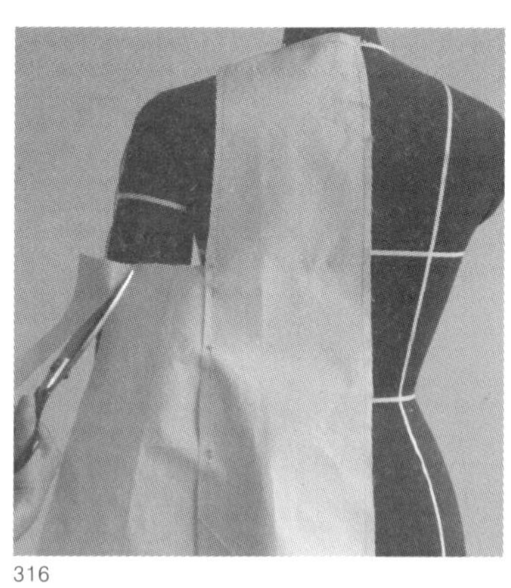
316

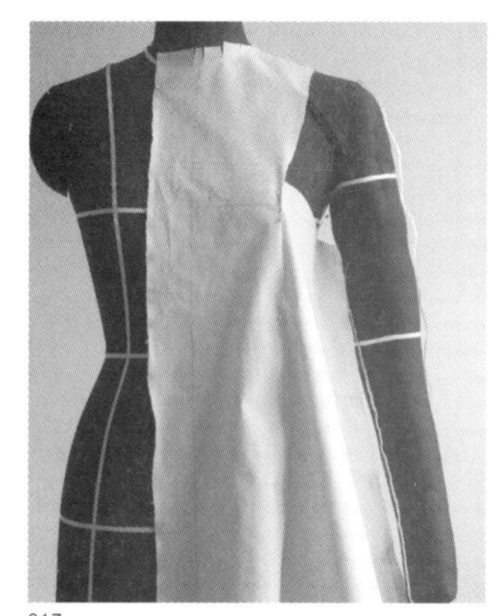
317

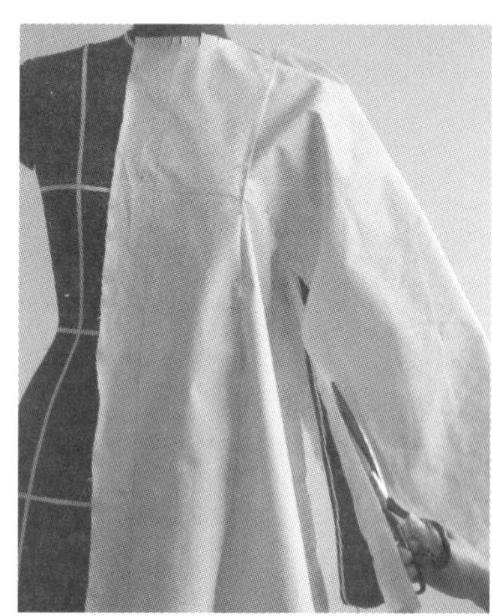
318

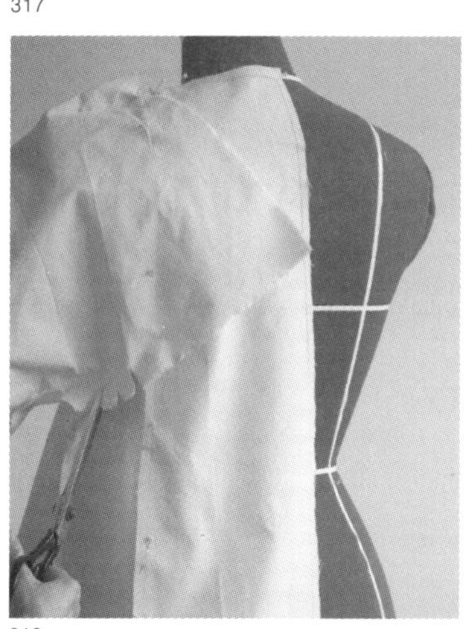
319

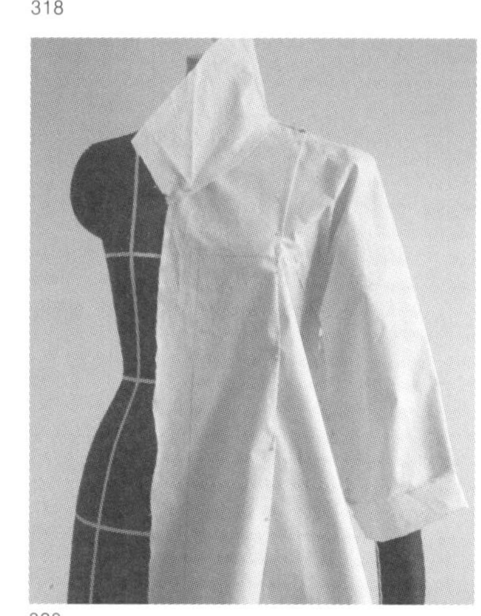
320

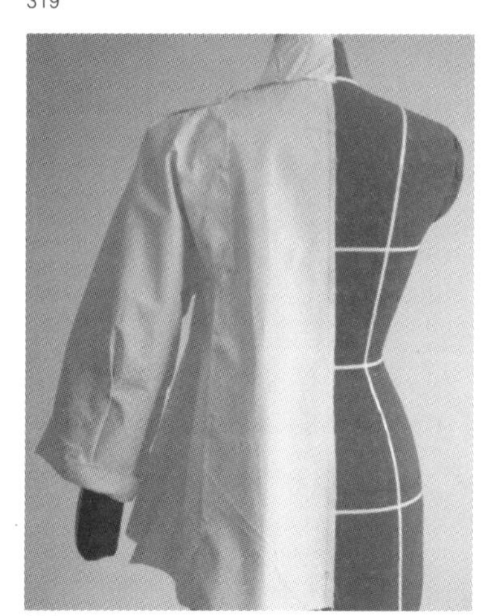
321

322

第三节 嵌入式宽松衣的立体裁剪

嵌入式宽松衣的立体裁剪是指衣片剪开后，嵌入同类或不同类布料后形成的A字型宽松衣造型。宽松衣的廓型变化与嵌入布块的形状、大小和数量密切相关。嵌入布料相同时，A字型开剪两次比开剪一次的明显。开剪的形状和嵌入的深度若不同，也会形成外观不同的宽松衣。

1.直线剪开嵌入式宽松衣（图325－326）

A 取合体衣片展开，标出直线剪入记号线如图325那样剪开形成裂口。

B 量出裂口长和下端边长放出缝份，取相应长宽的三角形布块，逐一嵌入裂口处用大头针固定。形成下摆向外扩张宽松衣片。

2.曲线剪开嵌入式宽松衣（图327）

按设计图在衣片上标出曲线形状后剪开，将衣片覆盖到模特儿人台上，取适量大小的布块嵌入裂口处，用大头针固定形成宽松衣造型。

3.嵌入圆形裁片的宽松衣（图328－329）

A 取若干块方形试样布，分别取一中点，按照圆形裁剪方法剪出圆形状内弧线。

B 扯住方形试样内圆弧线的两端，拉开后覆盖于衣片之间或与造型线相吻合，使其下端形成向外扩展的多褶造型。

C 以同样的方法向左右或上下作嵌入式处理，如图329那样形成下摆不规则形的宽松衣。

323

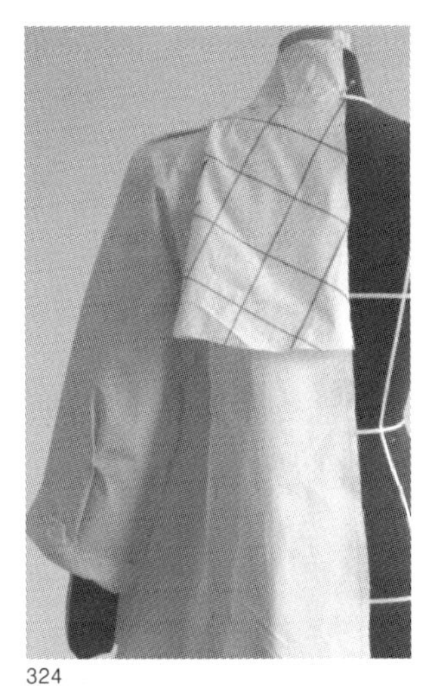

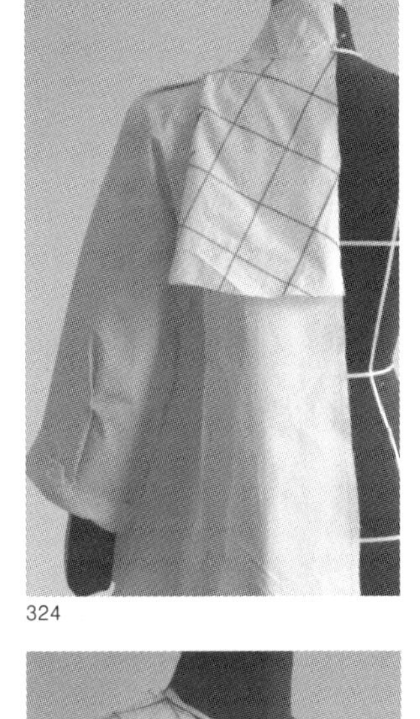

324

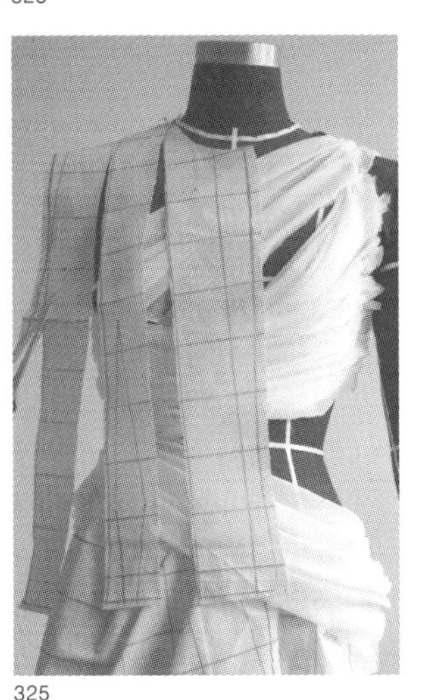

325

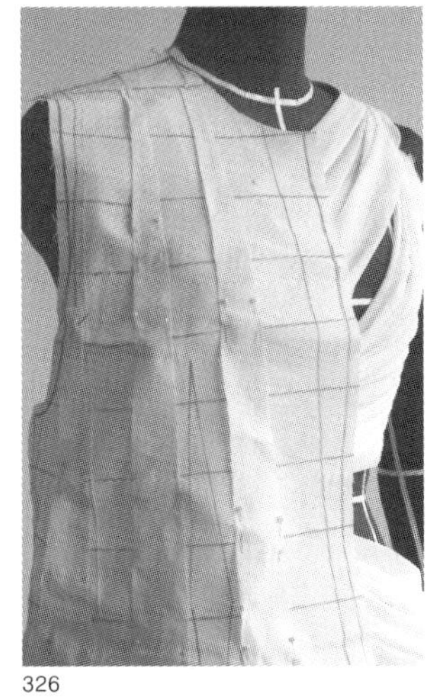

326

327

328

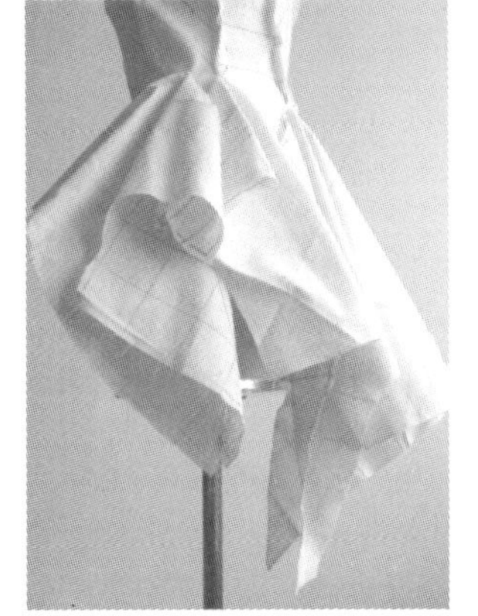

329

315－324 用多块面料组合成宽松衣的立体裁剪步骤

325－326 将衣片直线剪开并嵌入布块构成宽松衣的立体裁剪方法

327 曲线开剪并嵌入布料形成的宽松衣

328－329 用多块方形试样布作弧形裁剪后，嵌入衣片之间形成的宽松造型

第四节 披挂式宽松衣的立体裁剪

披挂式宽松衣的立体裁剪是以真人或模特儿人台为依托，用面料直接披挂自然形成垂褶形态的裁剪方法。面料可采用直裁、横裁和斜裁方式进行。其中，以45度斜向披挂最具特色，具有较强的柔软性和飘逸感。披挂式有方法悬褶式披挂、叠褶式披挂、垂褶式披挂和支点式披挂之分。由于披挂形成褶线的凹凸感，以及它所显示的明暗对比和方向变化的特点，使得褶线具有独特的优雅感。因此，在立体裁剪中除了把握有节奏的褶线流向，还要估计到明暗对比和运动中的形态变化对造型产生的影响。

1.悬褶披挂式宽松衣（图330－333）

多层悬褶组成的后领口悬褶披挂式宽松衣。

A 标出造型线，选择合适的试样布或面料。将面料作斜向、直向、横向披挂试验以观察其形态，确定面料的使用方式。将面料的一端提起，按造型线置于右肩部，用大头针固定。

B 将面料的另一端提起顺后背上部的造型弧线按设计图至左肩固定。先提起布料在右肩部折褶，用大头针固定。再提起左边面料在左肩部折褶，用大头针固定。用同一方法完成其余的悬褶造型。

C 当悬褶的形态与设计构想相一致时，标出轮廓线位置和褶裥距，剪出外轮廓。取下裁片展平，划顺轮廓线剪齐缝份成为版型。

2.叠褶披挂式宽松衣

叠褶披挂是在叠褶提拉后，通过叠褶量、叠褶间距与褶线的长短以及疏密和节奏变化，产生富有空间层次的凹凸褶纹和光影效果。

袖窿叠褶宽松衣（图334－335）

A 先取大于二分之一前、后胸围尺寸的格形试样布，将布对折后标出中心线，覆盖在模特儿人台胸和背部，中心线与侧缝线对合后，使前后试样布向外倾斜，用大头针固定。按设计图在人台侧缝处将试样布叠褶，并分别提拉前后试样布至肩线处，用大头针固定。

B 在侧缝叠处第二个褶裥位提拉试样布至肩线处用大头针固定。用同样方法完成第三个褶裥的造型。

C 观察模特儿人台上的袖窿叠褶宽松衣的造型，当与设计相符时可标出衣片轮廓线和褶裥记号。从模特儿人台上取下袖窿叠褶宽松衣，并展开成为平面版型。

330

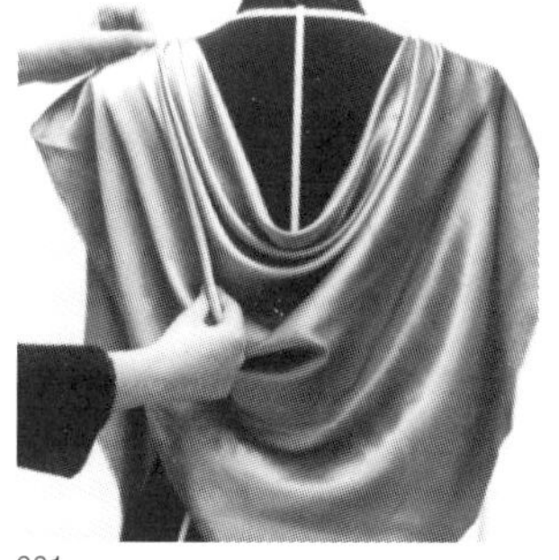
331

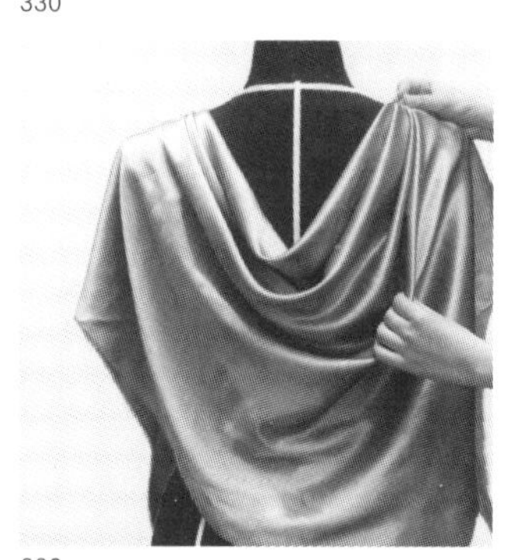
332

333

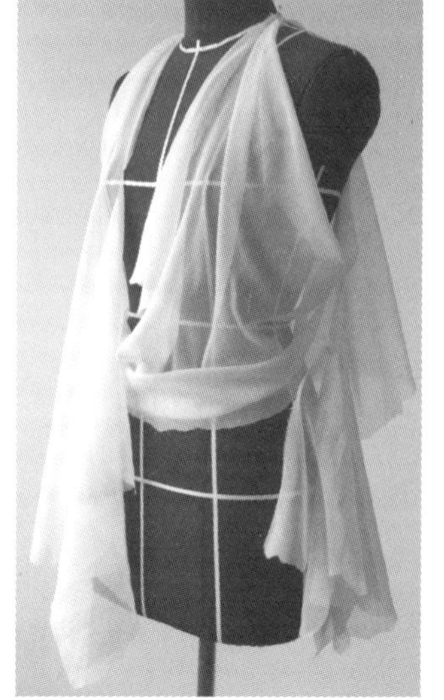
334

335

肩部叠褶的披挂式宽松衣（图336－339）

A 取格形试样布以45度斜向覆盖在模特儿人台上，左肩部用大头针固定。按设计要求将试样布在左肩前中心线处用大头针固定。

B 将试样布一边提起在右肩部逐一打褶并用大头针固定。把试样布左边抹向侧缝处用大头针固定。

C 按设计图提拉试样布的另一边，在左肩部叠褶形成凹凸褶纹，使布料呈披挂状态。

D 将模特儿人台转向正前方，剪出袖窿弧线。把试样布右边侧缝线与模特儿人台右侧缝线对齐，用大头针固定。留出缝份剪去多余布料。

E 当叠褶披挂的着装效果与设计图一致时，用笔画出肩线和褶间距记号，留出缝份量剪去多余布料。取下衣片展平划顺轮廓线并修齐缝份成为版型。

层叠、垂褶披挂式宽松衣（图340－343）

A 按设计要求取格形试样布覆盖到模特儿人台左胸处，腰线处向bp点收胸省，完成左侧紧身胸衣的立体裁剪。取领面格形试样布对折覆盖到模特儿人台右侧颈部，依领口轮廓造型，用大头针固定。取长方形试样布对折覆盖到离格形领面轮廓线约3厘米处，顺着领面弯曲，在肩臂、前胸和后背下摆处自然形成垂褶。

B 取领面格形试样布斜向折叠，覆盖到衣领部位，用与上述相同的方法完成第三层领面造型。

C 取适量试样布剪去一角将边折向背面覆盖到模特儿人台肩部，重叠在第三层领形线右侧用大头针固定，再多次提拉固定在左侧腰部。将另一块试样布覆盖在模特儿人台的左侧腰部，前后两边分别与侧面衣片相接，下摆自然形成垂褶后修剪衣摆轮廓。

D 当造型与设计图相符后，标出对合记号，取下衣片展平，划顺轮廓线修齐缝份成为版型。

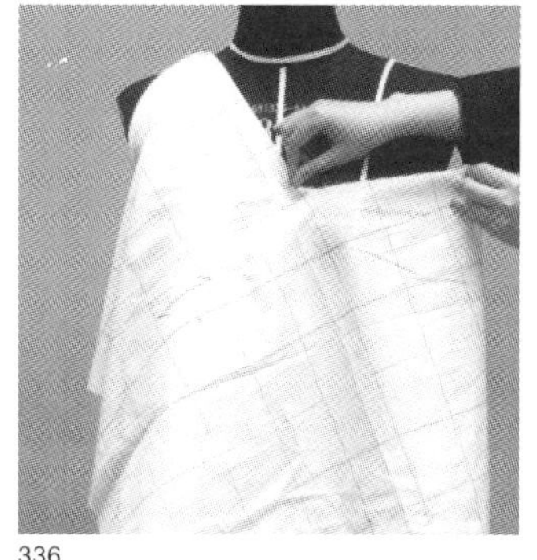

336

337

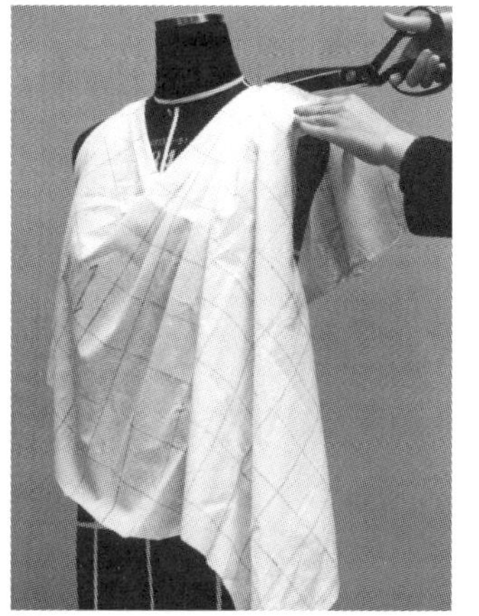

338

339

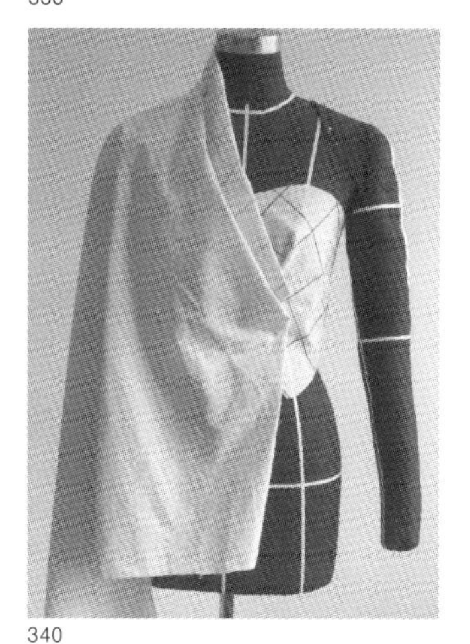

340

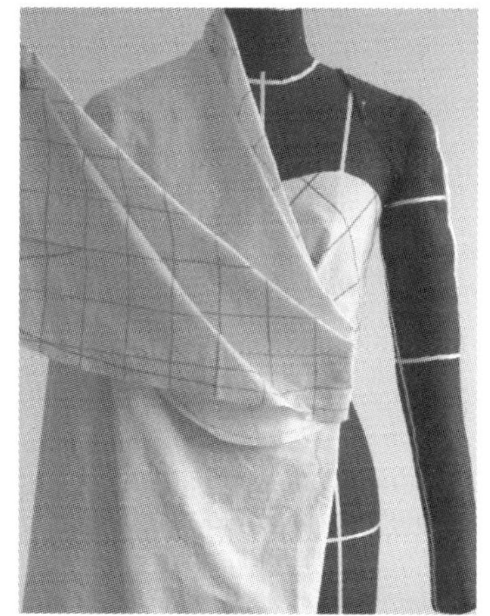

341

342

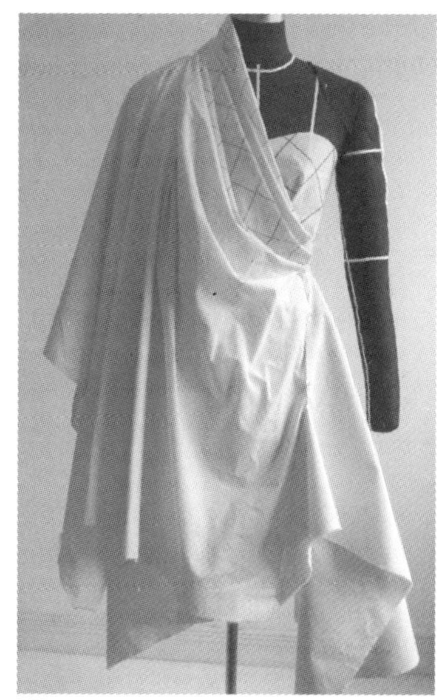

343

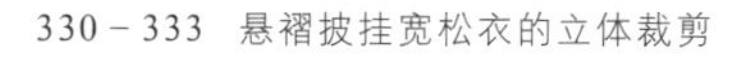

330－333 悬褶披挂宽松衣的立体裁剪
334－335 袖窿叠褶宽松衣
336－339 肩部叠褶披挂式宽松衣的立体裁剪
340－343 多层褶宽松衣的立体裁剪步骤／领部多层重叠排列／前衣片褶纹流向和披挂形成自然褶纹形态

3.支点披挂式宽松衣

衣片某一点被提起并固定，会形成自然悬垂褶纹的宽松状披挂。在立体裁剪中，支点的处理是造型的关键，“扯住”、“提起”、“固定”3 个动作的高低定位将直接决定褶线流向形成的披挂形态。支点处一般用别针之类的装饰物遮盖，成为视觉的亮点。

点状披挂式宽松衣（图344－345）

A 将面料一角按45度方向折叠后剪去，覆盖于模特儿人台右肩、前中线、右乳房下端至后背中心线处，并予以固定。

B 将左前腹部面料一点扯住上提至肩部，用大头针固定，面料便自然下垂形成褶纹。

344

345

4.片状披挂式宽松衣

片状披挂是由多块面料逐一披挂或层叠披挂形成的造型形态。由于面料质地、硬度、垂感的不同，各种披挂方式，会形成外观不同的造型样式。因此，要根据设计意图认真挑选相应的面料。

披挂式宽松衣是取长条薄纱披挂在模特儿人台的左肩，斜向包裹至左腰部，用大头针固定。再将余下薄纱从腰部斜着向里折叠，使末端向外伸展并用大头针固定。

图346 披挂式宽松衣，是先将两片褶纹面料缝成环状，分别套入模特儿人台左右臂，然后用大头针将两块前衣片连接。

片状披挂式宽松衣，先将其中一块薄纱缝合成环状，套入右肩遮住右胸和腰部。然后把第二块薄纱的一角固定于左肩自然悬垂。取第三块薄纱一角在模特儿人台的腰腹部与第一块重合，用大头针固定。把模特儿人台前胸处的第二块薄纱的一角向外翻卷。并分别连接其余边线，形成多个凸起三角形宽松造型。再取第四块薄纱在模特儿人台的后背上端与左肩的第二块薄纱相接，用大头针固定。往下至腰部分别与左侧边和右边环状薄纱相连接。

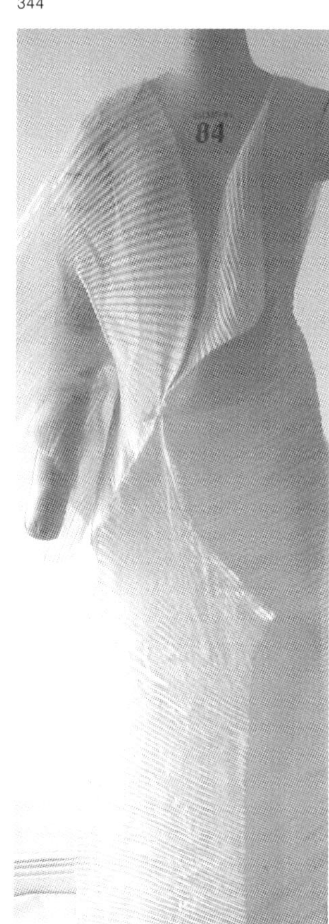

346

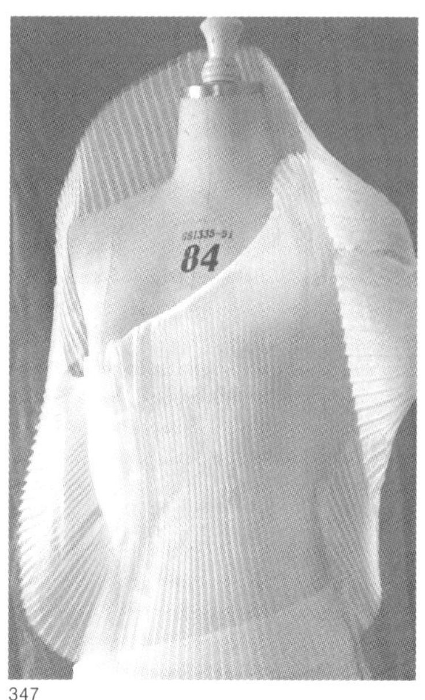

347

344－345 支点式披挂宽松衣点的造型运用
346－347 片状披挂组成的宽松衣／“合”的处置／连接“点”的选择／“点”的连接变化产生的形态
348－353 在真人身体上作披挂式宽松衣的立体裁剪

348

349

5.披挂式宽松衣的立体裁剪（图348－353）

图 348至353 的立体造型，是采用一块长160厘米宽 130 厘米的长方形披巾为面料，披巾的一端对折后有一条长80厘米的裂口。扯住披巾剪开的两边，如图 348 那样覆盖到人的后背并过肩披向前胸，然后随着人的举手、转身等运动的形态，观察方巾披挂后经提拉、抽缩所产生的立体形态的多样变化，能更简便而快速的确定披挂式宽松衣造型的优美性与舒适性。因此，在真人身上作披挂式宽松衣的立体造型，与模特儿人台相比更直观地呈现宽松衣造型的动态变化。

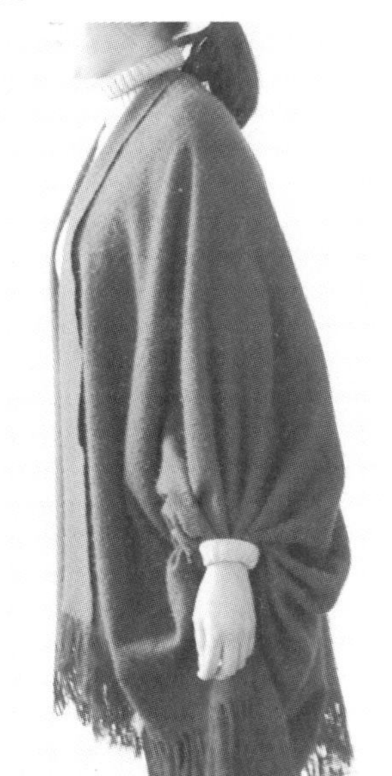
350

351

352

353

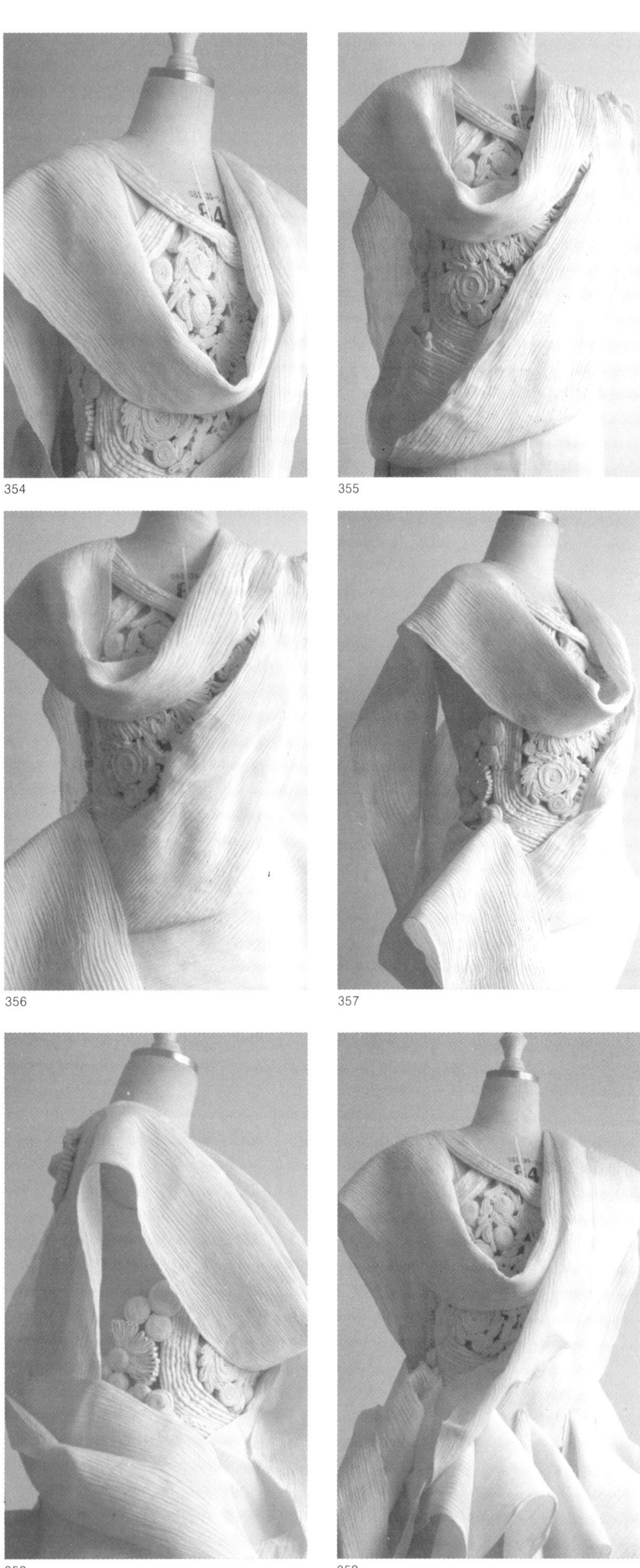
354
355
356
357
358
359

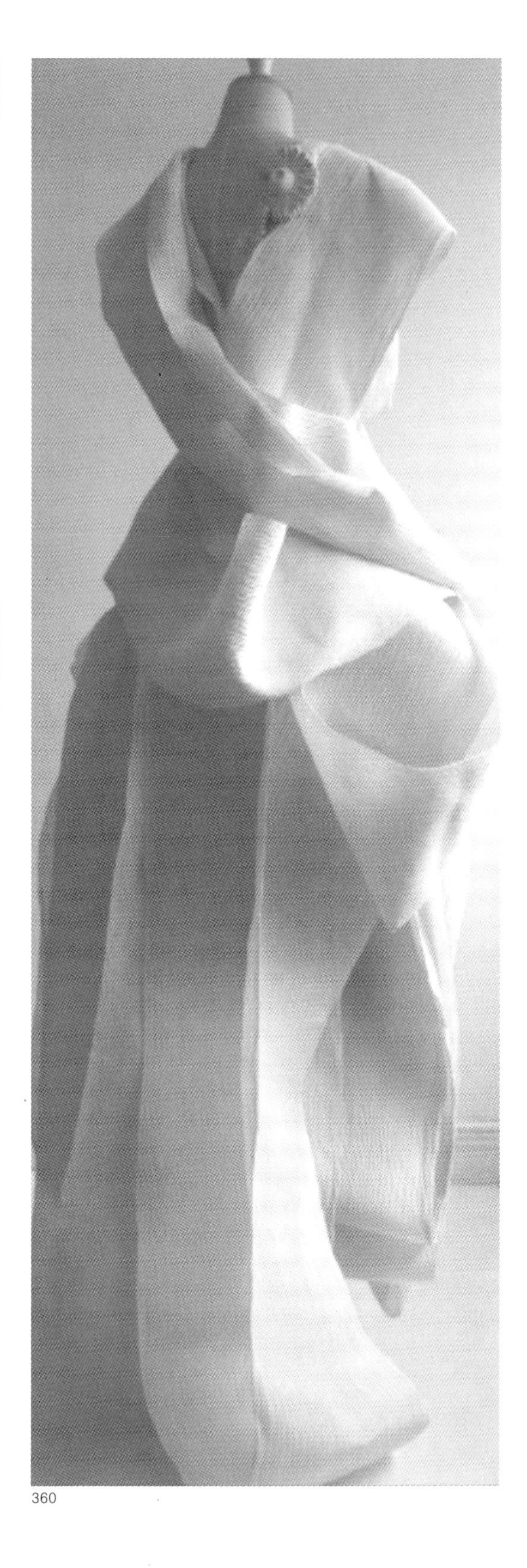
360

354－360 片状披挂式宽松衣的立体裁剪步骤

5

领、袖和裙的立体裁剪方法

第五章 领、袖和裙的立体裁剪方法

在女装款式造型中，领、袖和裙是样式变化相对丰富的重要部位。设计师们为表达款式的流行趋势，常常把渲染的重点放在领、袖和裙部位的造型上。为此，要体现服装整体造型的风格，必须认真研究服装各相关环节的造型和裁剪的方法，以及局部与整体的组合关系，使它们真正成为整个服装穿着的亮点。

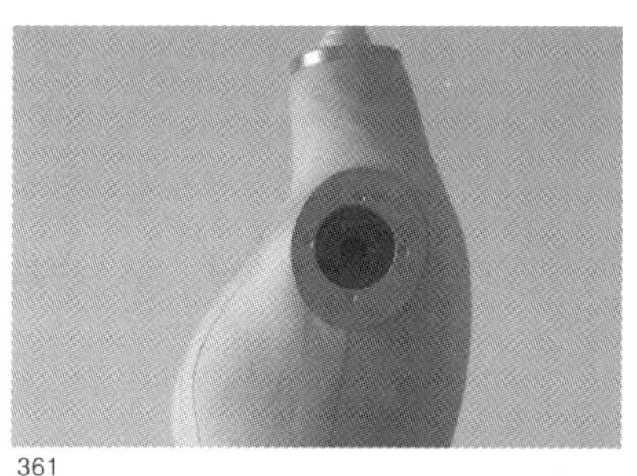

361

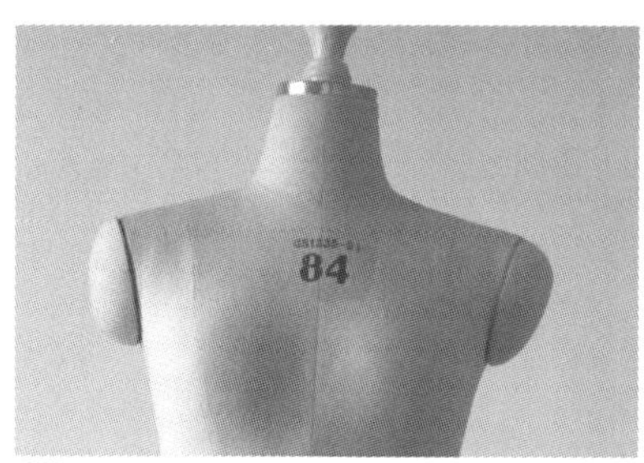

362

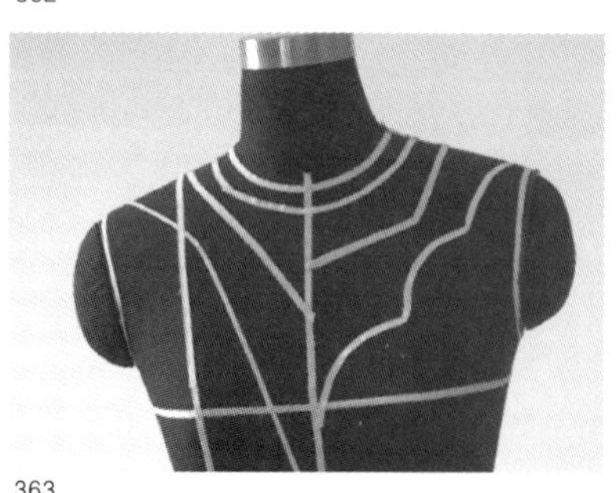

363

364

第一节 领的立体裁剪

领的造型和裁剪与颈、肩和胸、背的形体特征有着直接关系。只有对颈部的基本形状和肩、胸、背的形体结构、活动规律、体表特征及比例尺度进行全面了解，才能在设计与裁剪中增强对领的造型把握，创造出造型优美、形态各异的领型。

1.颈的结构和运动规律

人体颈部由 7 块颈椎骨组成，上端支撑头颅骨，下端与胸椎相连。颈部随着头的转动，可适当向前后弯曲、向左右转动。颈部的形状近似圆柱形，略向前倾斜，有自上而下渐粗的特征。

2.肩、前胸、后背与颈的关系

观察颈部与肩、前胸和后背的体表特征，我们会发现颈后根中心点比颈前中心点高，将两点连接便形成后高前低的斜线（图361－362）。但从正面看却不易发现中心点的高低变化。

从颈侧点连接肩端的角度大于90度，形成肩的倾斜特征。角度越大，肩斜度就越大。如将颈与肩、前胸、后背的各种领弯的形状和尺度进行比较，便会清楚地发现前、后衣领弯的直开领和横开领的不同变化（图363－364）。

3.领的立体裁剪

领从穿着方式上分有关门领和开门领之分。凡是在颈前中心部位闭合的领形均属于关门领；而衣领敞开并翻折的各种领形均属于开门领。从领与衣身的组合关系看，又可分为分体式和连体式两种。领作为一个独立的整体与衣领弯连接组合成型的称分体式；与衣领弯无连接的称连体式。此外，根据领的形状与结构，还有平领、立领、翻领、驳领和花式领之分。

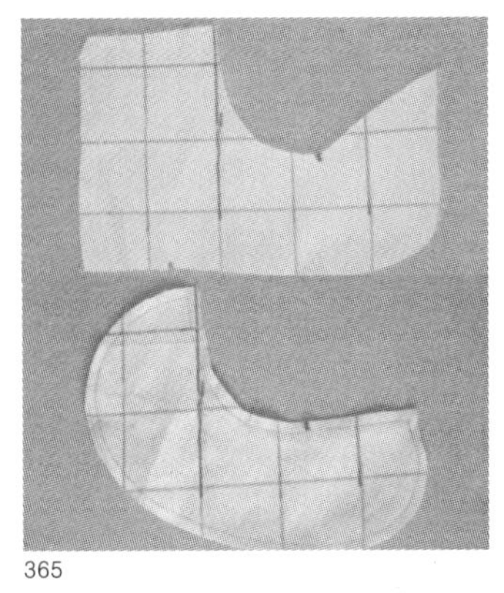
365

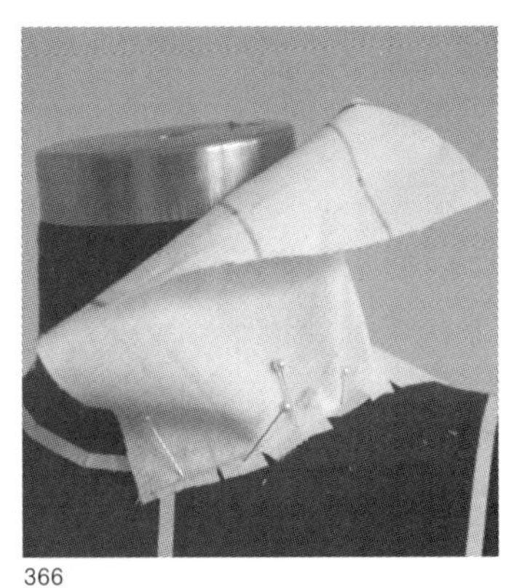
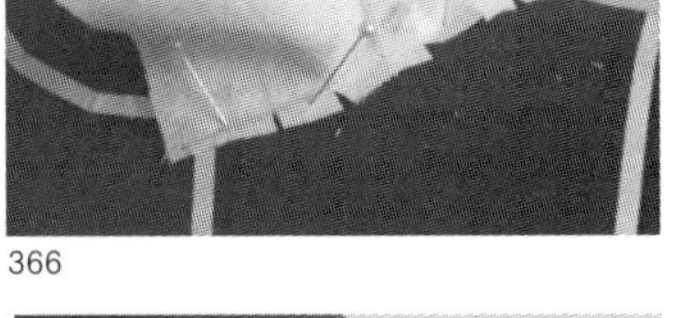
366

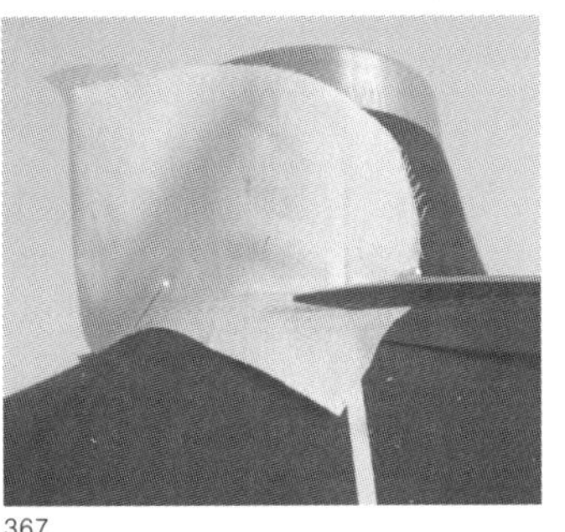
367

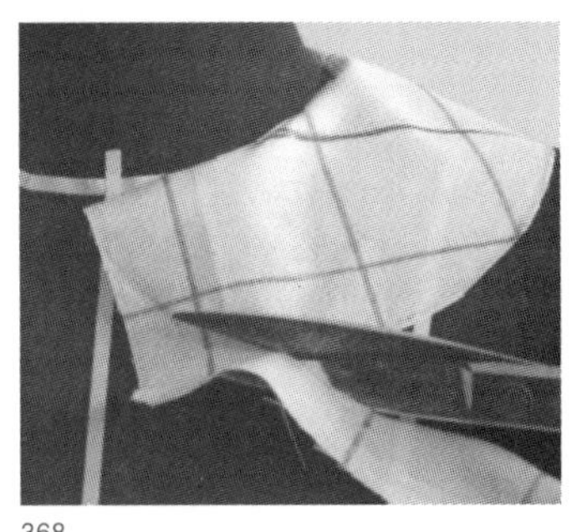
368

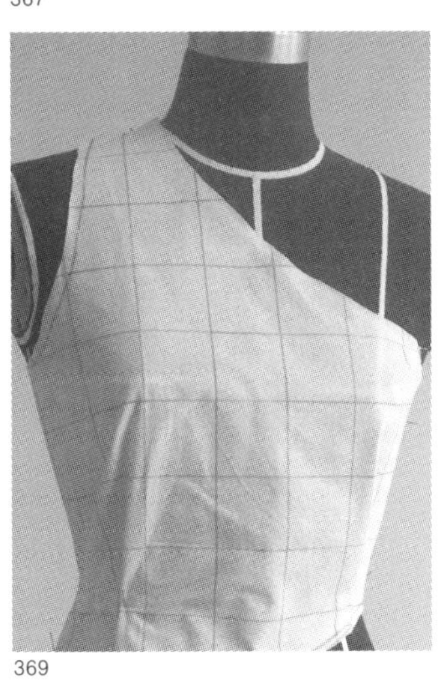
369

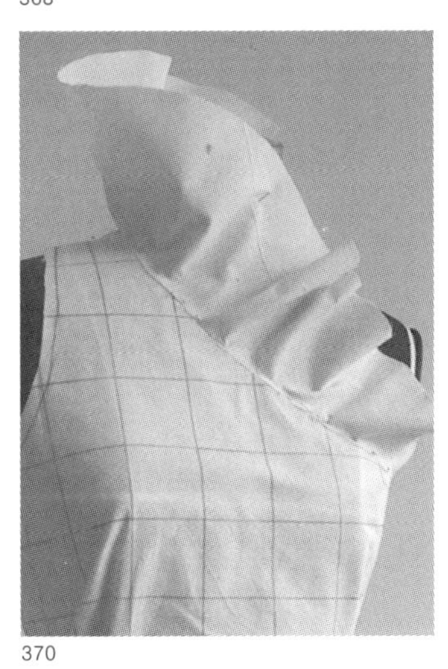
370

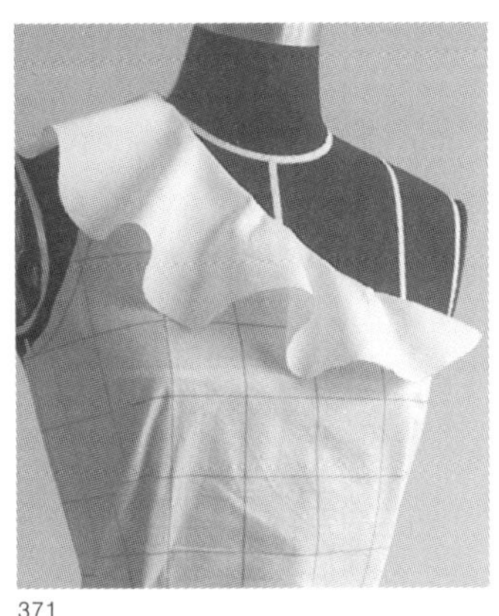
371

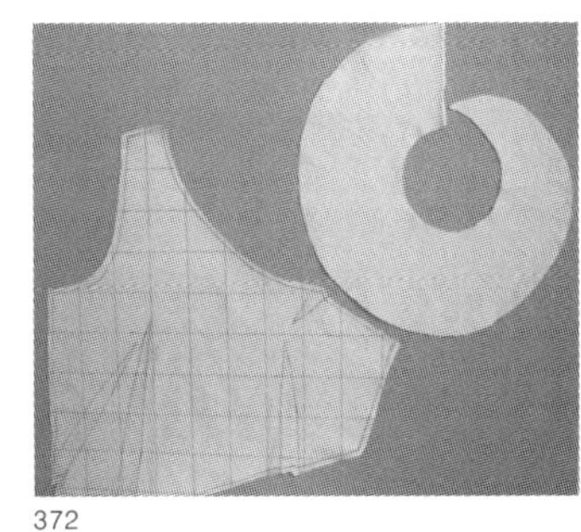
372

361 – 362 正、侧面颈部体态特征／直开领深转角成弧形／横开领转角弧形／领与颈部形体结构的对应关系

363 – 364 领弯的各种形状／领的造型与领面的关系／衣身与领弯线的关系

365 – 368 娃娃领的立体裁剪步骤

369 – 372 荷叶状平领的立体裁剪步骤

（1）平领的立体裁剪

领面敞平又贴合衣身的领型称为平领，如海军领、娃娃领和荷叶领等。平领的立体裁剪除了基本操作的诸要求外，还要关注平领的造型，例如领面大小、形态变化以及领面下弧线与衣领弯弧线的组合关系等。

娃娃领的立体裁剪（图365 – 368）

A 按设计图要求在模特儿人台上标出前、后领弯弧线,裁取大于领面的试样布,将领面试样布覆盖到模特儿人台颈部前中心下方，用手抹平颈前下方试样布，从颈中心点延至颈侧点处标出领面下弧线，弧线往下2厘米余量处剪出弧形后，在弧线上剪若干个刀眼。

B 将领面试样布翻转置于颈部，使前领面下弧线与前领弯弧线重合，用大头针固定。然后将领面抹向颈后，标出领面后中心线和后领下弧线，留2厘米余量，剪去多余布料。

C 将领面从颈处翻下平贴于肩、胸和背部，当领面平整时，按设计图画出领面轮廓线，留出缝份剪去多余布料成为版型。

荷叶状平领的立体裁剪（图369 – 372 ）

A 在模特儿人台上完成衣片造型，量出衣领弯长度。取方形试样布，对折后取中点画圆弧，其周长与衣领弯长相等，从一端剪入至内圆，沿圆周剪去布料，在剪入的一端定出领面宽，标出由宽渐收成一点的轮廓线，留足余量剪去多余布料。

B 把领面内弧线的两端拉开，宽处向上覆盖到衣领弯与肩线相交点，用大头针固定。使领面内弧线与衣领弯弧线重合，逐一用大头针固定。

C 观察荷叶状褶边，当平贴于衣身的形态符合设计要求后，用笔标出其外轮廓线，剪去多余布料成为荷叶状平领的版型。

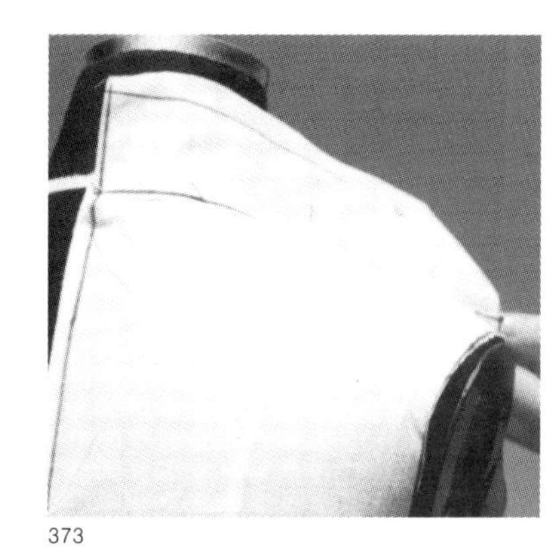
373

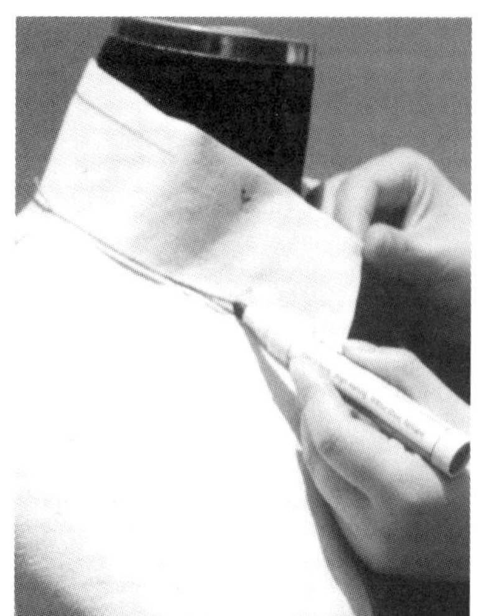
374

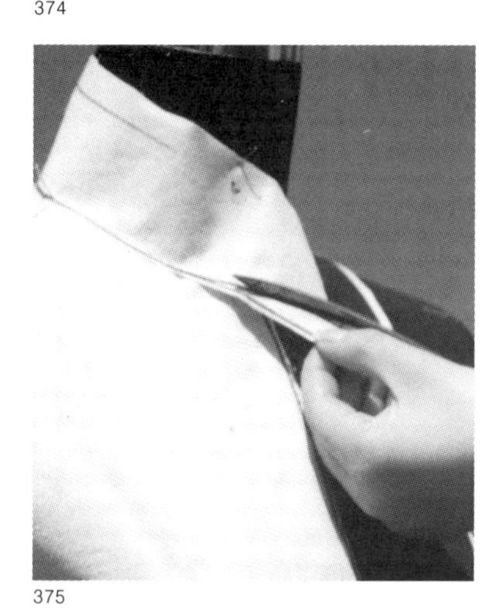
375

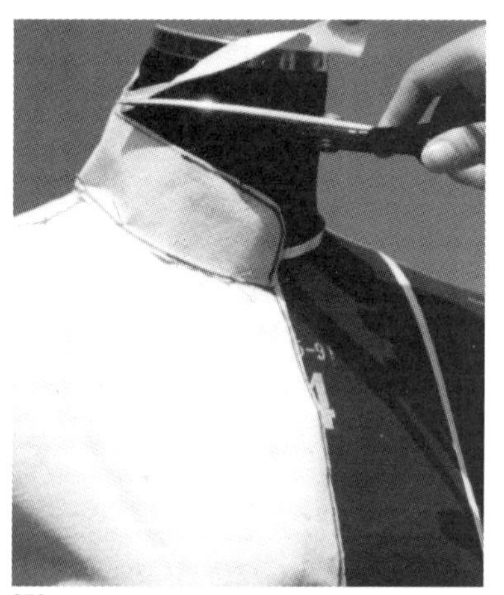
376

373－376 中式立领的立体裁剪

（2）立领的立体裁剪（图373－381）

领面竖立、贴近或远离颈根的衣领均称为立领。根据领的高度，立领有高立领、中立领、低立领和低胸立领之分。以图373－376中式立领为例：

A 先用试样布在模特儿人台上完成一侧的前、后衣片造型。量出领弯弧线的长度，取大于领弯长度和领高的长方形试样布，标出领后垂直中心线和领面底边水平辅助线，并在立领高度处标出水平辅助线。将领面后中心线与领底边水平辅助线的相交点与人台上的后衣领弯中线对齐，用大头针固定。同时顺势离颈侧点2厘米处划顺弧线，留出2.5厘米余量剪去多余布料，逐一用大头针固定。

B 标出颈侧点向前2厘米处的领面前底边弧线，留出余量剪去多余布料，将颈侧点的领底弧线用力拔长约0.2厘米,使领面立起贴近颈部，用大头针固定。同时顺势将领面下边弧线固定于前衣片领弯处。观察立领造型，若符合设计要求，便用笔画出领下弧线和领面轮廓线，留出缝份剪去多余布料。

C 取下领面展平，划顺轮廓线剪齐缝份成为版型。

注：另附船式立领（图377）、高立领（图378）和低胸立领（图379－381）的立体裁剪实例供参考。

（3）翻领的立体裁剪

凡是领面向外翻转的领型，都称为翻领。翻领有分体式与连体式两种。由领座与领面组成翻领的称分体式，一块领面组成的翻领称连体式。

连体式大翻领的立体裁剪（图382－383）

A 按设计图先完成衣身领弯的立体裁剪。以45度斜向取大于领面长宽的试样布一块，标出后领中线和上平线,定出领宽留出6厘米余量。

B 将试样布覆盖到模特儿人台颈部，与衣领弯中线对齐用大头针固定，与后领弯弧线重合至颈侧点处，略拔长0.1厘米后顺势与前领弧线重合，用大头针固定，留出缝份剪去多余布料，将领面向肩方向翻折，剪出大翻领轮廓线。

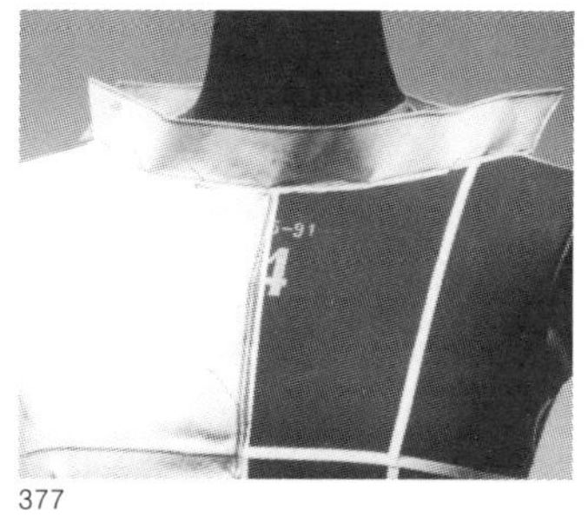
377

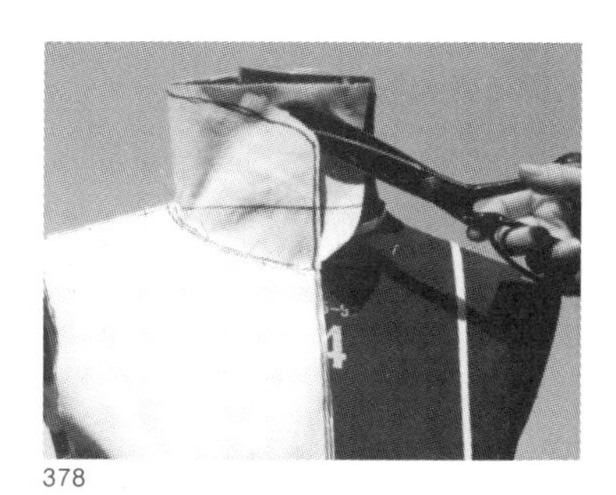
378

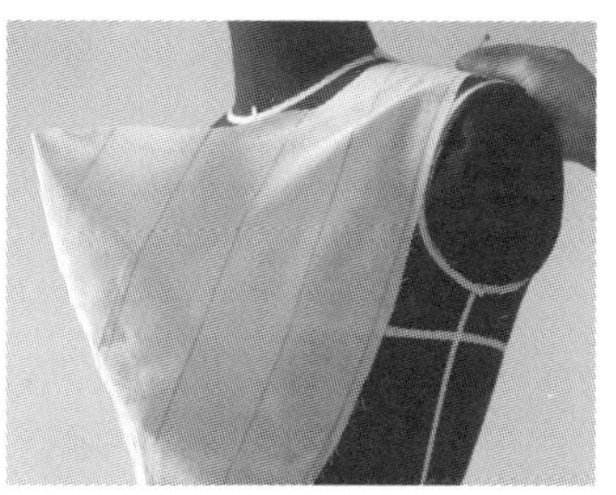
379

380

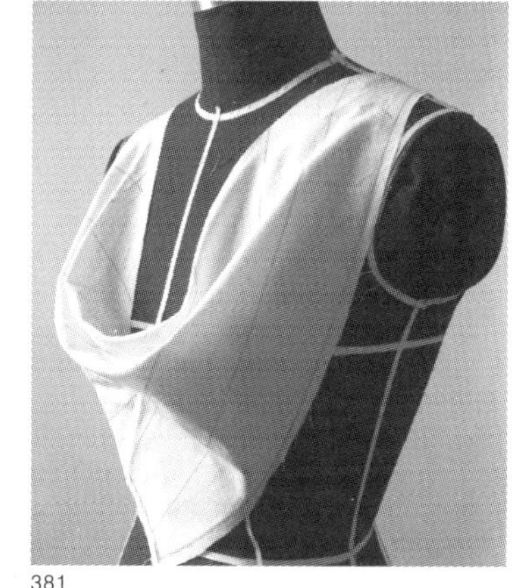
381

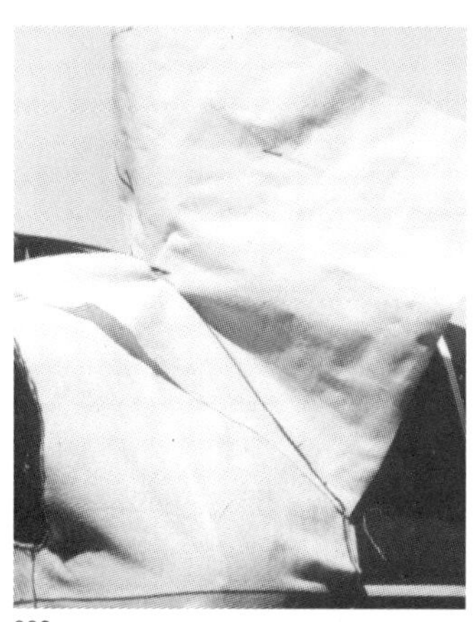
382

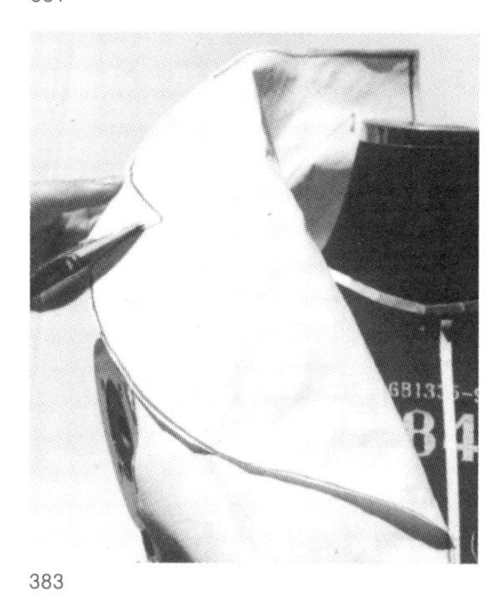
383

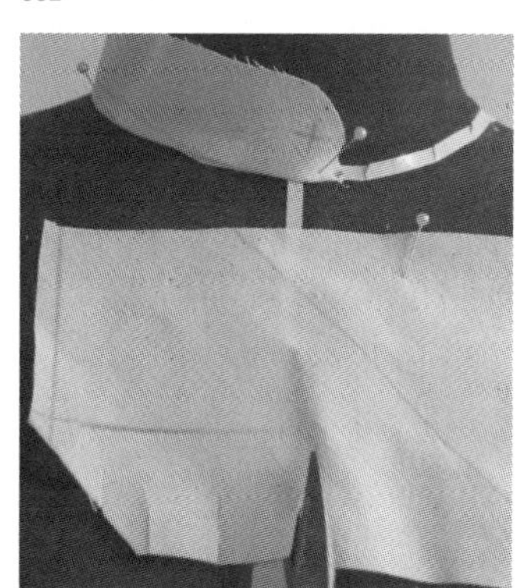
384

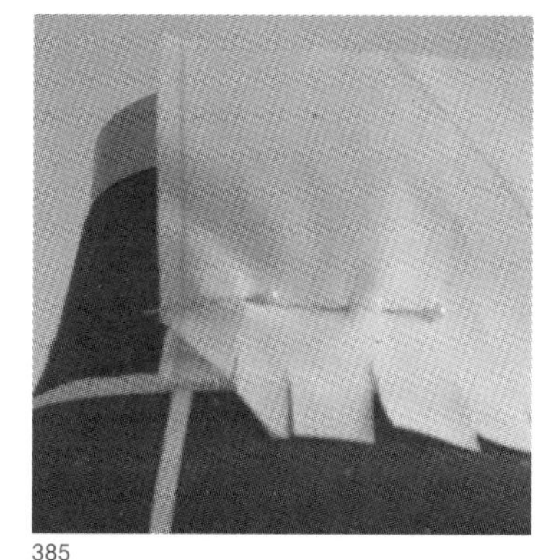
385

分体式翻领的立体裁剪(图384－388)

A 量取颈根周长，加放松量与叠门量定出领座长。取大于领座二分之一长与宽的试样布一块，标出后中线、底边水平辅助线。如图384所示，将试样布覆盖到模特儿人台的后颈中线处。领座底边与后领弯重合用大头针固定。试样布经颈侧点至前领弯时，使领座与颈部的间距与设计要求相一致，用大头针固定。标出领座前底边弧线和上端造型线，留出缝份剪去多余布料，取大于翻领面试样布，标出后中心辅助线、领缘边水平辅助线、翻领宽记号，在翻领面的下边剪出若干个刀眼。

B 将翻领面试样布覆盖到后领座上端使两者的中心线重合，翻领宽记号线与后领座上端造型线重合，顺势标出前领面下端弧线，如图385—386那样用大头针撬别固定。

C 将领面翻转，按设计要求标出领角形状与缘边，如图387所示剪去多余布料，完成翻领面裁剪。从模特儿人台上取下裁片展平，划顺轮廓线剪齐缝份，完成图388所示的领面与领座版型。

377 用立体裁剪完成的船式立领
378 用立体裁剪完成的高立领与中式立领
379－381 低胸褶式立领的立体裁剪
382－383 连体式大翻领的立体裁剪
384－388 有领座翻领的立体裁剪步骤／领角大小与形状的比例不同形成领型的变化

连体式小翻领的立体裁剪（图389－393）

A 按设计图在模特儿人台上标出领弯造型线，量出长度取适量大小的试样布备用。

B 将试样布贴合于前领弯至颈侧点，沿前领弯往上2厘米处剪出弧形，并在弧形上剪刀眼。顺势与后领弯重合，向上2厘米剪去多余布料后剪出刀眼。

C 将领片试样布的后中线与模特儿人台上后领弯中线重合，用大头针固定。使领底边与领弯吻合用大头针固定。

D 按设计图标出小翻领领缘，剪去多余布料。当领面造型与设计图相符时，取下裁片展平后划顺领面轮廓线，剪齐缝份，成为小翻领版型。

（4）驳领的立体裁剪（图394－399）

驳领又称西服领，是开门领的基本样式之一。驳领的结构可分为驳头与衣身相连式和驳头与领面相连与衣身分离式两类。驳头和衣身相连式是西服领的基本样式。对驳头翻折线的止点、倾斜度和驳头领面的宽窄长短，以及领角外轮廓型的正确把握，是驳领立体裁剪的关键。

A 按设计图在模特儿人台标出西服领驳头翻折线和止点，以翻折线为界，分别标出左右两边驳头造型轮廓线。

B 取大于衣身后片和前片（连驳头）试样布两块，先完成后片的裁剪。

C 在前衣片试样布上标出前中心、胸围和叠门线，并覆盖到模特儿人台上与相应的辅助线对齐，中心线上端与底边分别用大头针固定。

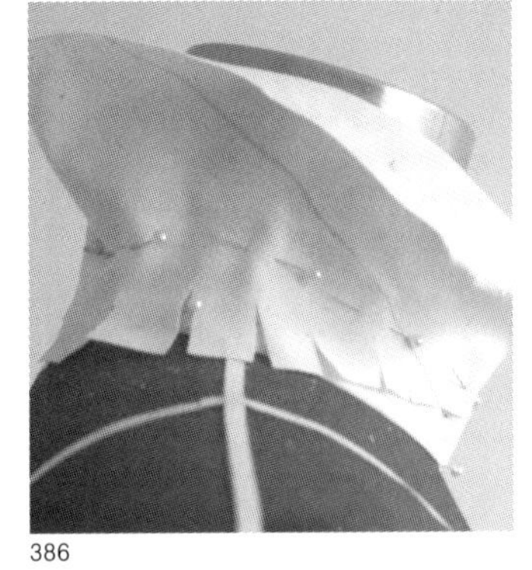
386

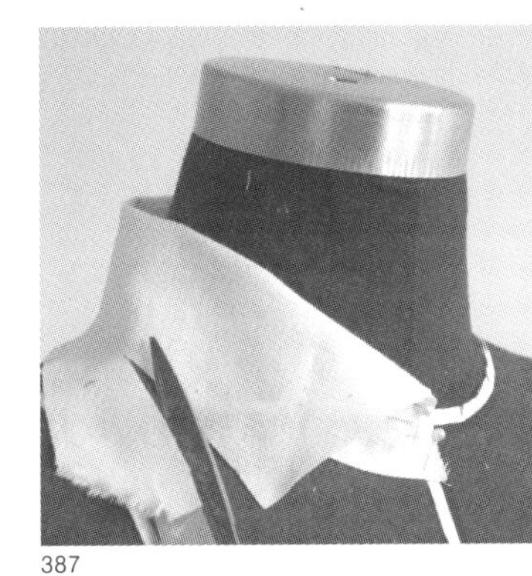
387

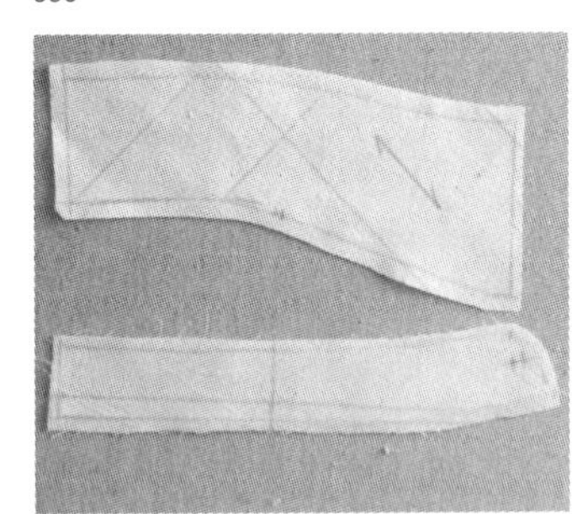
388

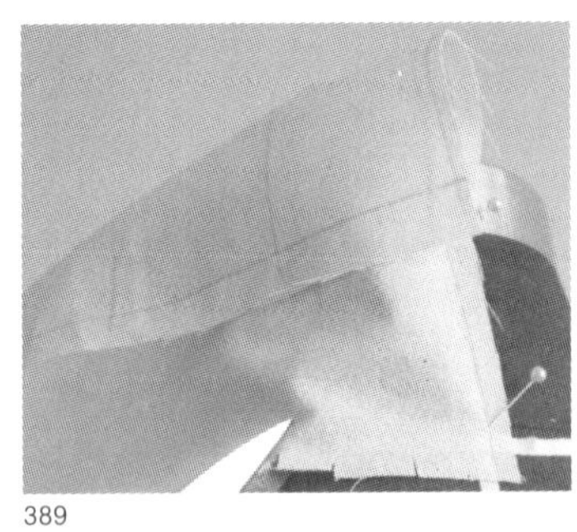
389

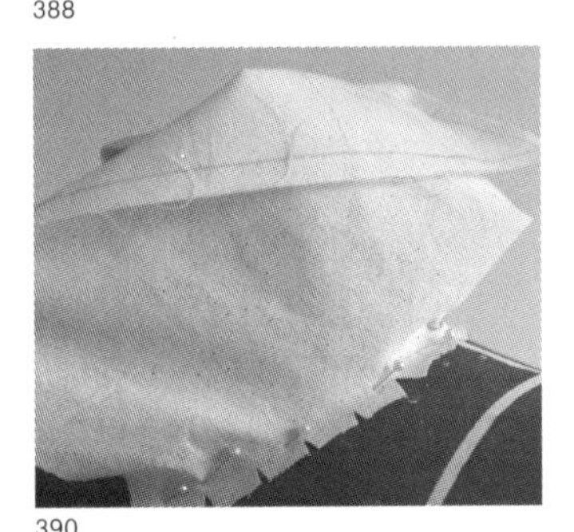
390

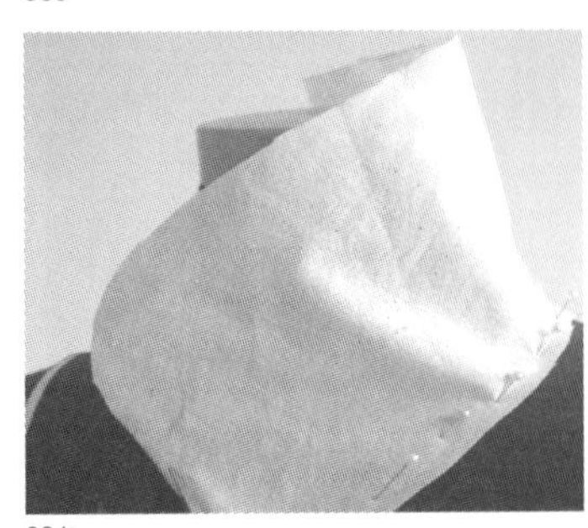
391

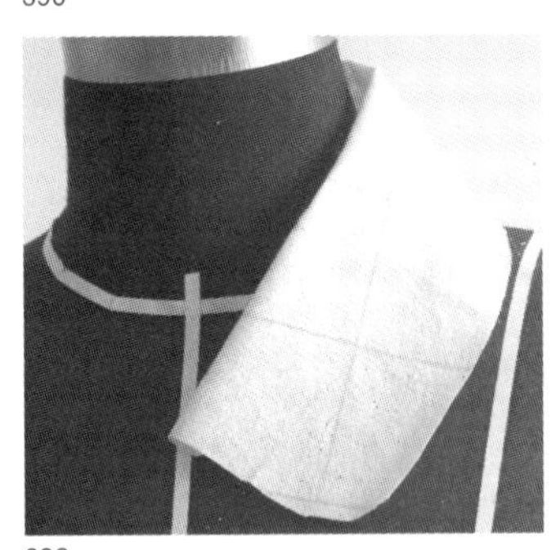
392

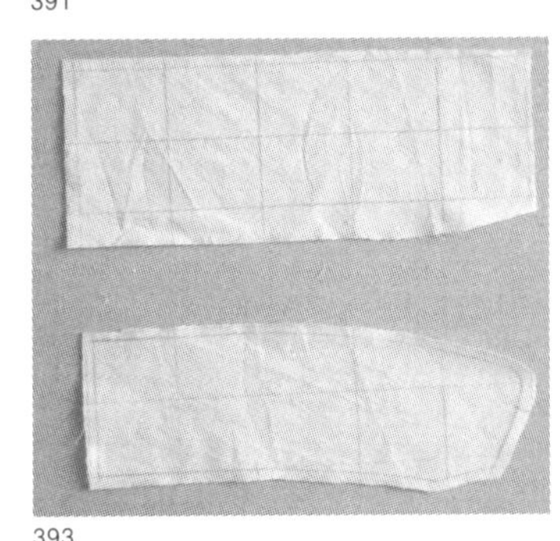
393

394

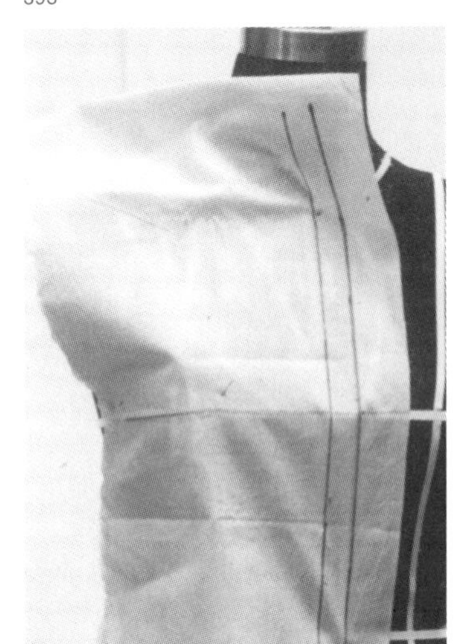
395

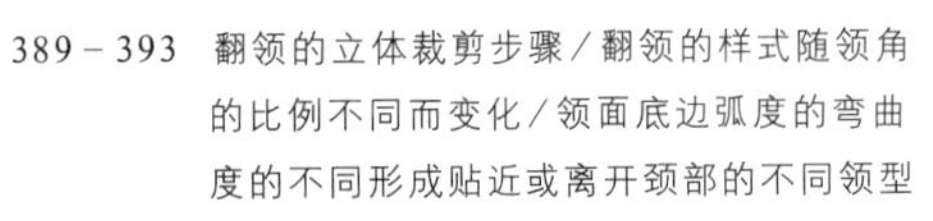
389－393 翻领的立体裁剪步骤／翻领的样式随领角的比例不同而变化／领面底边弧度的弯曲度的不同形成贴近或离开颈部的不同领型

394－399 驳领的立体裁剪步骤

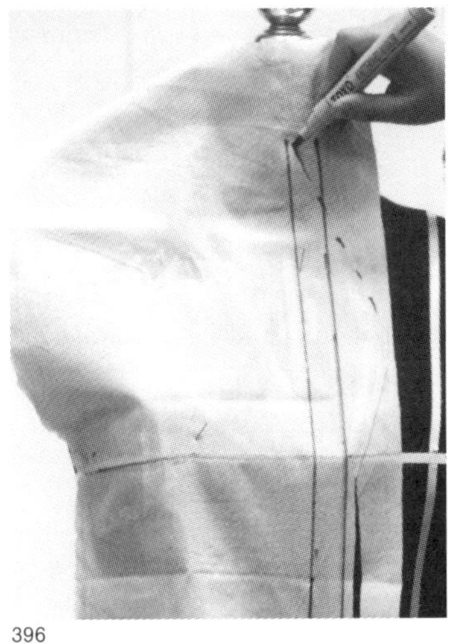
396

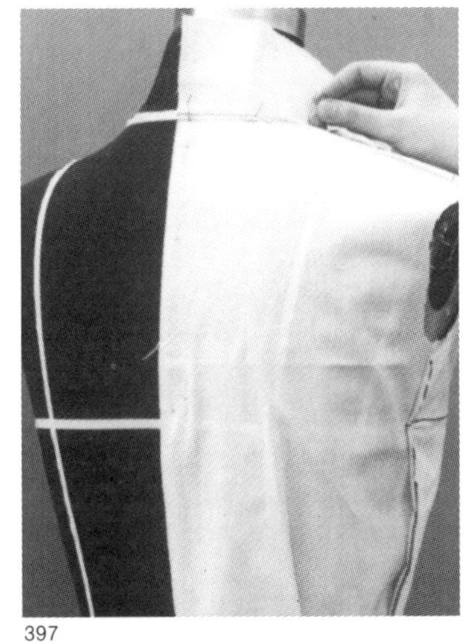
397

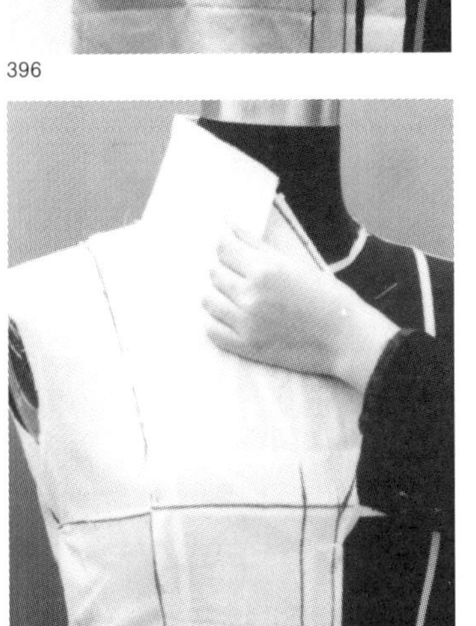
398

399

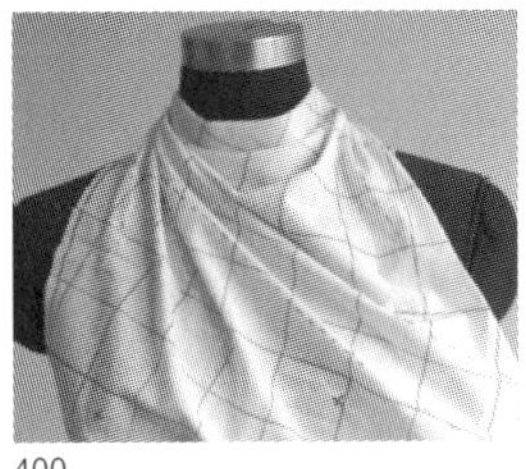
400

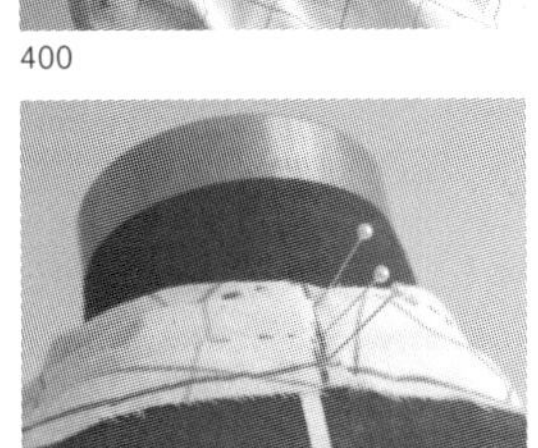
401

402

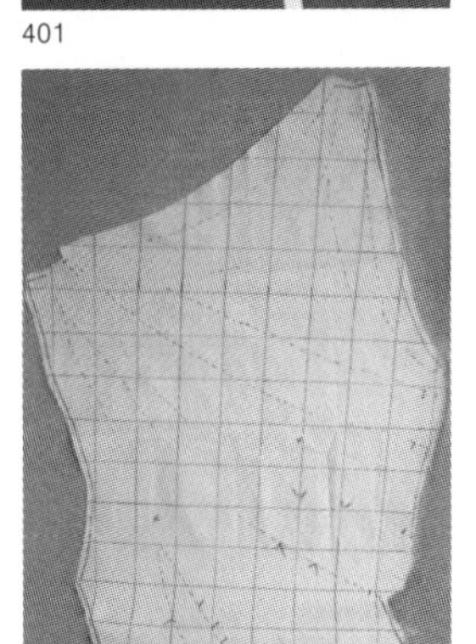
403

400－403 有褶纹的领面与衣身相连的花式领的立体裁剪步骤

D 沿叠门线的底端剪至驳头翻折线的止点，用笔标出驳头轮廓线。先完成一侧前衣片的裁剪。(图396)

E 量出后领弯至驳头领角底的长度和领宽度。取长方形试样布画出后中心线，然后与后领弯的中心点重合，用大头针固定。将领面下边线与后衣领弯重合，固定至颈侧点。顺势与前领弯和驳头上端吻合，使领面贴近颈部，画出领面下弧线和领角形状。

F 将西服领（驳头与领面）翻折，沿领面的外轮廓线剪去多余布料。从人台上取下裁片展平，划顺轮廓线，经假缝、试样、补正和确认，拆开展平后剪齐缝份成为版型。

(5) 花式领的立体裁剪

有褶纹的连衣花式领(图400－403)

A 取方形试样布以45度方向斜放在模特儿人台上。上端剪出弧线，使内凹的弧长比颈围长6厘米，把试样布上端的左右两角提拉叠褶围至颈后，用大头针固定。

B 提拉领高与设计要求相符后，标出领后中心线，用大头针固定，剪去多余布料。

C 按设计要求自右腰部向bp点方向作胸省，左边从肩至侧缝方向叠褶。

D 用笔在衣片轮廓线、bp点和褶纹处标出记号后，从模特儿人台上取下衣片展平，划顺轮廓线，留足余量剪去多余布料。经假缝、试样补正和确认后，折开展平，剪齐缝份，成为版型。

褶饰大圆领的立体裁剪（图404—406）

A 在模特儿人台的双乳部位进行补正，确定大圆领造型线。根据设计图所示取一块大小适量的面料，在面料一角长50厘米处定一点。从其45度方向引一条直线并剪断，将面料以45度的斜边与模特儿人台上的大圆领造型线相吻合，从左肩起略过前胸中心线，叠褶并用针线固定，约5－6行为一组，如图404—405所示竖向来回穿连，形成密褶纹。褶纹宽度按设计要求逐一组成，互相竖向穿连固定。

B 提起右端面料至右肩部，使圆领口与大圆领型相吻合，用大头针固定。右端多余的面料如图406所示按设计要求盘成花饰。

荷叶褶花式领的立体裁剪（图407—411）

A 按照设计图所示先完成立领的立体裁剪、标出门襟处荷叶褶长度。取三块大小不一的方形试样布，分别对折后取中点、定弧线间宽度，由里向外画螺旋状圆弧，其内弧周长与门襟处荷叶褶长度相一致，其形状如图407所示。

B 取一块较大螺旋状试样布，扯住外缘的一端，如图 408 那样覆盖到模特儿人台的立领前底边处，与立领底边重合后用大头针固定。拉开内圆弧线与门襟处荷叶褶边长度结构线重合，用大头针固定，形成图408所示的外缘波浪起伏的荷叶褶边。

C 用同一方法将两条螺旋型试样布分别置于第一条荷叶褶边的上、下处。如图410—411那样，用大头针固定完成另两条荷叶状褶边的立体裁剪。观察荷叶领外观与波浪状韵律，能体现出设计所要求的荷叶褶花式领的整体形态时，便从模特儿人台上取下裁片，展平后成为版型。

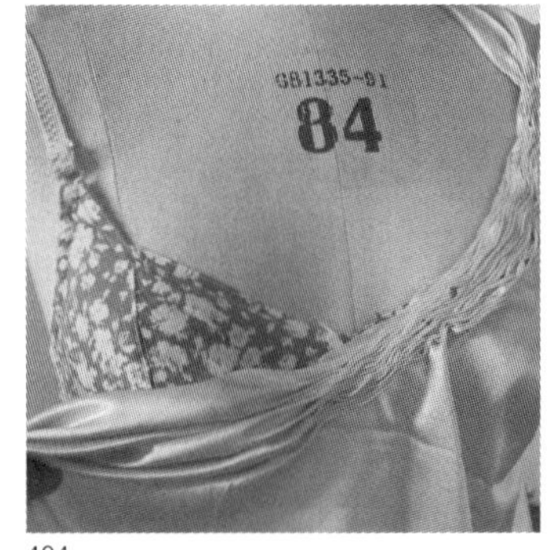

404

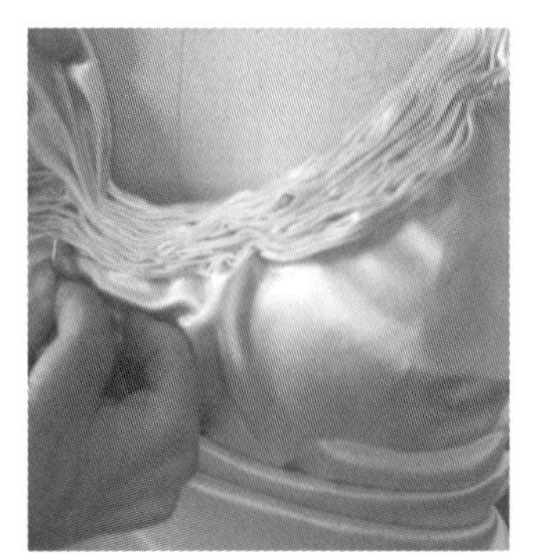
405

406

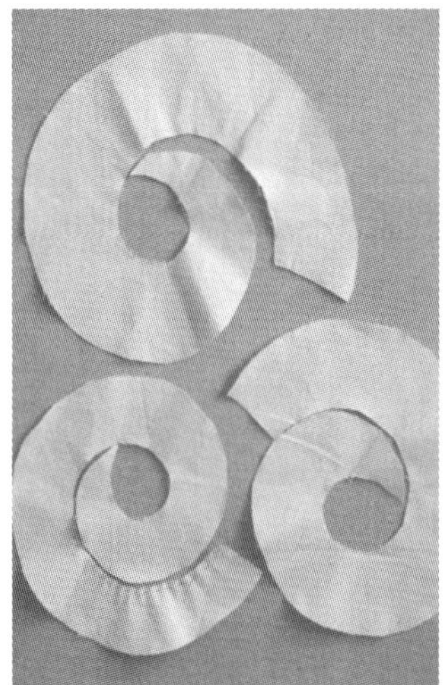
407

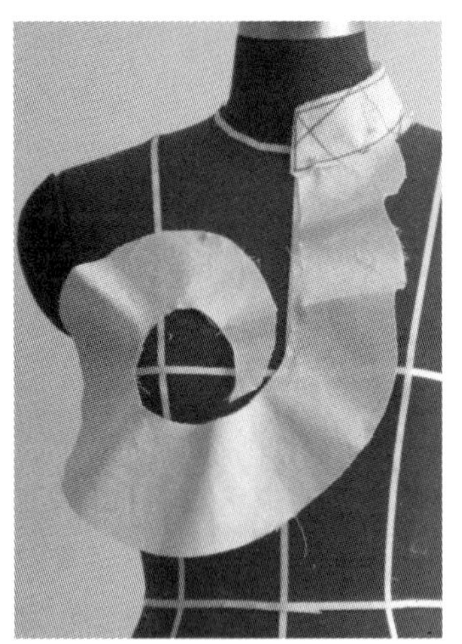
408

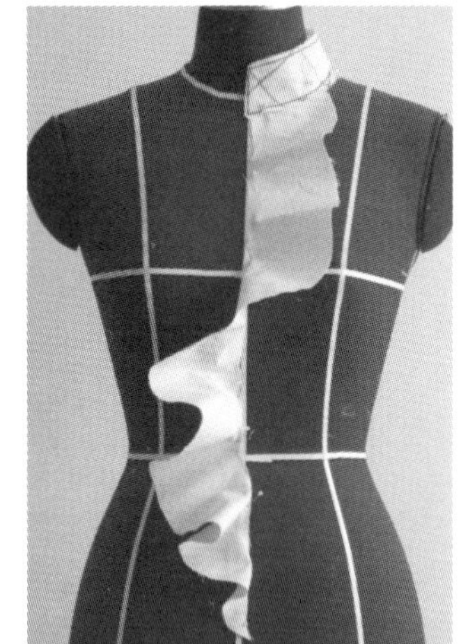
409

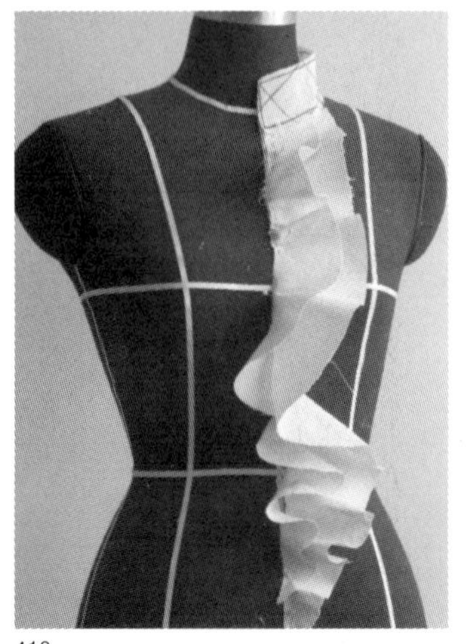
410

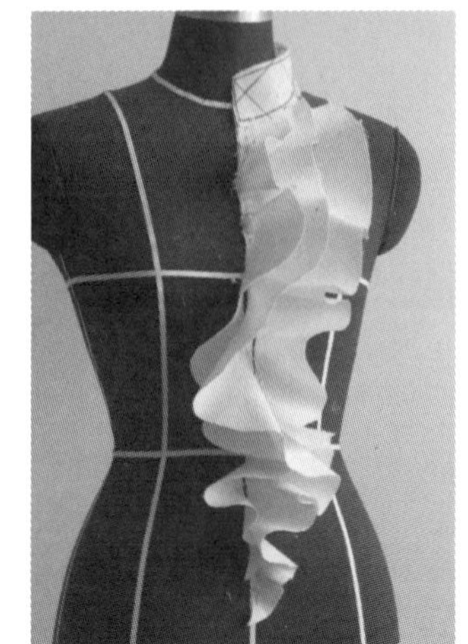
411

404－406 褶饰大圆领的立体裁剪
397－411 荷叶褶花式领的立体裁剪

衣连驳头式翻领的立体裁剪（图412-415）

A 标出衣身翻领止点和第一粒钮扣的位置，标出领面翻折线。所示依领面翻折线向袖窿方向折叠。

B 从后领弯中点起经颈侧点，向前领弯及衣身翻领面止定出分体翻领试样布的长度，定出翻领宽放足余量，以45度斜裁取好翻领试样布。所示将翻领中线与后领弯中点对合用大头针固定。

C 如图414所示将翻领面试样布贴向颈部，领面底边从颈侧点起与前领弯弧相吻合用大头针固定。

D 确定翻领与驳头相交点及形状。留出缝份剪去多余布料。依翻折线将领面翻转，画出翻领边缘轮廓线后，剪去多余布料成为分体翻领的造型。

衣连领花式翻领的立体裁剪（图416－419）

A 用胶带在模特儿人台上标出衣身与领面造型线。在衣身试样布上端预留3厘米余量处标一点，往下标出后领长后，画出胸围辅助线。将试样布覆盖到模特儿人台上，使胸线重合，按造型要求取省并标明袖窿弧线和侧缝线后剪去多余布料。对齐用大头针固定。在门襟处定出翻领止点，如图416所示剪入并往上剪出若干个裂口，使布面平整贴合肩胸，在颈侧点处用大头针固定。

B 标出小肩线留出缝份剪开，至颈侧点用大头针固定，扯住领面折转至颈后中心线处。然后顺势贴合在后领弯弧线上，用大头针逐一固定，留出缝份剪去多余布料。（图417）

C 如图418 所示依翻折线将领面翻转，画出翻领边缘轮廓线后，剪去多余布料。观察花式领造型，当与设计图相符时，取下衣片展平，划顺轮廓线，剪齐缝份成为花式翻领的版型。

412

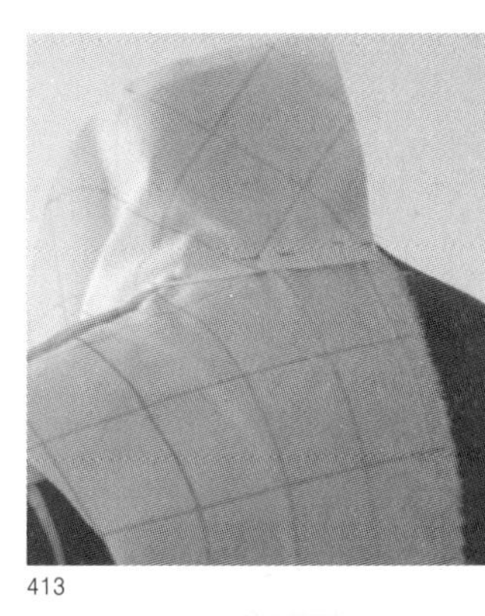
413

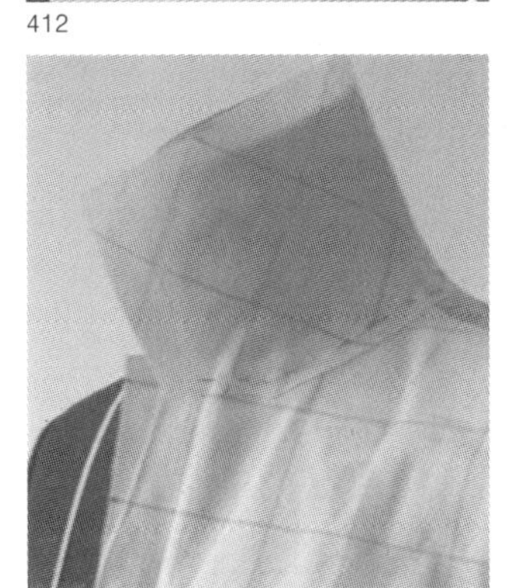
414

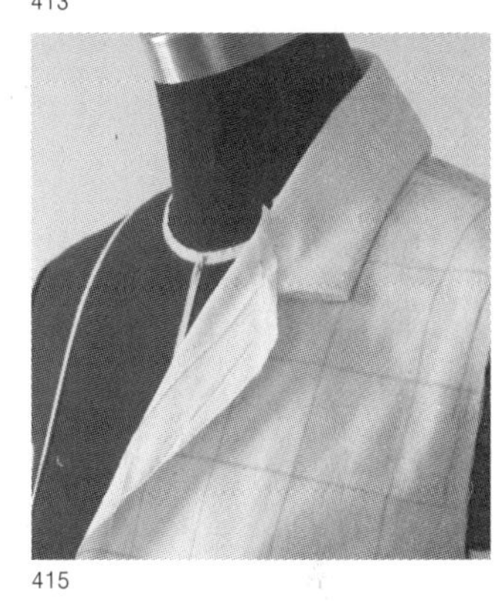
415

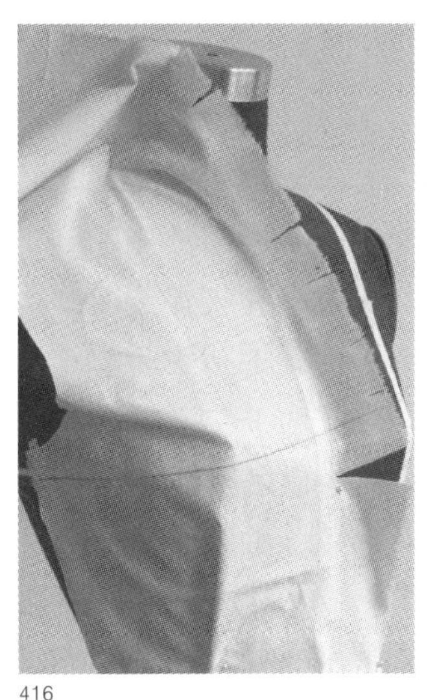
416

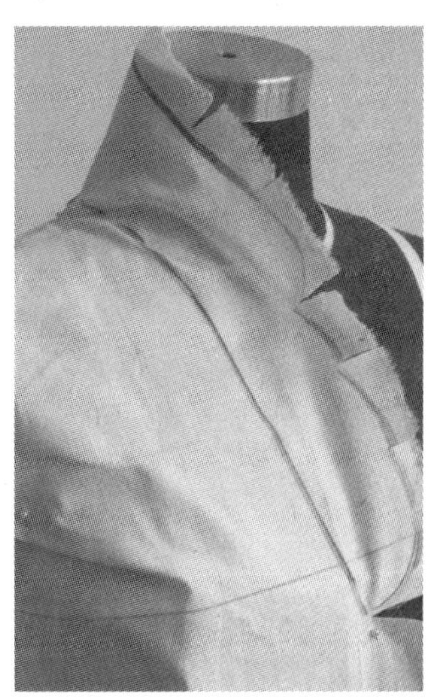
417

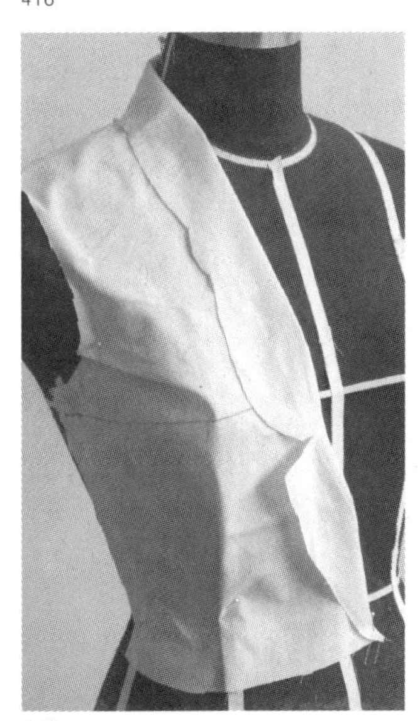
418

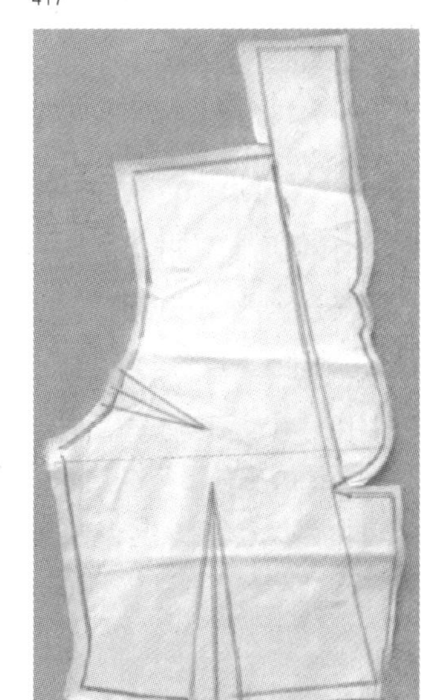
419

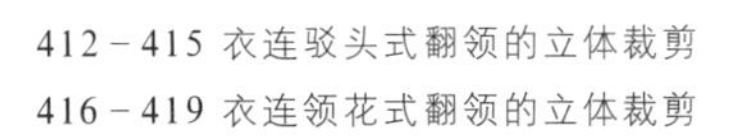
412－415 衣连驳头式翻领的立体裁剪
416－419 衣连领花式翻领的立体裁剪

双层花式领的立体裁剪

（图420—427）

A 按设计图所示完成后片的立体裁剪。在模特儿人台前胸处定出翻领止点，量出衣连领的长度，放足余量取适量试样布一块，覆盖到模特儿人台前胸部，如图420那样先量出翻领此点至颈后中心点长度，留出余量从后领中线剪入至领宽加缝份处，然后水平剪入离颈侧点2厘米止，用大头针固定。衣连领面的形态如图421所示后取下裁片。

B 将前片试样布如图422那样重新覆盖到模特儿人台前胸，使领面与后中线、后领弯重合，用大头针固定。顺势使领面至颈侧点处的领弯相吻合，留出缝份剪出弧线。标出小肩线留出缝份，剪去多余布料。

C 如图423所示将领面翻转，并确定领型。

D 按设计要求取一块适量的试样布，剪出圆形轮廓渐成螺旋状弧线，扯住圆形布的一端覆盖到领面翻折线颈侧点处，用大头针固定，使圆形试样布的内线与领面翻折线重合，逐一用大头针固定，将领面翻转形成双层花式领，将双层领造型与设计图相对照，相符后作对合记号，取下裁片展平，划顺领面 轮廓线，剪齐缝份成为版型。

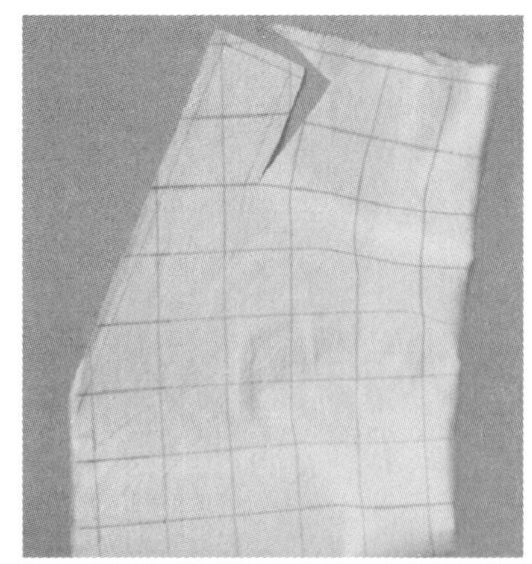

420

421

422

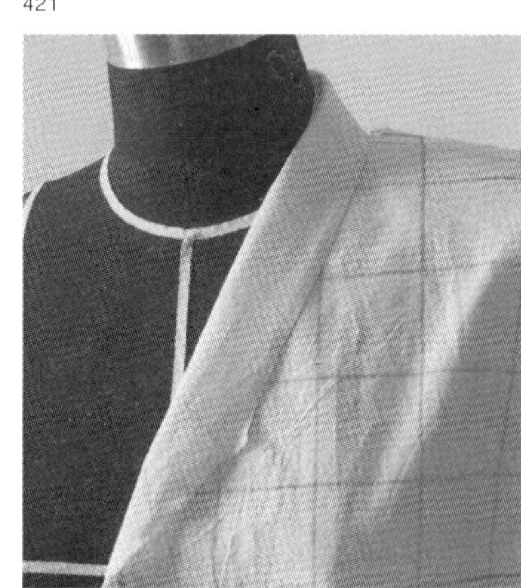

423

424

425

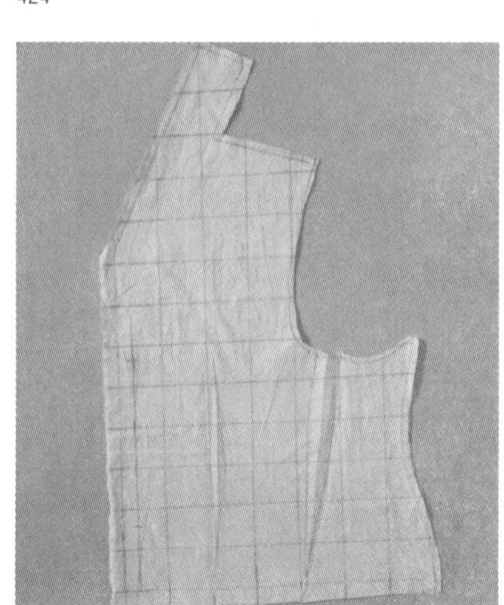

426

427

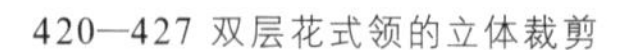

420—427 双层花式领的立体裁剪

不对称褶花式领的立体裁剪（图428－432）

A 取两块适量的试样布分别覆盖于模特儿人台的左右肩部，使前胸形成V字领型。

B 量出从后领弯中点至v字领终点的长度，用试样布剪出与其相适应的异心圆形裁片。异心圆的内圆周长与一侧领弯弧长相等，宽端的内边缘与后领弯重合，用大头针固定。顺势将领面的内圆拉直与一边的V字领弯吻合，用大头针固定。形成荷叶状褶边的领型。

C 取大于另一侧V形领弯长度与荷叶褶后领等宽的长方形试样布一块，先放到后领弯中点与荷叶领相衔接，用大头针固定。然后与领弯弧线相重合，逐一用大头针固定。最后剪出领型。

D 剪出前领领形。由于领缘的不同会自然形成形态各异的领型。

E 从不同角度观察模特儿人台的领型，与设计图相符时确定领型，取下领片展平，划顺轮廓线，剪齐缝份成为左右不对称的褶花式领版型。

428

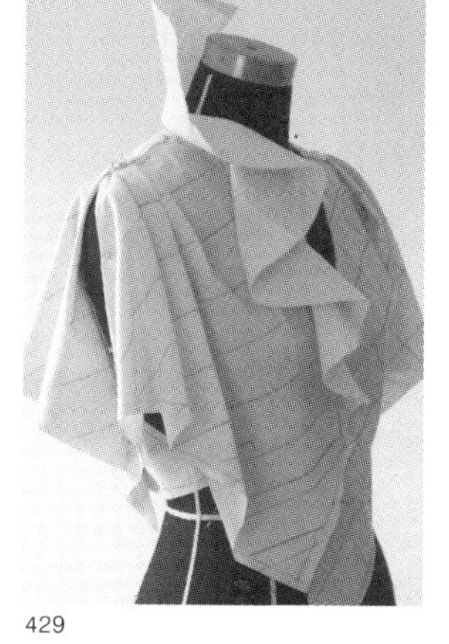

429

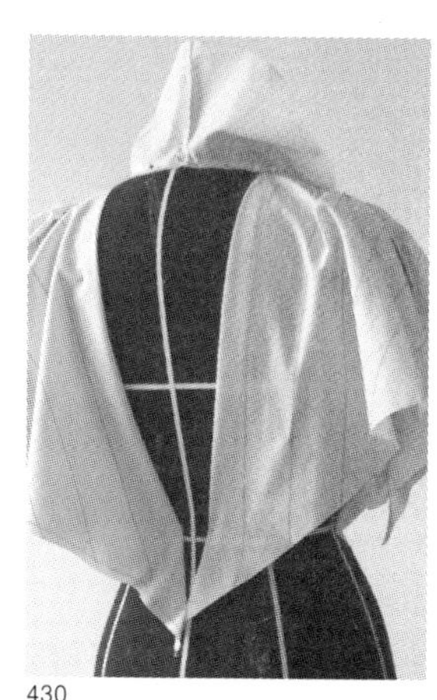

430

431

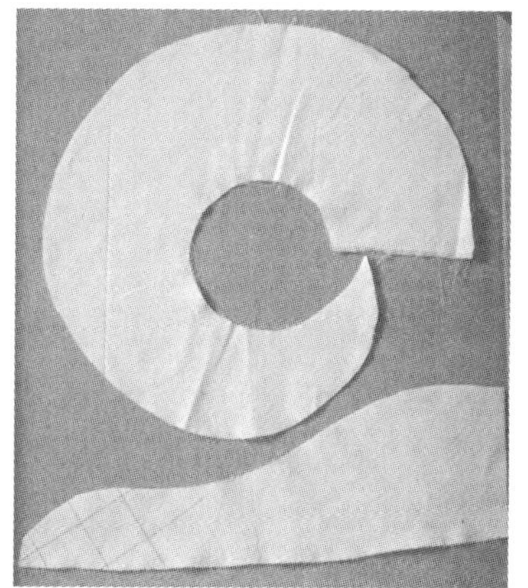

432

428－432 小领型的造型／低胸大V字领口、左右不对称的领型、波浪褶与平整领面的对照／袖型与下摆呼应的整体效果／着装风貌

第二节 袖的立体裁剪

对手臂的结构、体表特征、运动规律、基本造型和常规尺度的了解，是袖型设计和立体裁剪的基础。特别是对袖山高、袖山弧周长与肩端、手臂臂根之间的空间量（即放松量）的把握，是实现袖的造型美观和舒适合体的关健。

1.手臂结构、体表特征和运动规律

手臂由上臂、下臂、肘、腕和手组成。上臂的肱骨上端与肩胛骨相接。手臂可上下左右运动。上臂与下臂相接处是肘，能使手臂向前举止和向左右弯曲。当手臂自然下垂时，下手臂从肘关节起自然向前倾斜。通过对不同体型的女性从肩端处向下引一垂直线，便能清楚地看到下手臂向前弯曲的状态。由此，可了解其倾斜线和由倾斜形成夹角的变化形态。

2.手臂基本型

手臂的上臂类似长圆柱形，下臂近似扁圆柱形，呈上粗下细的特征。上臂与下臂的尺度、臂围、臂根基本型和臂根的周长因人的身高和胖瘦的差异而不同。对不同身高和不同胖瘦的女性臂长、臂围和臂根周长作实际的测量，可获得臂根部位的周长和形态的原型。再通过立体裁剪的实验就能加深对手臂基本形态和常规尺度的了解。

3.手臂与袖型的关系

袖型从长度上分有长袖、中袖和短袖之分；从宽窄上看有宽袖、窄袖和中宽袖之分；从外型上分有衬衫袖、西服袖、灯笼袖、喇叭袖、羊脚袖、蝙蝠袖和异形袖等。而从结构上分又有一片袖、二片袖、多片袖、插肩袖、连衣袖和装克夫袖等。

袖与手臂间空隙的大小（放松量）直接影响袖型的外观。袖山与衣身袖窿相连接，袖山高度变化随之会引起袖的宽窄尺度的改变。一般情况下，袖山低的袖宽度较长，袖山高的袖宽度较窄。将袖山高的袖型与袖山低的袖型在舒适度上进行比较，可以发现袖山高的袖型美观，手臂伸展的幅度不大。反之，袖山低的袖型不如前者美观，但是运动自如，此类造型特别适用于运动服和休闲装。

垫肩是肩部造型不可缺少的辅料，由于垫肩的厚度和形状会直接影响袖型外观和袖山弧的长度，因此，在立体裁剪前，应在模特儿人台上加放垫肩，用大头针固定。使袖窿周长增加垫肩厚度量。同时，与袖窿相匹配的袖山周长也须加放相应的量。

女性体型的个体差异在手臂上也十分明显。由于高矮胖瘦的不同，其肩端、手臂上部的体态和外形轮廓线的张力也会不一样。胖体的肩端和手臂上部显得圆润，外轮廓线有扩张感。反之，外轮廓线显得平缓。不同年龄段的女性在肩端和手臂上部的差异则更明显。青年女性上臂圆润，粗细匀称，中老年女性手臂上部体态粗大，肌肉松弛，明显呈现上粗下细的形态表征。因此，袖山的宽度和袖山弧线的形状，要根据不同年龄和体态的特征留出放松量。在立体裁剪时，应标出袖窿与臂根相对应的下移弧线（图433），注意观察壳体袖外形，正确把握袖与手臂间的空间量，必要时对模特儿人台的肩和臂部进行补正。

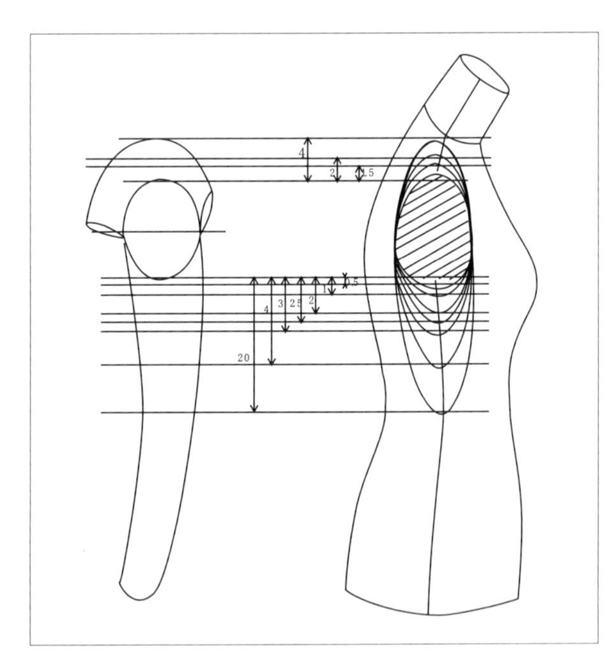

433

433 在臂根标示袖窿弧线下移和周长变化，以及袖山弧与袖窿弧相匹配的关系

4.袖的立体裁剪

袖的立体裁剪一般从一片袖开始，继而再作二片袖和花式袖的练习。

（1）一片袖的立体裁剪

一片袖的基本样式有3种。即无省道的短袖，肘部有省道的长袖和袖口有省道的长袖。由于手臂从肘关节开始有着向前倾斜的特征，因而决定长袖的袖片必须在肘部作省或归缩处理，或在袖口设置省道。

一片袖无省的立体裁剪（图434－437）

A 先完成衣身的立体裁剪。量出袖窿前弧线和后弧线的长度，定出袖长和袖宽，取适量试样布一块。标出袖中线、袖山顶点和袖长后，在14厘米袖山高处画出水平辅助线，分别以前弧线和后弧线长度连接袖山中点与袖宽两边。按平面裁剪的方法画出袖山弧线，并留出2.5厘米余量剪去多余布料。将袖片的袖底线对齐用大头针固定，覆盖到模特儿人台手臂上部。

B 观察袖宽和长度，与设计图相符后，在袖山上端用绱针缝并抽缩归拢，使袖型上端微微鼓起。将袖山中点与衣身肩线对齐，使袖山弧与袖窿相吻合后，逐一用大头针固定。标出对合记号，从人台上取下袖片，展平并划顺轮廓线，剪齐缝份成为无省一片袖的版型。

泡泡袖的立体裁剪（图438－439）

泡泡袖又称公主袖。泡泡袖的肩宽根据设计要求确定向里移的量，以及固定支撑泡泡袖造型的纱，使袖山多褶的袖型饱满而坚挺。

A 取无省一片袖的版型对折，覆盖在试样布上，在袖中线处放足叠褶的量，剪出泡袖试样布的粗坯。

B 将试样布覆盖到肩臂处，使袖中线与肩线顶端对齐，并左右交替叠褶，按设计图使袖山鼓起，完成各部位造型，并标出对合记号。从人台上取下袖片，展平并划顺轮廓，剪齐缝份成为泡泡袖的版型。

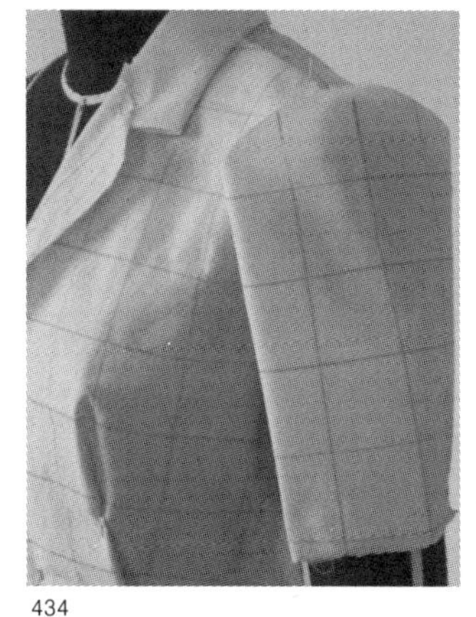

434

435

436

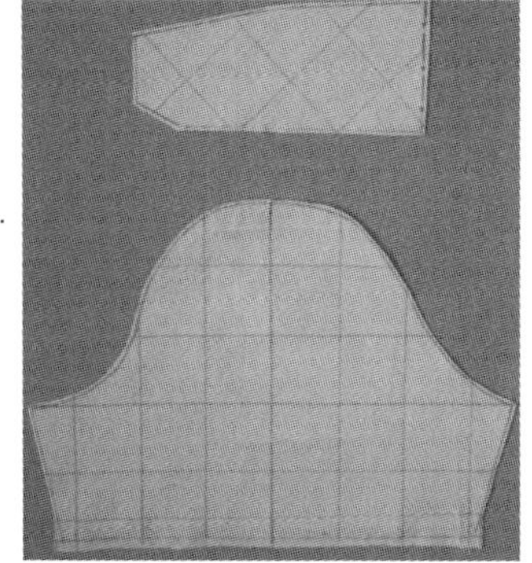

437

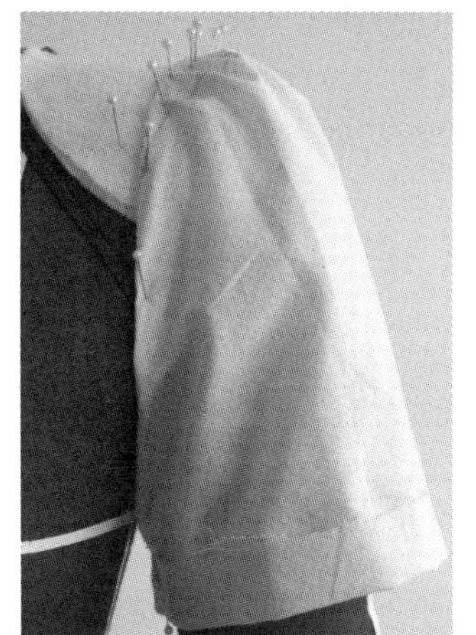

438

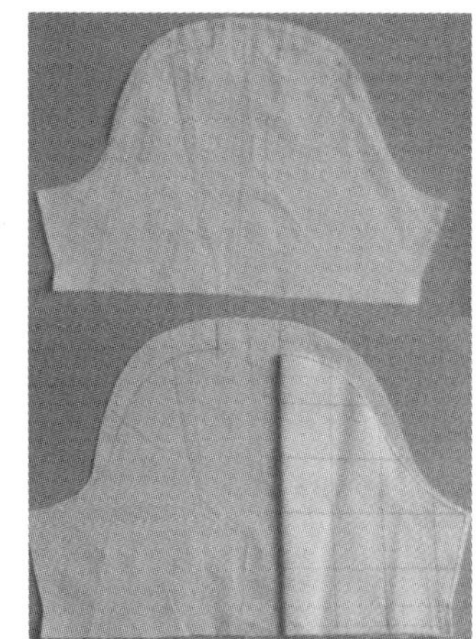

439

440

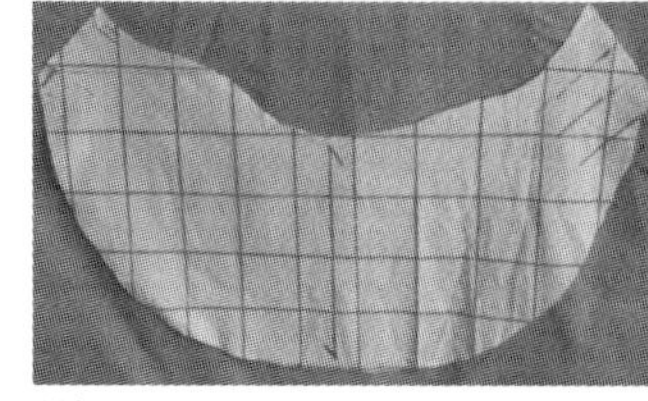

441

434－437 无省一片袖的立体裁剪

438－439 无省一片袖版型／从袖中线剪开，向两边移动至所须宽度形成袖片／平面裁剪中的开剪扩展法／袖片平面版型在人台上呈现的立体造型／修正成为新的版型

440－441 平面与立体裁剪相结合完成的喇叭袖

喇叭型一片袖的立体裁剪（图440－441）

A 取无省一片袖版型，从袖口的袖中线处往上剪入离袖山1厘米。以同样的方法完成袖中线两边开剪的直线。将开剪过的袖口分别向左右拉开，成小于、等于或大于90度直角（按设计袖型而定），使剪开处均匀分布并画出袖口和袖山记号线。各边留出 2.5厘米余量，剪去多余布料成为喇叭袖试样布。

B 袖山上端用绱针缝归拢。覆盖到肩臂部，使袖山中点与肩线端点对齐用大头针固定。将袖山弧与袖窿弧相吻合，形成波浪褶，修剪袖口长度，完成喇叭袖造型。

C 取下袖片后展平，划顺轮廓剪齐缝份，成为喇叭型一片袖的版型。

有省一片袖的立体裁剪（图442－448）

A 取适量方格形的试样布和装有手臂的模特儿人台，将试样布对折与手臂中心辅助线对齐，用大头针固定。将试样布从手臂中心辅助线处提起折叠，左右各留1.5厘米放松量后用大头针固定。

B 依照下臂向前倾斜的特征，从袖口向肘方向折叠成省道用大头针固定。

C 从肩端起分别向左右，以间隔约1厘米的距离固定袖山头试样布。或用绱针缝归拢袖山头弧线与袖窿弧长相吻合。

D 在前、后袖山下端剪出刀眼，使袖片的两边平整地折向手臂内侧中缝处，各留2厘米放松量后，在袖底中线处用大头针固定，剪去多余面料形成圆筒状。用笔标出袖山弧后，剪去多余布料。

E 从正、侧、背处观察袖型与设计图相符时，标出袖山轮廓线及对合记号，取下袖片，展平并划顺轮廓线，剪齐缝份成为有省一片袖的版型。

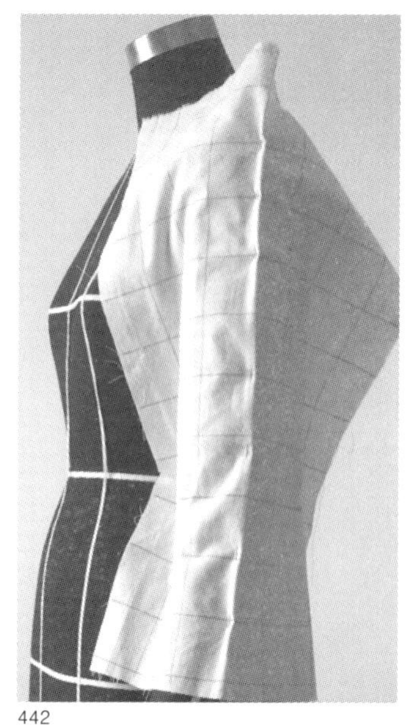
442

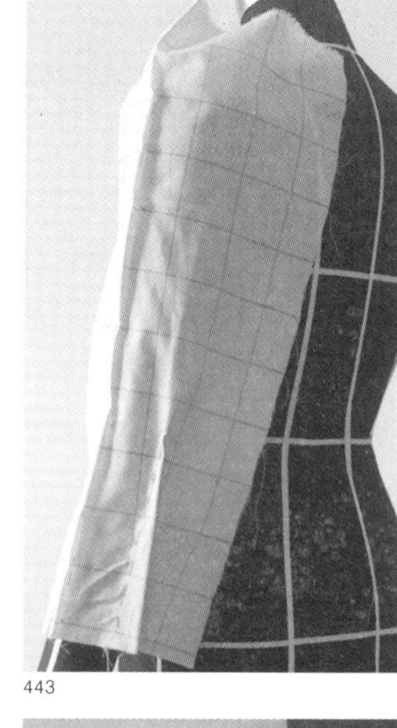
443

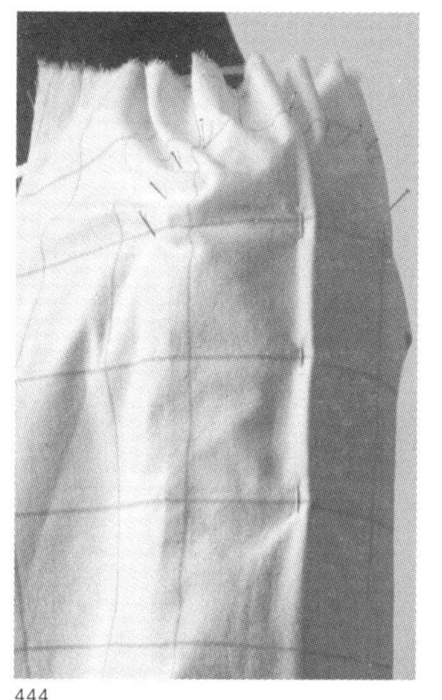
444

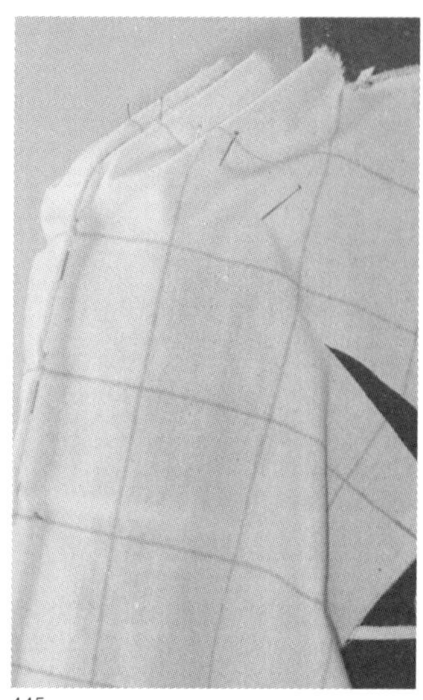
445

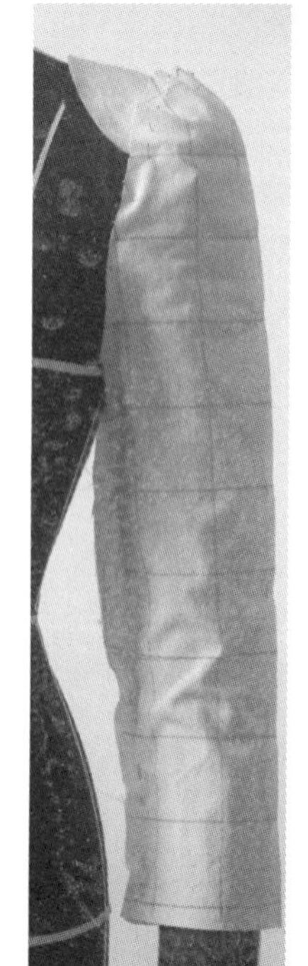
446

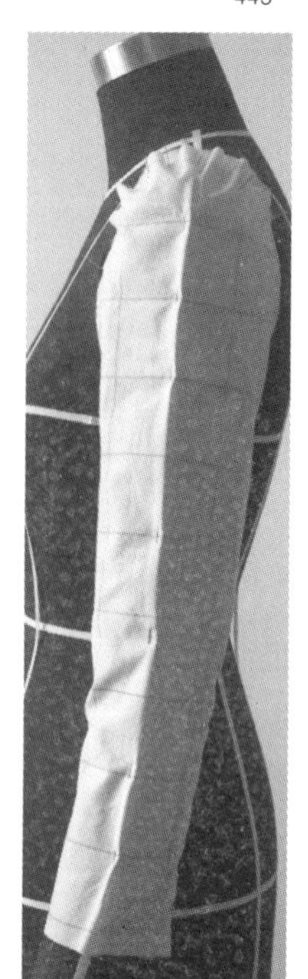
447

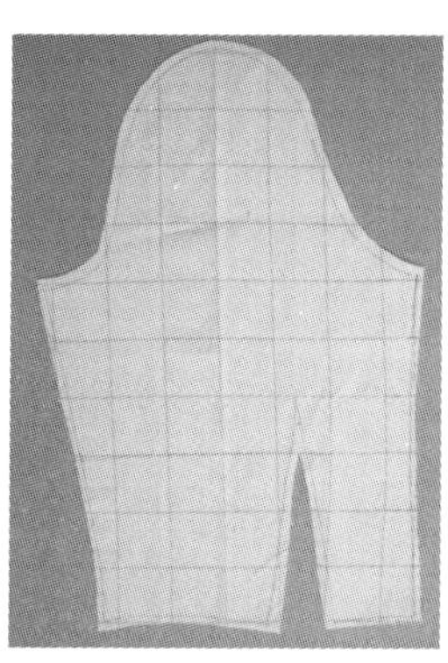
448

442－448 有省一片袖的立体裁剪步骤

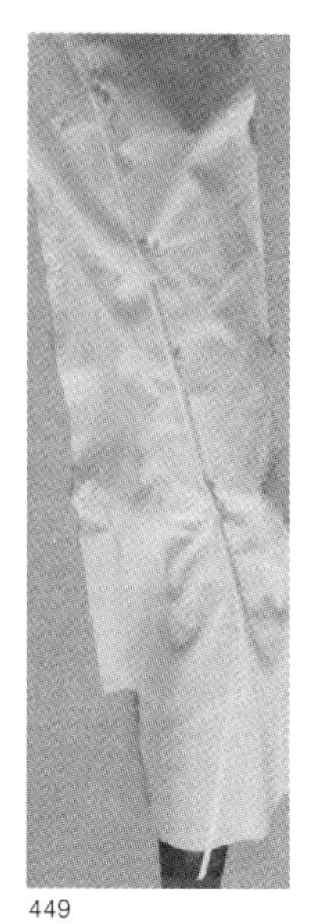
449

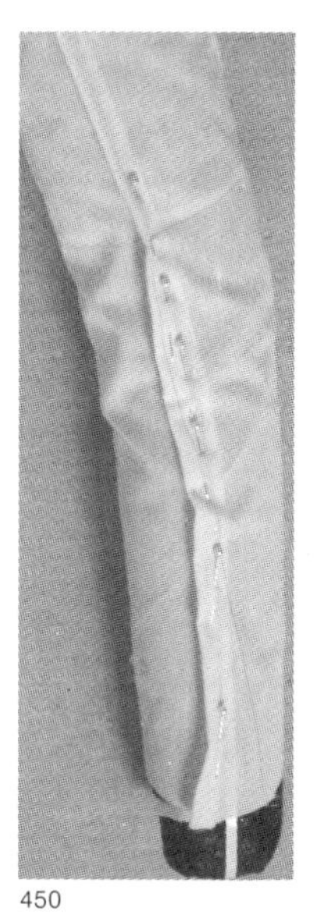
450

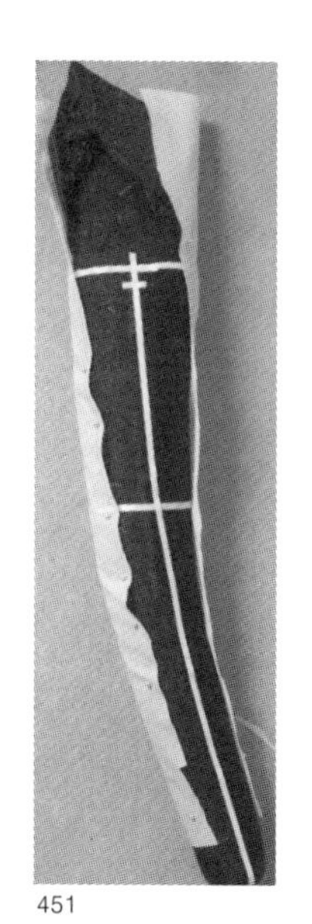
451

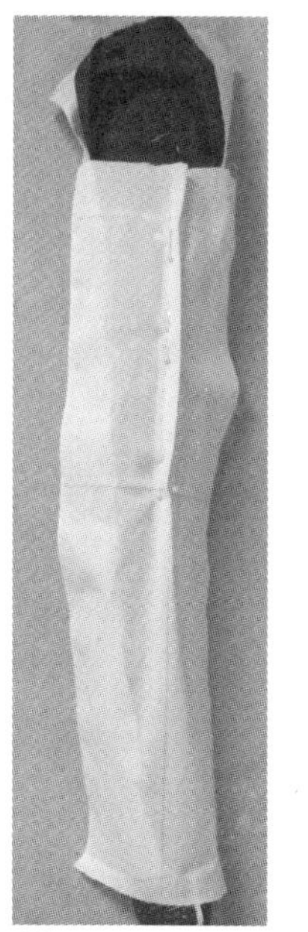
452

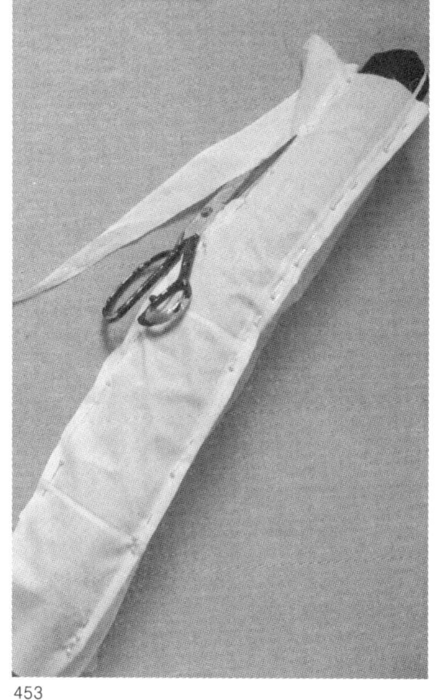
453

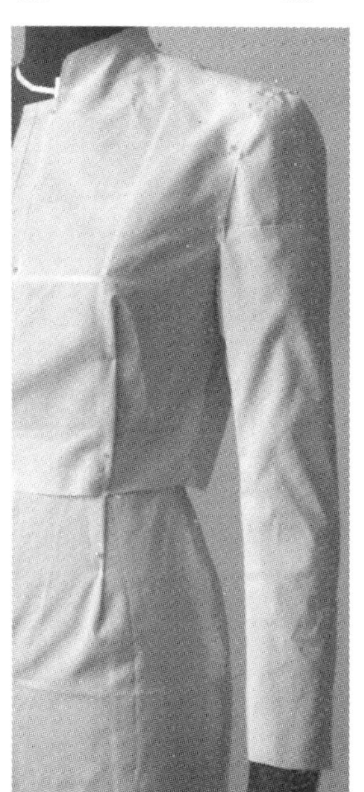
454

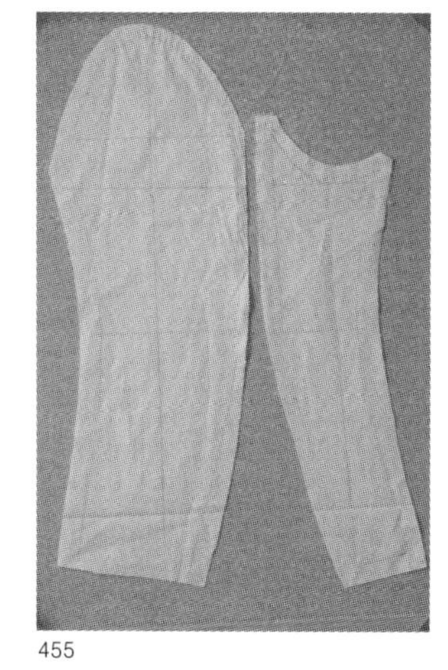
455

449－455 西服二片袖的立体裁剪步骤

(2) 二片袖的立体裁剪

由两块袖片组成的袖型称为二片袖。最常见的西服二片袖是由大、小袖片组合而成的。当我们观察着装侧面二片袖的形态时，会发现大袖片面向外，小袖片面向内。插肩式二片袖一般以袖中线为界分成两片，不仅大小相近，而且形状也相似。

西服二片袖的立体裁剪（图449－455）

西服二片袖的立体裁剪一般是以手臂为基础，先完成大、小袖裁片的基本形，再用平面裁剪的方法标出袖山弧线，最后在模特儿人台上确定二片袖的造型。试样布准：大、小袖片的放松量一般设定在手臂前中心辅助线和手臂底部中心辅助线处。根据设计图的要求分别在手臂上量出大、小袖片的长度（加余量）和宽度（加放松量），然后取大、小袖片的试样布两块，标出与手臂相对应的辅助线。

A 大袖片的放松量取法：将手臂前中心线朝上，平放在台面上。从布边至袖山顶端3厘米(余量）处作一记号，覆盖在手臂上，使其在肘以上的袖中线处对齐，用大头针固定。将以袖中线为准的试样布对折后向里1.5厘米用大头针固定至肘处（放松量为3厘米）。顺手臂前中心辅助线至袖口，对折向里1.5厘米放出松量，然后顺手臂前中心辅助线逐一用大头针固定。大袖片侧边的取法：分别将大袖片的两边均匀抹向大、小袖片的结构线处，用大头针固定。标出侧边轮廓线后留出缝份剪去多余布料。

B 小袖片的放松量取法:将手臂翻转,让后中线朝上,将小袖片的试样布覆盖到手臂上，使两者的辅助线相吻合，用大头针固定。放松量取法：将小袖片试样布依中心线对折与手臂的后中线上部对合，向里1.5厘米（加放松量3厘米）用大头针固定,并在手臂肘以下后中心处对折，向里1.5厘米留出松量，用大头针固定。

C 小袖片的侧边取法：分别将小袖片的两边均匀抹向手臂部位的大、小袖片结构线处，与大袖片侧边轮廓对合，用大头针固定。标出小袖片侧边轮廓线并留出缝份，剪去多余布料。在臂根后中心的上端，袖山底弧线应按衣片袖窿的下移形状标出记号。

D 袖山弧的取法是从手臂上取下大、小袖片并展平，以平面裁剪的方法取袖山弧线，留出缝份及2厘米余量，剪去多余布料。将大、小袖片对面缝合并翻转，袖山弧线上端用密淌针缝后，抽缩归拢。将袖子套在手臂上，袖山中点与肩线对齐，衣身袖窿压住袖山弧用大头针固定，完成袖的造型。经假缝、试穿和补正确认后，取下袖子，折开大、小袖片，展平划顺轮廓线剪齐缝份，成为西服二片袖版型。

插肩二片袖的立体裁剪（图456－466）

A 先在装有手臂和垫肩的模特儿人台上标出插肩袖的造型线。将衣身试样布覆盖到人台前胸部位，标出bp点。领弯往上2厘米处剪出弧形，在弧形处剪刀眼使布面平服。如图458那样标出插肩造型线至前胸宽记号，用6字尺画出前袖窿弧线（图459）。以同样的方法完成后衣身插肩袖窿线。

B 按设计图所示，从颈侧点过肩端点至袖口加4厘米余量处定出袖长。从袖中线的袖型宽线位置分别量出前后袖片宽度(含4厘米松度和4厘米余量)。剪取插肩袖前、后片试样布各一块。

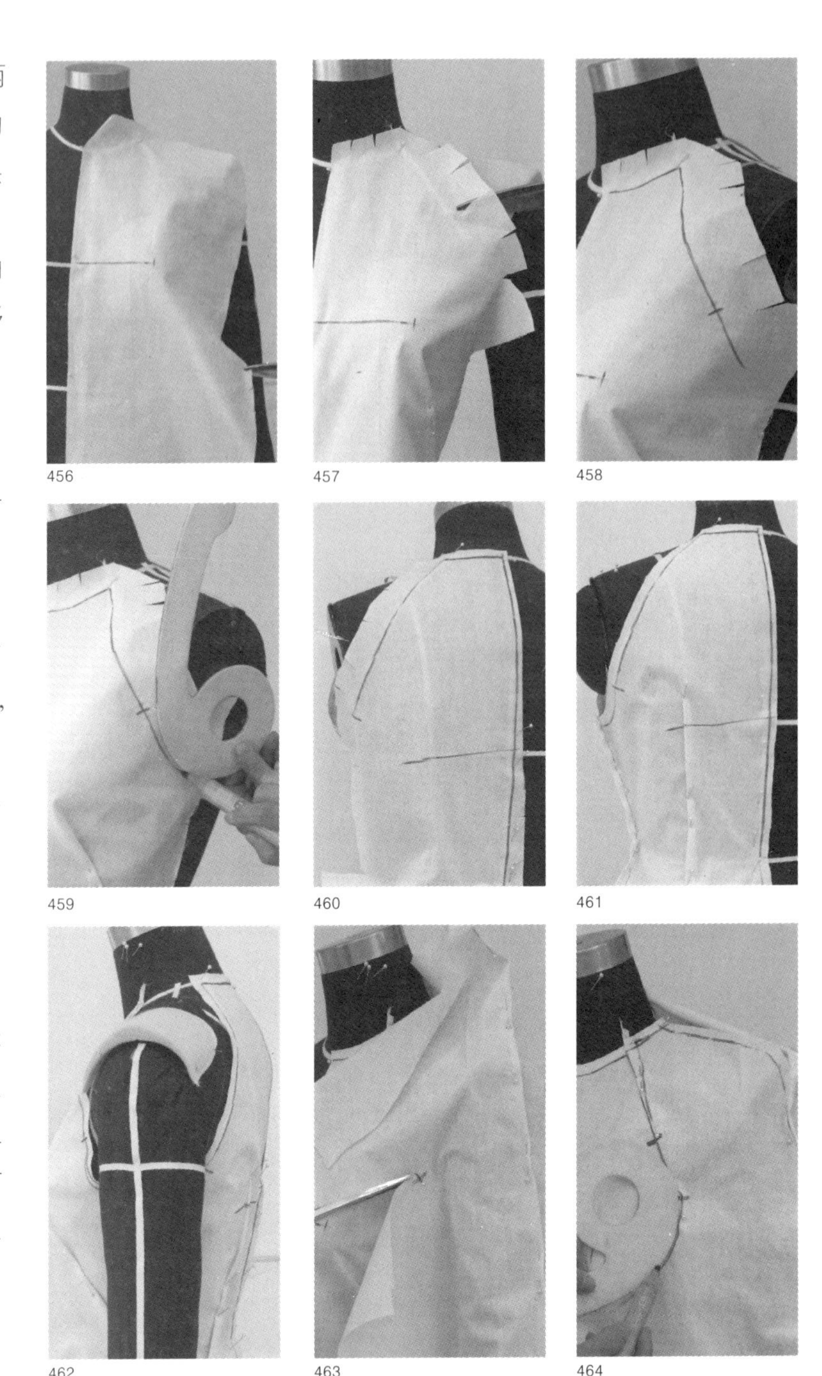

456　457　458　459　460　461　462　463　464

465

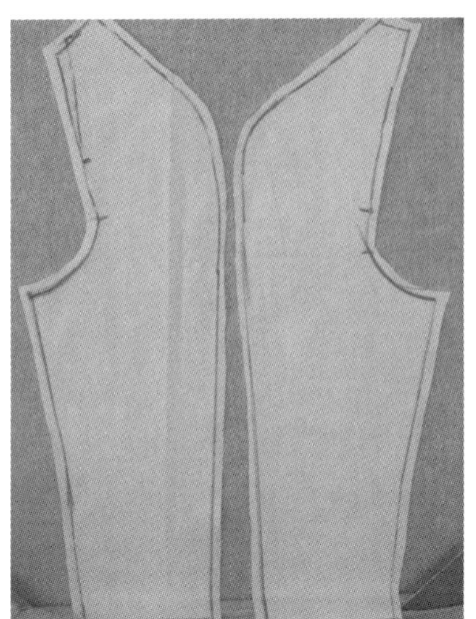

466

456－466 插肩二片袖的立体裁剪步骤

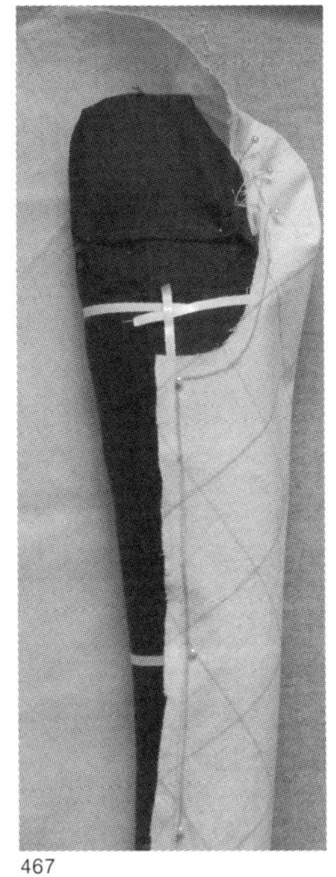
467

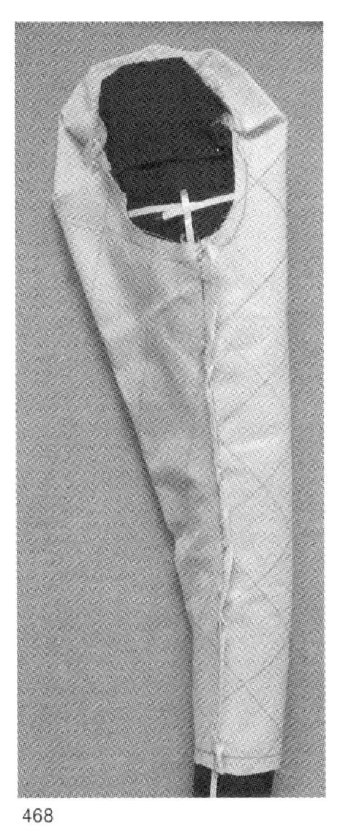
468

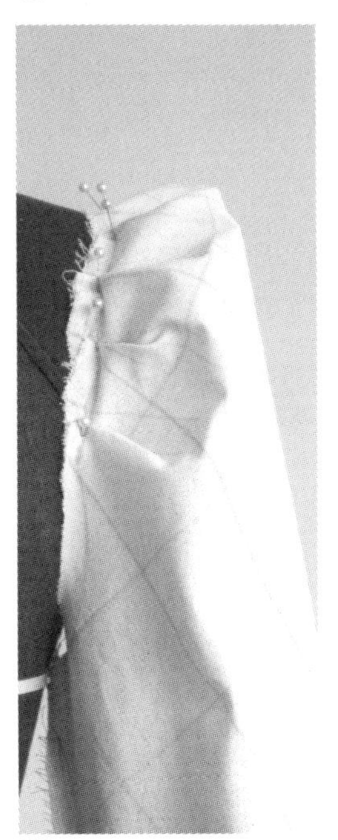
469

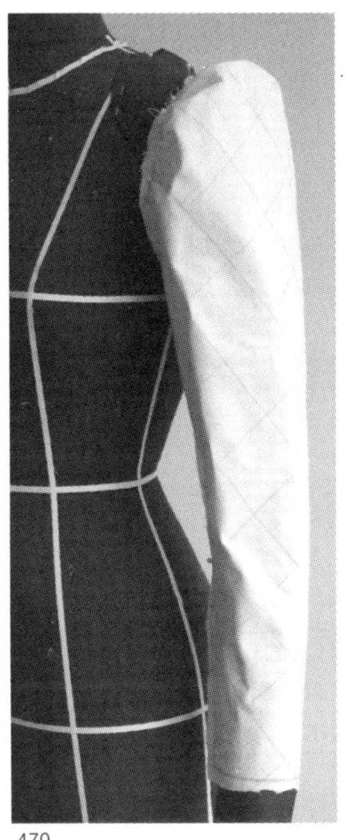
470

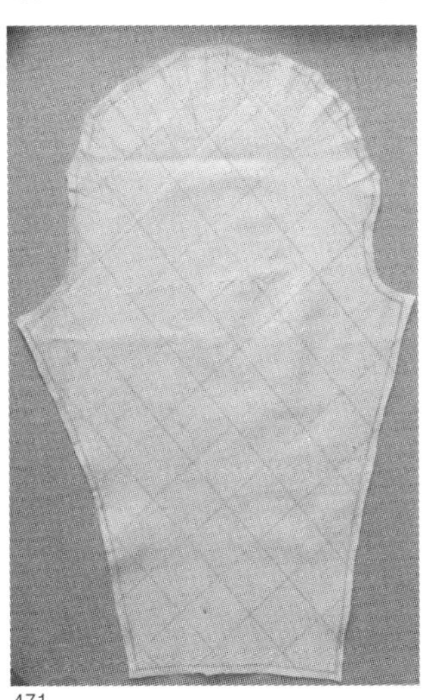
471

467－471 羊腿状造型的花式袖的立体裁剪步骤

C 前片：将袖前片试样布上端覆盖在模特儿人台前胸颈侧点，顺势至肩端，按胸宽作出记号。从布一侧离胸宽点1厘米处剪入。将袖片试样布上端依插肩袖造型线标出轮廓线，留出缝份剪去多余布料。用6字尺如图标出胸宽点到袖山底弧线，并与袖窿底弧线等长对合，用大头针固定。定出袖口宽并与袖宽端点连接，留出缝份，剪去多余布料。

后片：从袖口起将袖后片中线与袖前片轮廓线背向合拢用大头针固定。用前片方法完成后片的造型。

D 当袖部造型与设计图相符时，标出对合记号。取下衣片和袖片，展平后划顺轮廓线，经假缝、试样、补正和确认后，折下展平剪齐缝份，成为版型。

（3）花式袖的立体裁剪

花式袖的组织结构、外型轮廓、组合方式和工艺技巧与普通袖相比有较大的不同。花式袖造型主要取决于肩与袖的组合、袖身与袖口的变化等。

羊脚袖的立体裁剪（图467－471）

羊脚袖是花式袖的一种，袖山多褶、外形上大而圆润，下细且长，形似羊脚。

A 按设计图确定袖山的造型轮廓线，估算羊脚袖的宽度与长度，然后取大于宽度10厘米和长度14厘米（斜料）的试样布一块。

B 将试样布竖向对折，形成中心辅助线后展平，上端留出14厘米，把手臂放在试样布上，使两者的前中心线对齐。将左边试样布按左侧轮廓折转至手臂的后中心线，用大头针固定，留出缝份剪去多余布料。左侧上端留出14厘米余量按羊脚袖山轮廓线折回，从肩端处开始向左叠褶，逐一用大头针固定。小褶的宽度、间距和数量根据设计要求而定。用同样的方法完成右边袖山的造型。将手臂翻转，从正、侧面观察叠褶后袖山的外轮廓，按设计要求调整后用大头针固定，留出缝份并加3厘米余量后，剪去多余布料。

C 当袖造型与设计图相符时，标出对合记号，取下袖片展平。用笔划顺轮廓线标明叠褶记号，剪齐缝份成为羊脚袖版型。

郁金香花式袖的立体裁剪（图472－476）

A 根据设计构想，在模特儿人台肩线与袖窿相交处，确定出两块袖片宽度记号。用软尺量出袖片宽度、长度和袖山高度，然后取大于宽度和长度的两块试样布备用。

B 袖子的造型把前袖片试样布右边对准模特儿人台假手臂交叠记号，按郁金香袖型，用大头针顺袖窿弧逐一固定，留出缝份剪去多余布料。用与上述相同的方法完成后袖片的造型。先标出对合记和袖山轮廓，然后从模特儿人台上取下袖片展平，划顺轮廓线留出缝份剪去多余布料成为袖片版型。

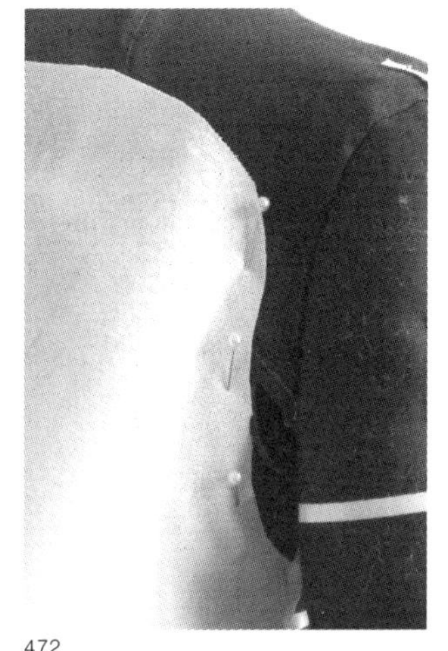
472

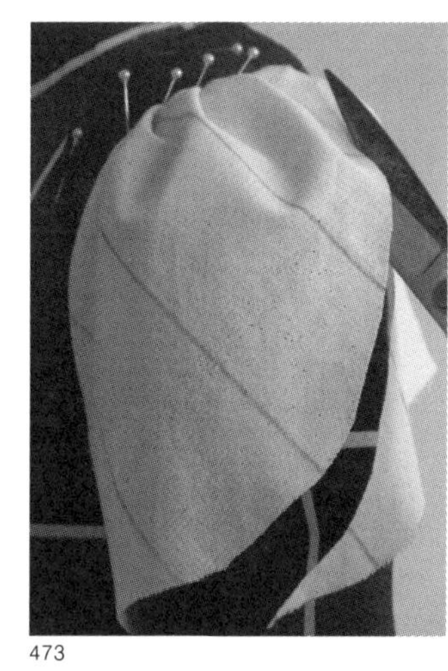
473

474

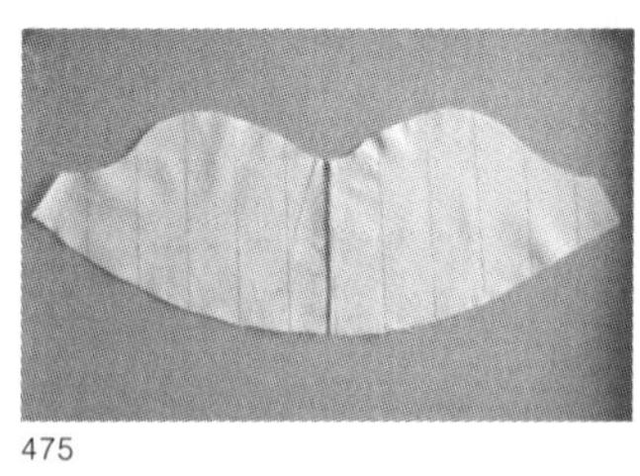
475

476

叠褶花式袖的立体裁剪（图477－480）

A 试样布的准备按设计图所示，用软尺量出模特儿人台手臂的袖长和袖宽，取一块适量试样布（斜裁），对折后画出中心辅助线。

B 袖片开剪与叠褶将试样布覆盖到模特儿人台的手臂并与中心线对齐，用大头针固定，按设计要求从袖口中线底边剪入至上臂所需长度，取剪开一侧试样布斜向叠两个褶，分别用大头针固定。用同一方法完成另一侧袖中缝处的两个褶。

C 袖造型与版型定出袖片底摆宽度，用大头针固定。 袖口翻起使两边重叠，用大头针固定。观察袖中线的褶纹与裸露手臂形态的关系，当与设计要求相符时，用笔作出对合记号后取下裁片展平，划顺轮廓线，剪齐缝份，成为袖中线开剪叠褶的花式袖版型。

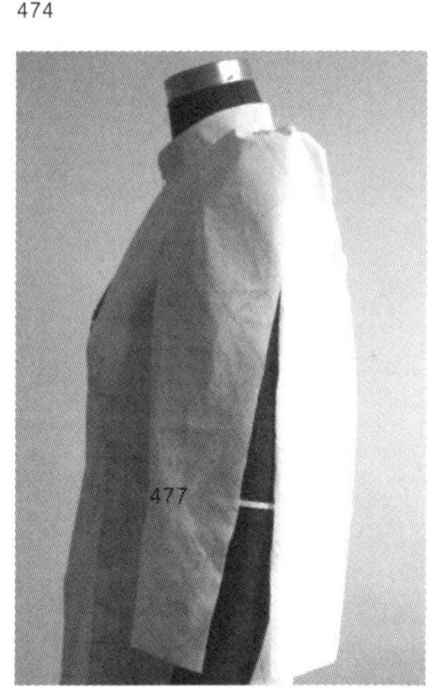
477

478

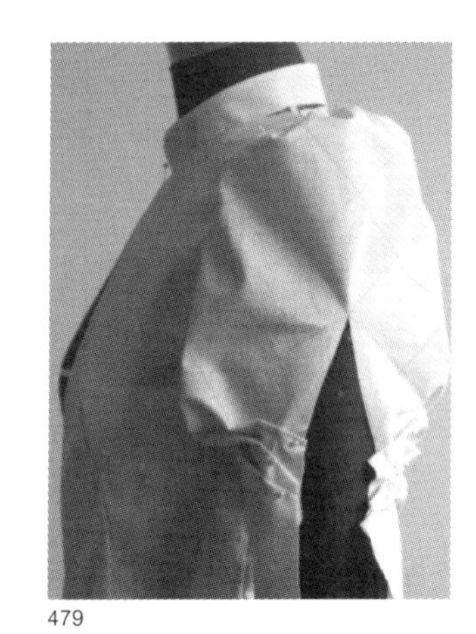
479

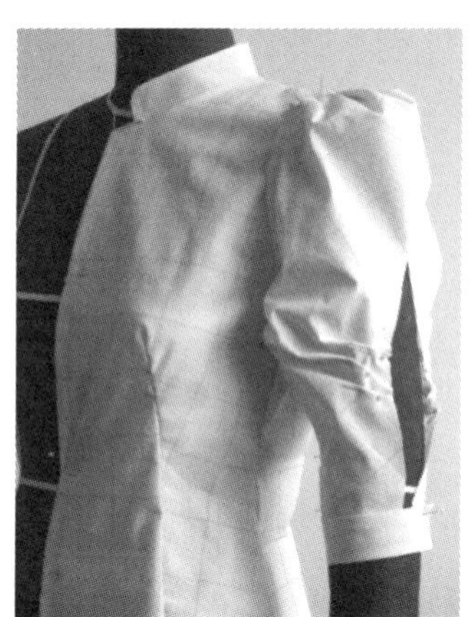
480

插肩花式袖的立体裁剪 （图481－484）

A 试样布的准备先在装有假手臂和垫肩的模特儿人台上标出插肩袖的造型线，使臂根处造型线下移的量与衣片插肩袖窿下移的造型线一致。准备格子试样布,先量出上臂袖宽的周长，包括褶裥的量和8厘米的余量，确定试样布的宽度。从肩部颈侧点起过肩端点,肘至袖口再加6厘米余量,确定试样布的长度。在其一侧标出袖中线和褶裥宽度等记号线,然后逐条叠烫成褶。

481

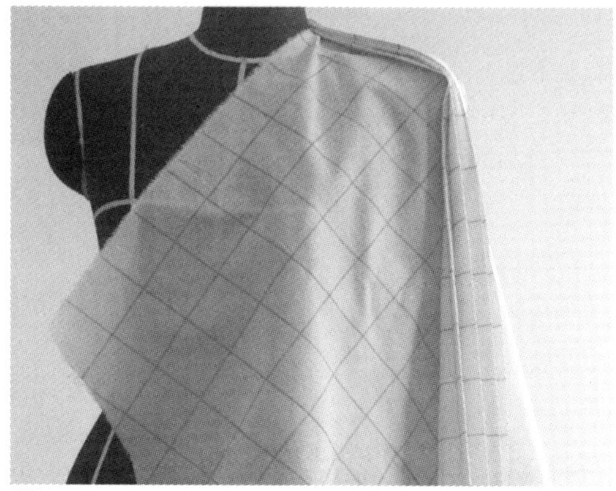
482

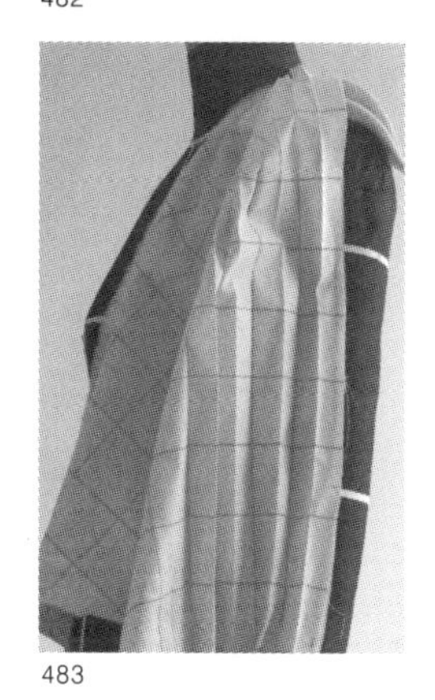
483

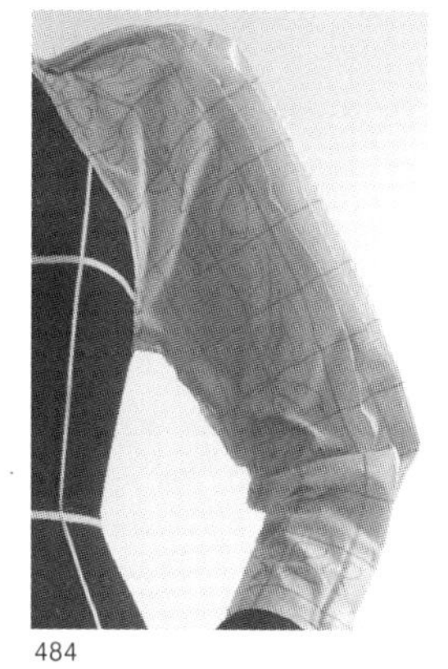
484

B 袖长线的确定将试样布覆盖到模特儿人台的肩和臂部，使袖中线与小肩线、手臂中心辅助线重合，用大头针固定。依试样布的袖中线为准，按设计要求调整褶的形态，用大头针固定于肩部颈侧点、肩端点、上臂、下臂至袖口中点，剪去多余面料。

C 插肩袖前片袖山头和袖窿底弧线的确定依设计要求（包括褶拉开的形态），决定袖山头造型弧线与袖宽尺寸，并用大头针固定。留出缝份剪去多余布料上前胸宽部位。袖窿底弧线指胸宽止点到腋下侧缝线的弧形线。将衣片袖窿袖底翻转于试样布袖山底弧的对应部位，留出3厘米余量，剪去多余布料。

D 插肩袖后片与袖造型的确认用与上述相同的方法完成袖后片的立体裁剪。从正、侧不同角度观察袖部造型，当与设计图要求相符时，标出轮廓线与对合记号。绘出图案装饰的部位。取下袖片展平，划顺轮廓线，剪齐缝份，成为袖片版型。

超大二片花式袖的立体裁剪（图481－484）

A 按设计图选择较硬挺的亚麻纱布作为试样布，估计二片袖的宽度、褶裥量和衣连袖的长度。袖前片采用45度斜裁，袖后片采用横裁。取大于衣袖片长宽尺寸的三角形和扁长方形试样布各一块。

B 连衣袖前片领口褶的造型将前片试样布覆盖到模特儿人台胸、肩与手臂处，使三角形的斜边与袖中线平行。按设计的门襟和领弯造型线标出轮廓线，留出缝份剪去多余布料，用大头针固定，试样布下端向bp点方向取省，用大头针固定。在领线处按设计要求逐一叠褶，用大头针固定。

C 衣连袖前片侧缝与袖底线取法定出袖底端点并剪入使衣片平服，用推移法放出前衣片松量后，依侧缝线用大头针固定，留出缝份剪去多余布料。将手臂抬起成90度，定出袖口宽并与袖底端点连接成斜线，剪去多余布料，离袖底端如图487那样剪出袖底弯弧线。前片袖口造型依照设计图要求逐一做褶，用大头针固定。

D 衣连袖后片的造型将后片试样布覆盖到模特儿人台的后背、手臂部位，竖向依衣片造型线用大头针固定，横向与袖前片造型线相对合，后袖片肘部打两个褶，用大头针固定。留出缝份并剪去多余布料。袖底线与衣片侧缝线取法与前片相同（图490）。

472－476 郁金香花式袖的立体裁剪
477－480 叠褶花式袖的立体裁剪
481－484 插肩花式袖的立体裁剪

E 领的造型：按设计要求定出领宽，用软尺量出前、后领弯长度。取大于领面宽长的长方形试样布(斜裁)。将领面试样布覆盖到人台颈部，顺衣领弯线折转，并用大头针固定。

F 当袖造型与设计构想相符时，从模特儿人台上取下裁片展平，划顺轮廓线剪齐缝份，成为二片超大花式袖的版型。

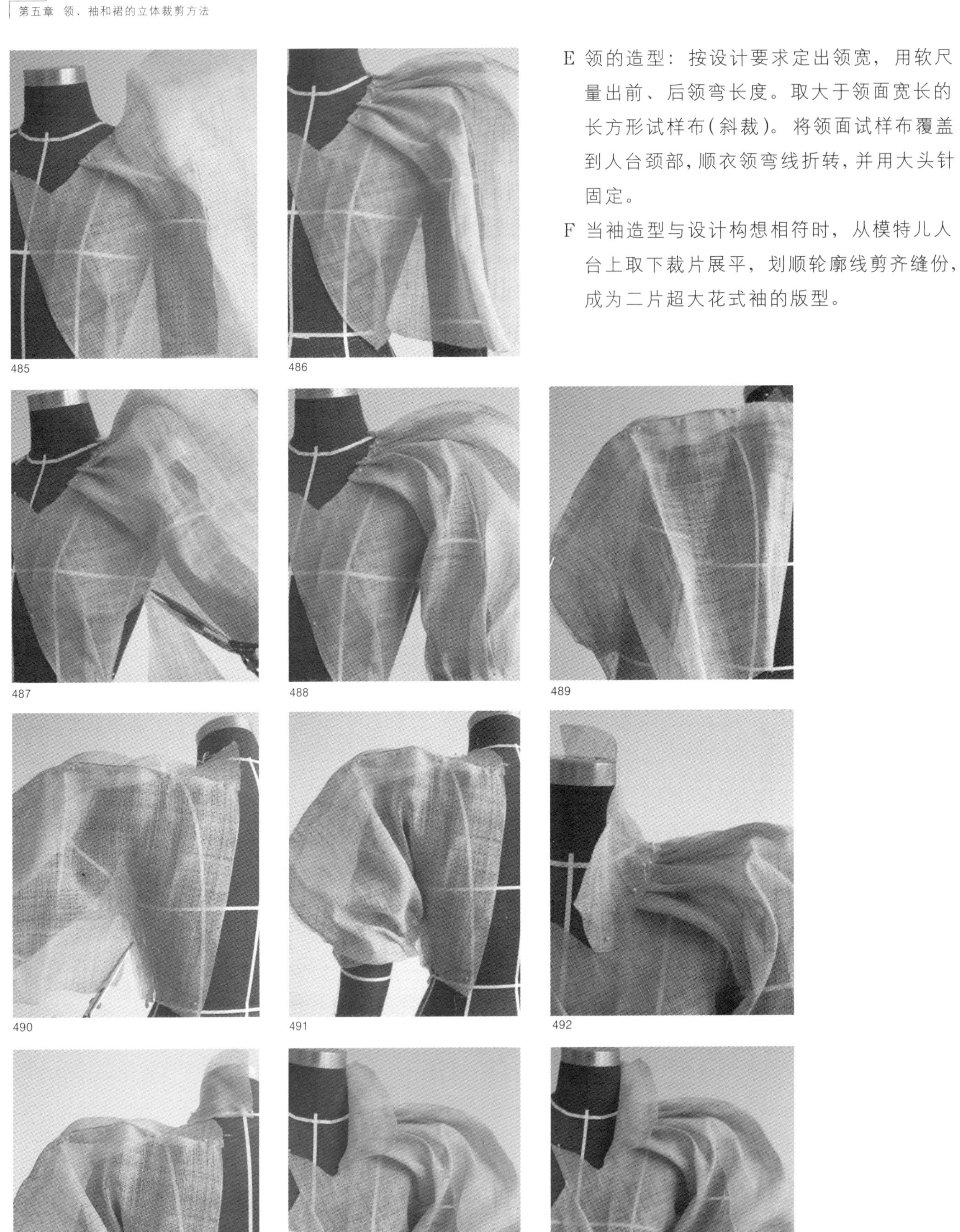
485 486 487 488 489 490 491 492 493 494 495

485－495 超大二片花式袖的立体裁剪

第三节 裙的立体裁剪

1.人体与裙

裙穿束于腰间，其腰围的大小因人而异。裙长从腰围至脚背长短不一变化多样。一般而言，迷你裙的裙边位于膝上10厘米至20厘米不等；短裙于膝下 5 厘米至10厘米不等。另还有裙边位于脚中部的中裙及长至踝骨与脚背的长裙等。裙摆视需要有贴近人体或远离人体等各种壳体状的样式。如紧身裙、合体裙、宽摆裙等。裙的结构除一至八片裙外，还有连衣裙和接裙等。另外，就裙腰的高低而言，还有正腰位、高腰、低腰和无腰之分。

裙的裁剪与女性腰围以下的体表特征和运动规律有关。观察青年和中老年女性的体型，会清楚地看到女性细腰、丰臀、腹微凸的变化对裙造型产生的影响会随着年龄的变化而变化。因此，将一块试样布在女性腰臀部包裹，以体察因人而异的形态变化是非常重要的。另外，当人行走、跑步、抬脚和跨步时，两腿间距离的加大或缩小，都会产生裙周长尺度的变化，形成相应的裙摆周长大小与开叉高低的因果关系。

2.裙原型的立体裁剪

（1）试样布的准备

A 先从模特儿人台腰围线起，垂直往下量至53厘米，再另放3厘米余量定出裙长。前臀围的二分之一加 3厘米余量，定出前片宽。后臀围的二分之一加3厘米余量再加4厘米（后开叉的叠门量）定出裙后片宽。按此尺寸裁取前、后裙片试样布各一块。定出裙腰宽（腰宽X2加缝份），量出前、后腰围二分之一长度加叠门3厘米和余量3厘米的裙腰长，取长方形腰头试样布备用。

B 离试样布上端1 .5厘米处，画一条水平腰围辅助线，往下19厘米处，画一条水平臀围辅助线。在试样布一边向里1厘米处画一条垂直中心辅助线，后片试样布中心线依叠门量加缝份画一条垂直线辅助线。

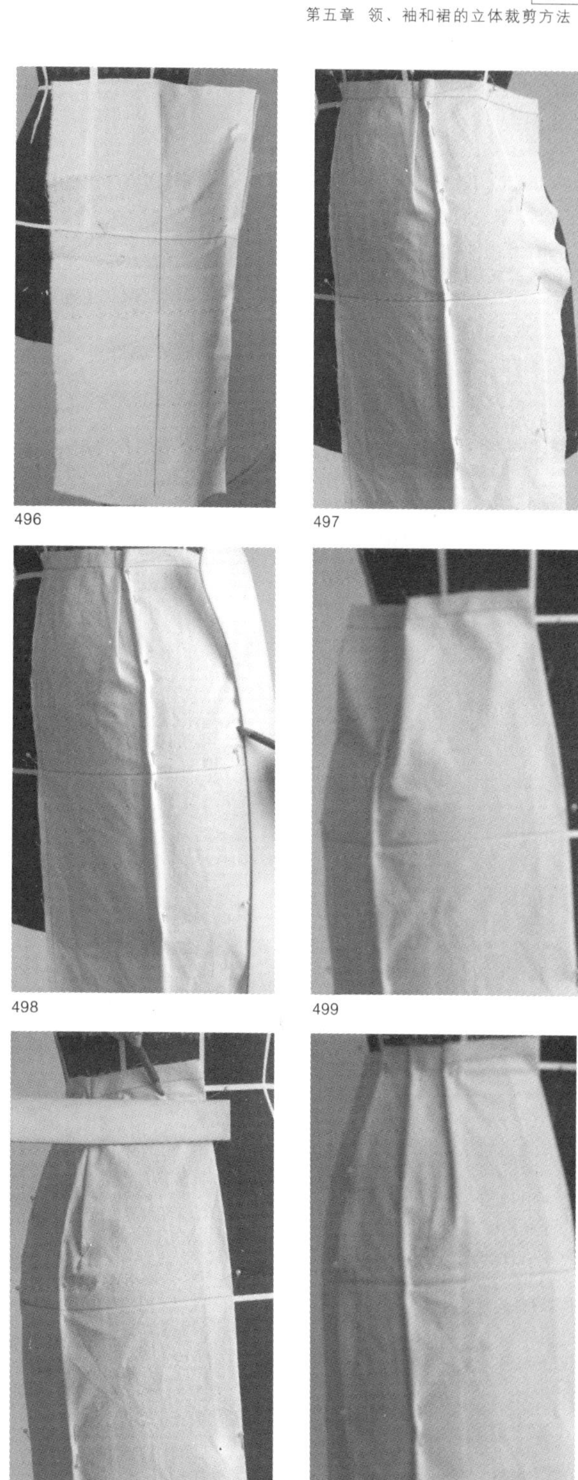

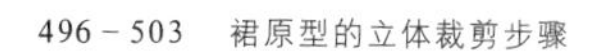
496－503 裙原型的立体裁剪步骤

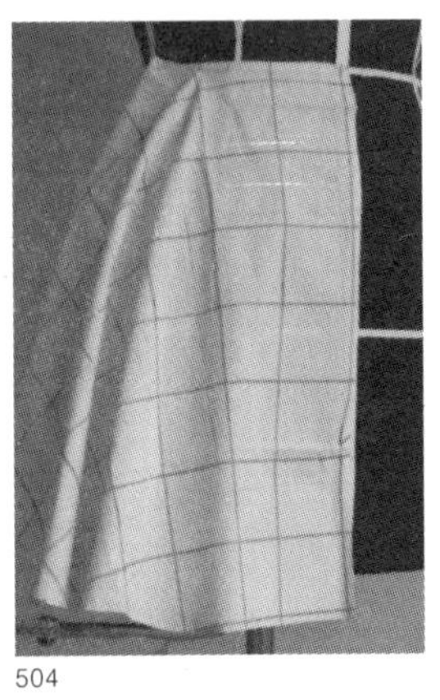
504

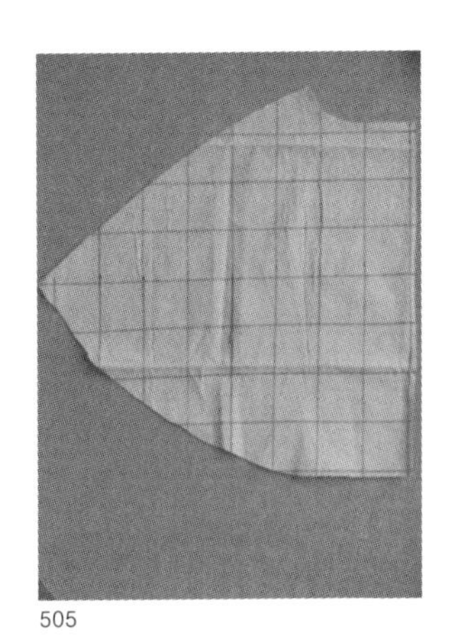
505

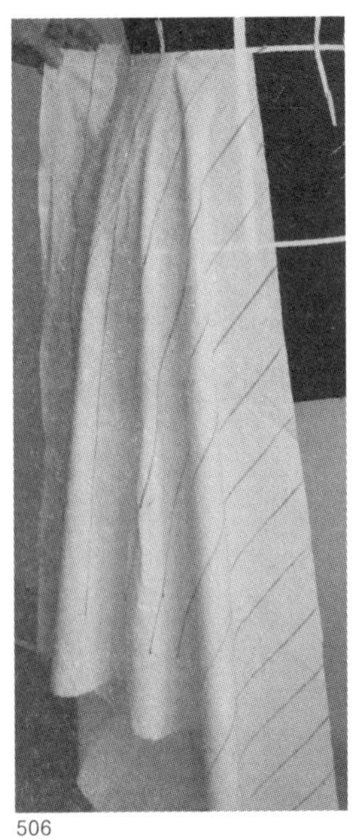
506

507

508

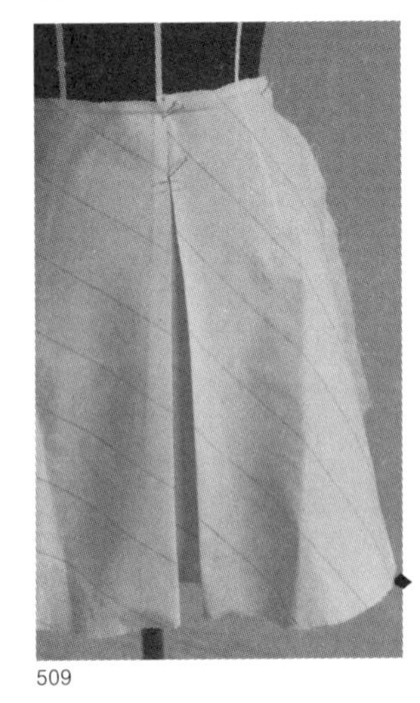
509

510

504－505 无腰省四片A字裙的直裁法
506－507 无腰省四片A字裙的斜裁法
508－510 连体箱式裙的立体裁剪步骤

(2) 裙前片的立体裁剪（图496－498）

A 将裙前片试样布辅助线与模特儿人台相应处重合，用大头针固定。布上端壳起不贴合腰和臀部。

B 从前中心线向侧缝方向二分之一腰线处，用手指捏住壳起的量向侧缝线方向折叠取省，用大头针固定。在侧缝的臀围线处，用手指将试样布向前推移1厘米放出松量。

C 取侧缝线用大刀尺上端压住人台腰以下至臀围的侧缝处试样布，用笔画裙侧缝弧线，留出缝份剪去多余布料，将缝份折向背面使裙前片上端部位随体表起伏，用大头针固定。

(3) 裙后片的立体裁剪（图499－501）

A 将后片试样布与人台后腰相应的辅助线重合，用大头针固定。取腰省和加放松量的方法与前裙片相似。在后中心辅助线的上端（装拉链部位）和下端开叉长15厘米处作出记号。

B 取侧缝线，将裙后片腰至臀围的试样布抹向侧缝线，使前片侧缝线压住后片侧缝线，用大头针固定。分别在前、后片的臀围辅助线与侧缝线的相交点，向下引一条直线并往里1.5厘米处定出前、后裙摆宽。将臀围与侧缝相交点与裙摆宽连成直线，留出缝份，剪去多余布料，将前片侧缝线叠合在裙后片侧缝线处用大头针固定。

C 取裙长，从地面垂直向上量出所需长度作为裙长的标记。用同样的方法在裙摆的周长上画出裙长记号线，留出3厘米剪去多余布料，沿裙摆记号线折向背面，用大头针固定，确定裙长。取下裁片展平，划顺轮廓线剪齐缝份，成为裙原型的版型(图502–503)。

3.裙的立体裁剪

(1) 无腰省四片A字型褶裙（图504－505）

A 平面与立体裁剪相结合的方法，从裙原型裁片上标出数条垂直分割线，剪入离腰线1厘米处，在试样布上扩展形成A字廓型，用笔标出裙片轮廓，留出余量剪去多余布料，然后覆盖到模特儿人台腰腹部，调整后确认。

B 先定裙长与裙摆宽，后取前、后片试样布，在其长度一边画中心辅助线，往下19厘米处画一条水平臀围辅助线。将试样布覆盖到人台腰腹部，使两者辅助线相重合，用大头针固定前中心线。试样布上端剪刀眼后拉开，使腰部平服并在下摆波浪处包裹，当裙形与设计要求一致时，可修剪侧缝和裙摆。根据地面量至裙摆所需长度作记号，后剪去多余面料。取下裙片展平，划顺轮廓线，剪齐缝份成为版型。

（2）无腰省斜裁多褶裙的立体裁剪(图506－507)

将前裙片试样布以45度斜向，盖于模特儿人台上，上端剪去一角后剪出刀眼，使腰部面料平服，臀围往下悬挂成波浪褶。将裙后片试样布覆盖到模特儿人台后腰和臀部使前后片侧缝对合，用大头针固定。其余裁剪步骤同上。

（3）连体式箱式褶裙的立体裁剪(图508－510)

试样布除了宽度的余量外，再加一定的箱褶量试样布。然后将试样布平放，依中心辅助线为界，左右两边相对折叠箱褶量，如图508 所示用熨斗压烫。将试样布箱式褶的中线与人台相应的辅助线重合，用大头针固定。标出腰线与侧缝线。当箱式褶裙的造型与设计要求相符时，取下裁片展平成为版型。

（4）插入式箱式褶裙的立体裁剪（图511－515)

前裙片以腰省为界，分左右两块，对合后用大头针固定。将箱褶量分别折向左、右两边，用大头针暂定，后箱褶插片试样布的中线与裙片箱式中缝对齐后，用大头针固定，按裙片箱式褶的轮廓剪去多余布料。从人台上取下插入箱式裙裁片，翻转成正面，再重新覆盖到模特儿人台腰部，裙造型与设计要求相符时，标出对合记号，取下裁片展平，划顺轮廓线，剪齐缝份，形成插入式箱式褶裙的版型。

（5）六片喇叭裙的立体裁剪（图516－517)

先定6片喇叭裙的裙长和裙摆宽度，并放足余量，准备6块长方形的试样布。把裙前片中心辅助线与人台腰腹部中线对齐，在前侧裙片臀围（如图516）处开剪，上端取腰省下端与裙片侧边相连，按设计要求用大头针固定。以同样的方法完成侧缝及其余各片的裁剪。

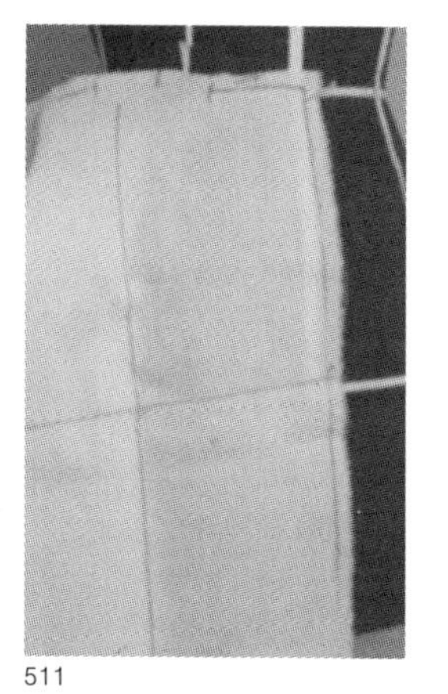
511

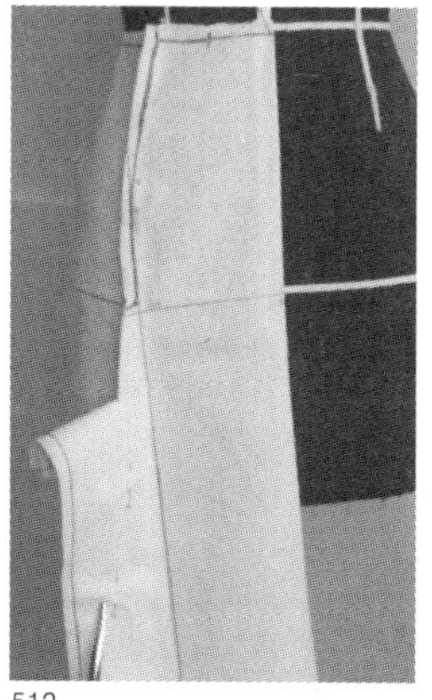
512

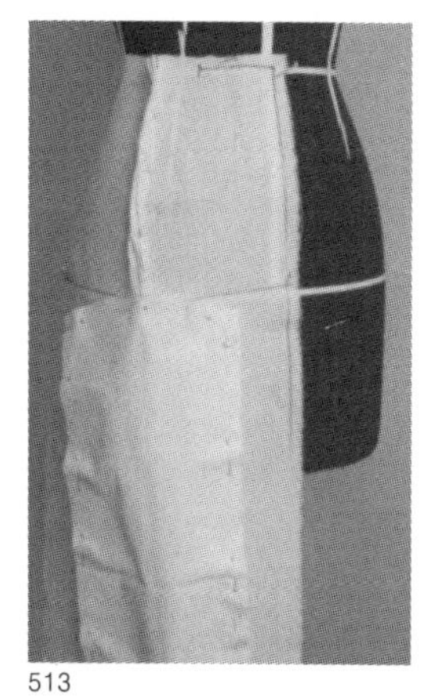
513

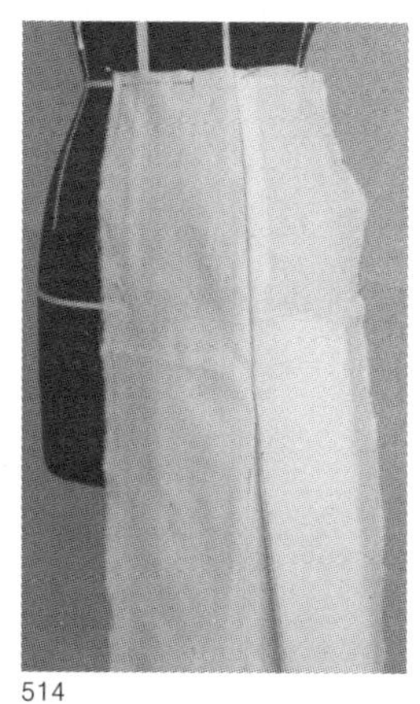
514

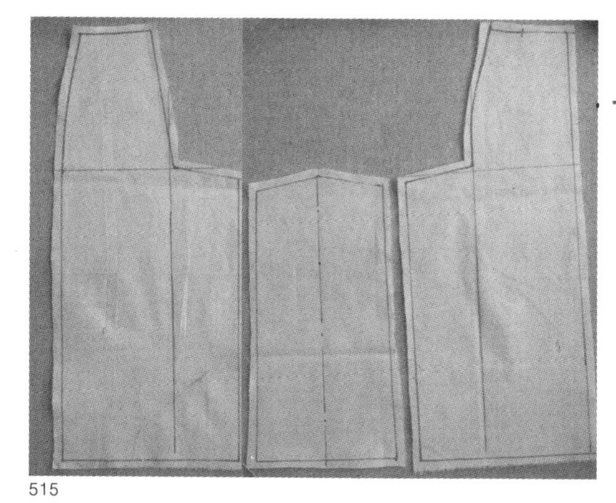
515

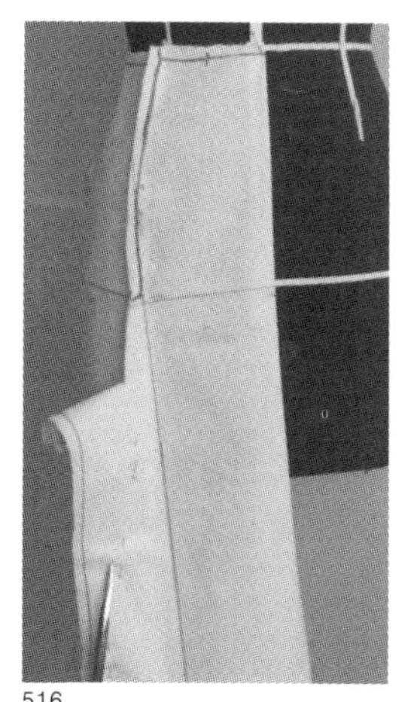
516

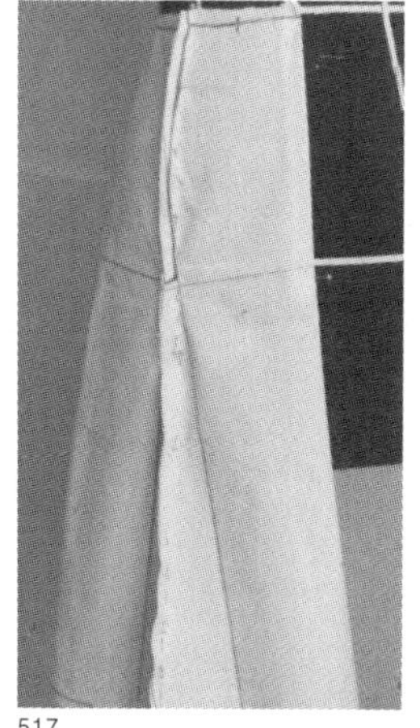
517

511－515 插入式箱式裙的立体裁剪步骤
516－517 六片喇叭裙的立体裁剪步骤

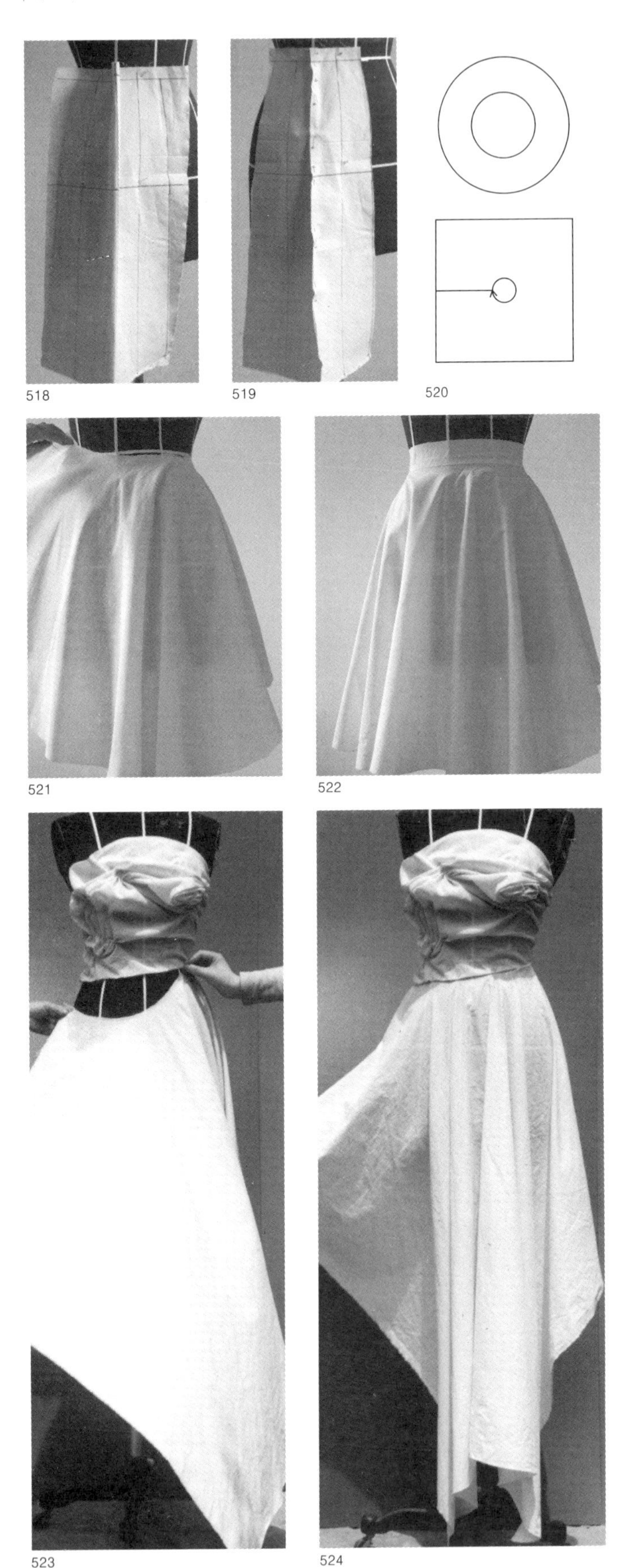

518 – 519 八片喇叭裙的立体裁剪
520 圆摆腰部有褶和方摆腰部无褶太阳裙的平面展开图
521 – 522 圆摆腰部无褶太阳裙的立体裁剪
523 – 524 方摆腰部无褶太阳裙的立体裁剪

(6) 八片喇叭裙的立体裁剪（图518 – 519）

根据设计图在模特儿人台腰部一侧标出每块八片裙的中线位置。定出八片喇叭裙摆宽及长度，取适量试样布并标出腰、臀和各片的中心辅助线。将试样布覆盖到模特儿人台腰部，使两者的中心线、腰与臀的辅助线重合，用大头针固定。各片腰至臀围的侧缝依造型线折转，与裙摆宽连接后标出记号，从地面量至裙长后逐一作出记号，留出缝份剪去多余布料。完成八片喇叭裙的造型。从模特儿人台取下裙片展开，划顺轮廓线修齐缝份，成为八片喇叭裙版型。

(7) 太阳裙的立体裁剪（图520 – 522）

在裙摆360度的中央剪一个小圆，其周长相等于穿着者的腰围尺寸（含松量）。在内圆周上取一点垂直剪12厘米拉链线。太阳裙是腰部无省道、无褶裥的大摆裙，如果裙片中央的圆周长大于腰围尺寸，则裙腰应抽褶或叠褶处理，这种大摆裙也属于太阳裙。如果裙片内圆位置不在正中，会形成前短后长或左长右短的不对称形态。如果用方形、长方形和不规则形作为裙片的外轮廓，裙腰的内圆位置和大小均任意设定时，其裙型会产生多种变化。

根据设计图取一块适量的试样布，定出裙腰位置，将裙腰中点对折再对折，取一半径画圆弧，圆周略小于穿着者腰围尺寸，剪去多余布料后在圆周上剪刀眼，顺布纹竖向剪入约12厘米（装拉链）。太阳裙若仅用两块裙片组成，那么，只需在裙腰半圆部位剪刀眼。将试样布套入模特儿人台腰部，将内圆开口 线至后腰中线用大头针固定。如裙腰周长不够，可将各刀眼深剪，使其与模特儿人台的腰围相吻合。太阳裙试样布的内圆若大于腰围，可将裙腰下移，裙腰处可作褶裥等。

从地面至裙长逐一作出记号后，剪去多余布料。

(8) 高腰裙的立体裁剪（图525－529）

A 在模特儿人台上标出高腰造型线，量出裙长和后臀围宽并加松量与余量。前后裙片试样布各一块，标出前后中心辅助线、腰线和臀围线并作好记号。

B 取裙后片试样布覆盖在模特儿人台后腰臀处，使两者的辅助线重合后，用大头针固定。取两个腰省，在侧缝的腰线处剪入使布平服。侧缝线处用推移法放出1厘米松量，留出缝份剪去多余布料。用与裙后片裁剪相同的方法完成裙前片的造型。当与设计图相符时，取下裁片展平，划顺轮廓线剪齐缝份成为版型。

4.褶裙的立体裁剪

褶裙包括等间隔和不等间隔的折裥，以及抽褶、垂褶和缀褶等造型。等间隔或不等间隔的褶裙，又称百褶裙或箱式裙等。抽褶类裙型，一般用平面裁剪就能完成。因此，褶裙的立体裁剪要特别关注褶裥的宽窄、疏密、长短、方向与上提的幅度和位置的关系，以及各种不同比例和组合构成的形态变化。

(1) 有褶包裹裙的立体裁剪(图530－533)

A 按设计图的裙型，用软尺围量模特儿人台臀部（含叠量和余量），取适量试样布。将试样布覆盖到模特儿人台前腰左侧，取腰省和左侧缝省，用大头针固定。顺势将试样布向后腰包裹，取后腰省，用大头针固定。

B 试样布从右侧包裹前腹取前腰省，多次提拉布料（如图531），在腰部折叠形成垂褶，用大头针固定。裙右门襟叠压在左裙腰省处，用大头针固定。按设计图标出右裙摆形状剪去多余布料。标出对合记号，取下裁片展平，划顺轮廓线剪齐缝份，成为版型。

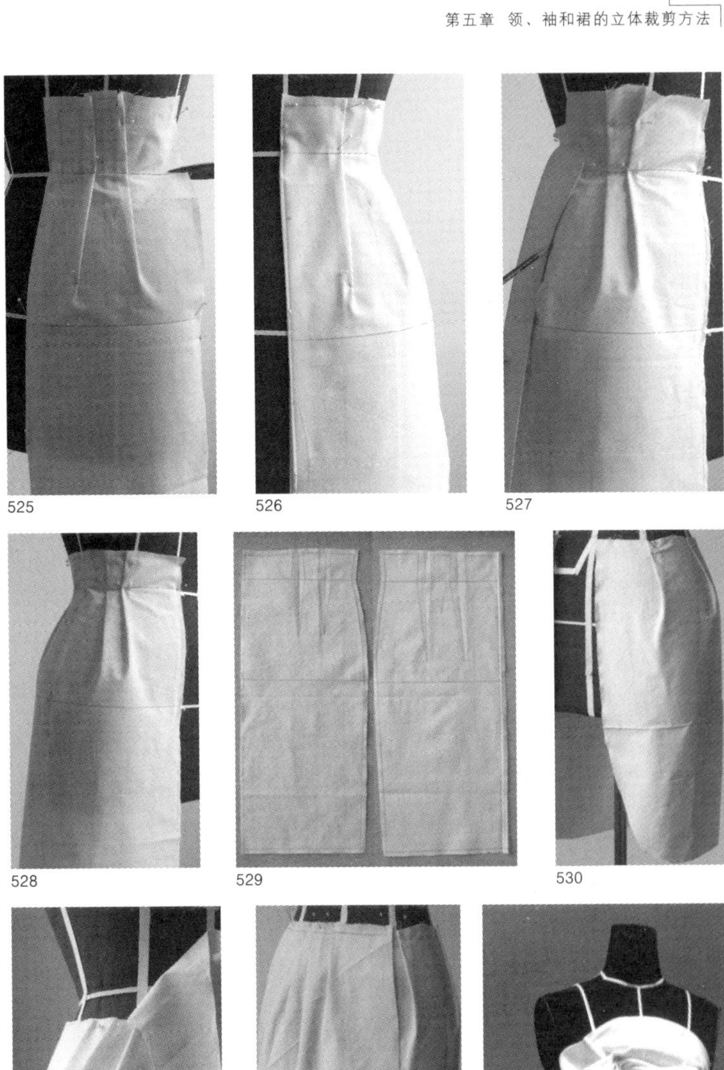

525 526 527 528 529 530

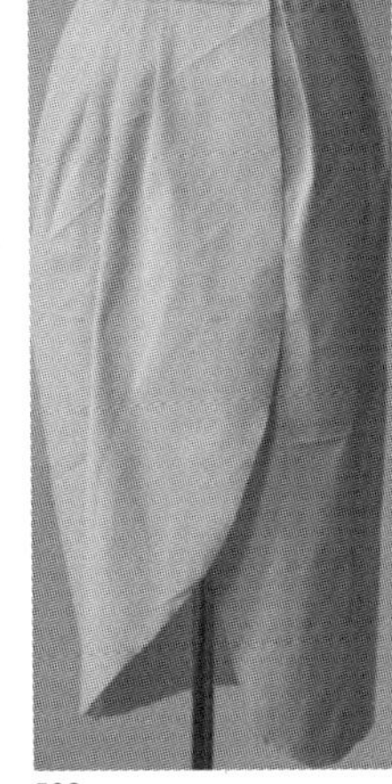

531 532

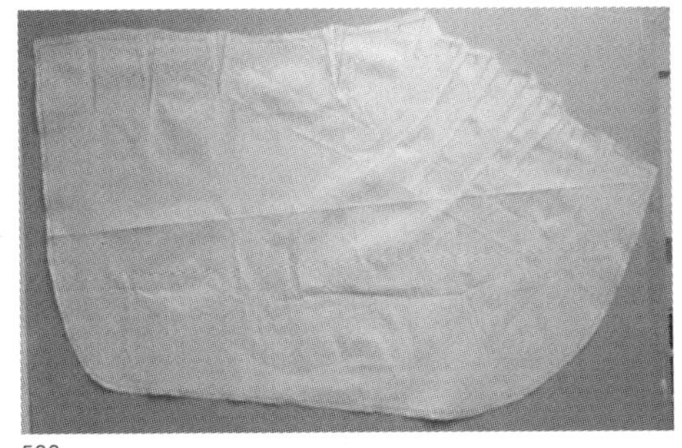

533

534

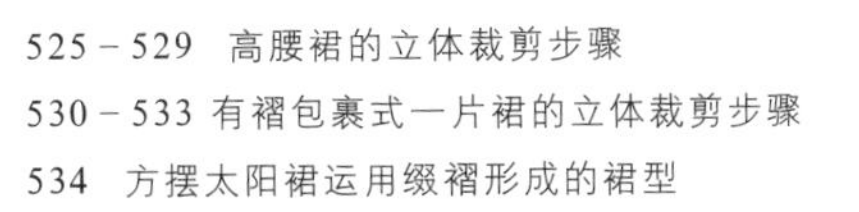

525－529 高腰裙的立体裁剪步骤
530－533 有褶包裹式一片裙的立体裁剪步骤
534 方摆太阳裙运用缀褶形成的裙型

（2）缀褶裙（图534）

缀褶裙是运用太阳裙立体裁剪原理变化的一种裙型。取方形裙摆的太阳裙作为缀褶处理的基本裙型。按设计图要求作缀褶造型，逐一扯住裙片某一点用线缠绕，形成端点向外凸出，根部有放射状纹理的缀褶效果。此时，裙摆与廓型已产生新的变化，随着缀褶的位置与褶数的改变，会形成形态各异的缀褶裙型。

（3）侧缝褶裙（图535－538）

根据设计图取一块适量的试样布，标出辅助线。将试样布覆盖到模特儿人台与相应的辅助线对齐，用大头针固定，布的上端也用大头针固定。先在腰线向上3厘米处水平剪入刀眼，然后取腰省，确定臀围以上侧缝线，留出缝份剪去多余布料。提拉腰围与臀围下左侧缝的布料叠褶，用大头针固定。如此重复三次形成褶纹。标出腰线与裙摆的轮廓线，剪去多余布料。当裙型与设计图相符时，取下裁片展平，划顺轮廓线剪齐缝份成为版型。

（4）腰腹垂褶裙（图539－542）

按设计图所示的裙型和褶量预计裙的长宽，放足余量剪取试样布。将试样布覆盖在模特儿人台腰腹部，取腰省定侧缝造型线，用大头针固定后剪去多余布料。将腰部试样布上提叠褶，用大头针固定。用同一方法上提叠褶，完成腰腹部褶的造型，留出缝份，剪去多余布料。取下裁片展平，划顺轮廓线剪齐缝份，成为腰腹垂褶裙的版型。

（5）褶式接裙（图543－550）

裙片横向分割成两段或更多段相接的造型称为接裙。图548的前片在臀围处分割成上、下两段。上段无省无褶，下裙分为左右两片，以多褶呈现为不规则的裙摆。高腰裙后片（图543）的裁剪与图525－528的方法相同。高腰接裙前片上段无省无褶，选择45度斜裁试样布，标出中心辅助线。将布覆盖到人台前腰和腹部，使两者的中心辅助线对合，用大头针固定。按造型线先完成接裙上段的造型。然后取下上段裁片，其中心线叠压在另一块对折的布上与中线对齐，剪出上段裙片轮廓，并覆盖到人台腰腹部与造型线对合用大头针固定。

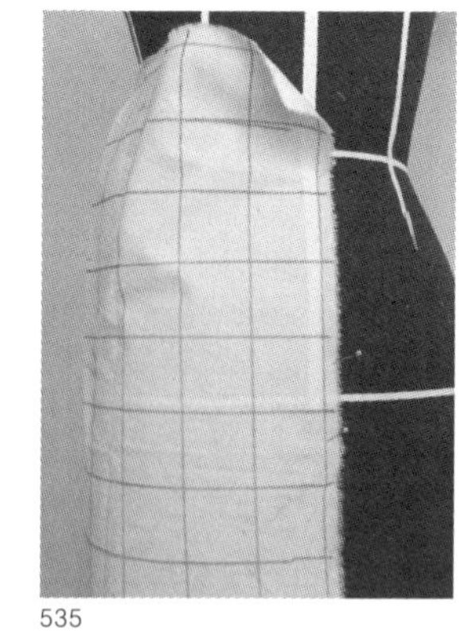
535

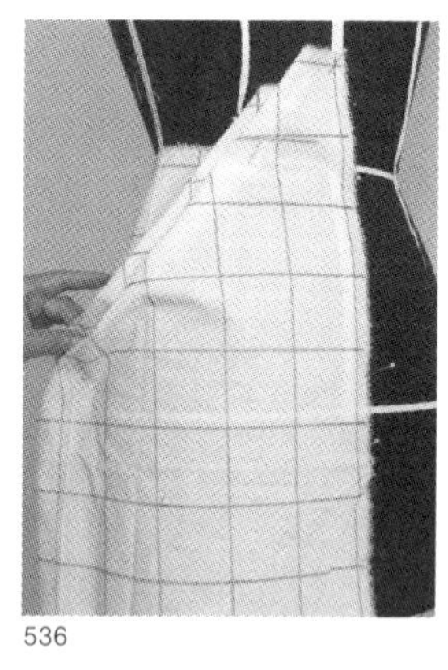
536

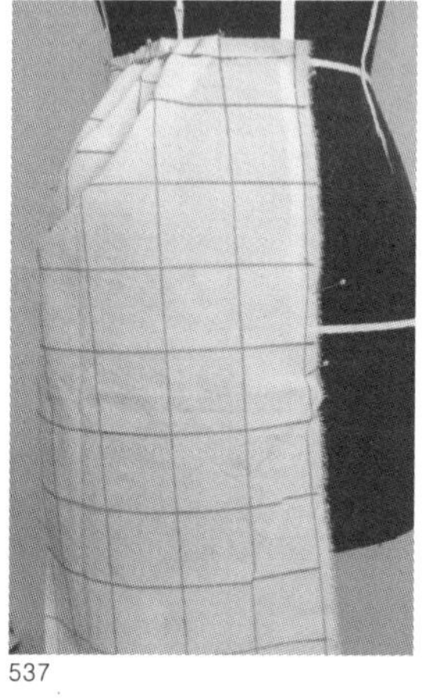
537

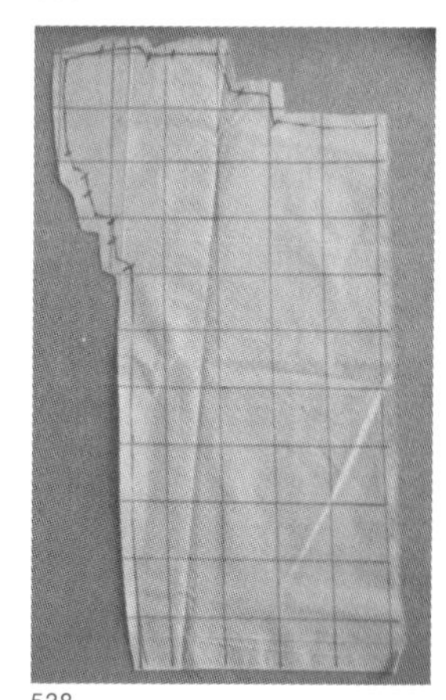
538

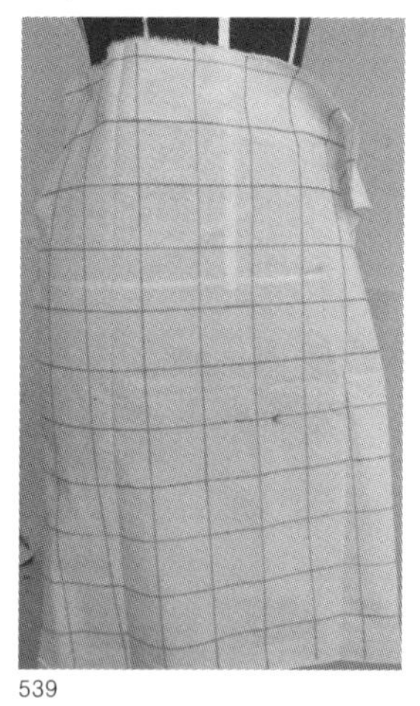
539

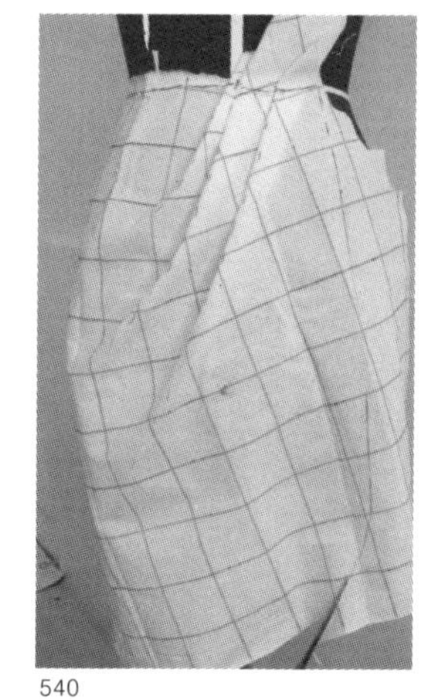
540

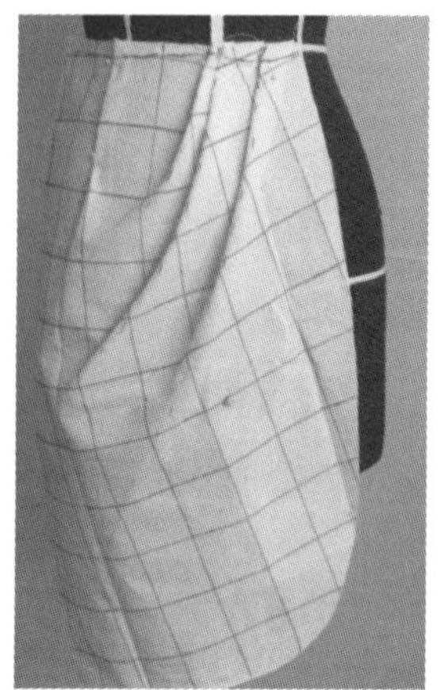
541

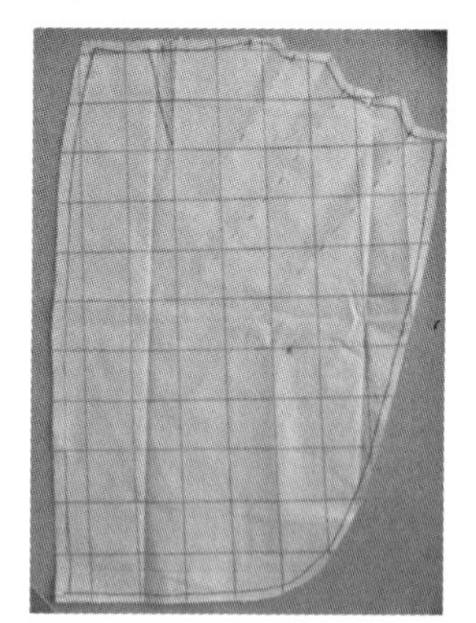
542

535－538 侧缝褶裙的立体裁剪步骤
539－542 腰腹垂褶裙的立体裁剪步骤

A 前片接裙按设计图要求准备两块试样布。先将一块试样布上端与右侧裁片上段底边对合，用大头针固定。再将布料下端自然悬垂形成褶纹，与裙后片侧缝对合，用大头针固定。将试样布上端叠褶和重叠在裙片分割线部位，完成左侧褶裙片的造型。将另一块试样布覆盖到裙片上段底摆，把裙长与裙上段前中心线底边的中点对齐，用大头针固定。把试样布扯向右边以一定间距折叠固定，使布料下端的褶纹与设计图要求相一致。

B 当裙型与设计要求相符时，用笔标出对合记号，取下裁片展平，划顺轮廓剪齐缝份成为接裙版型。

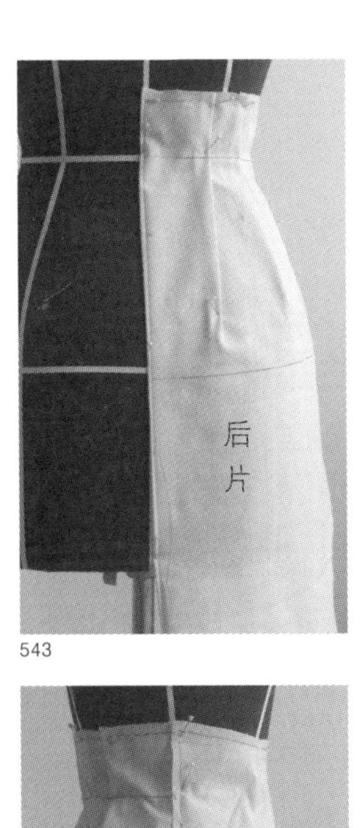

543

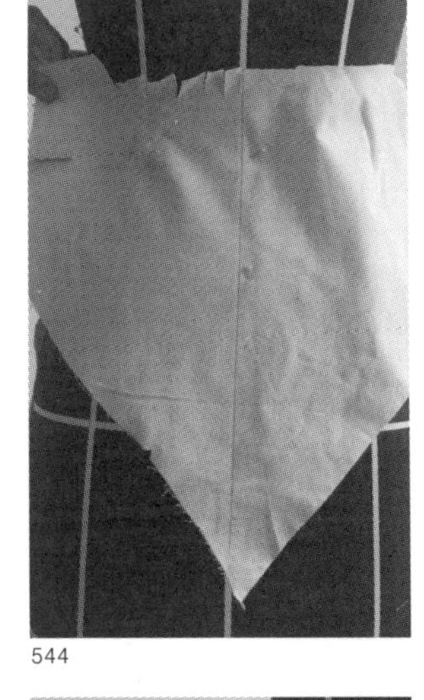
544

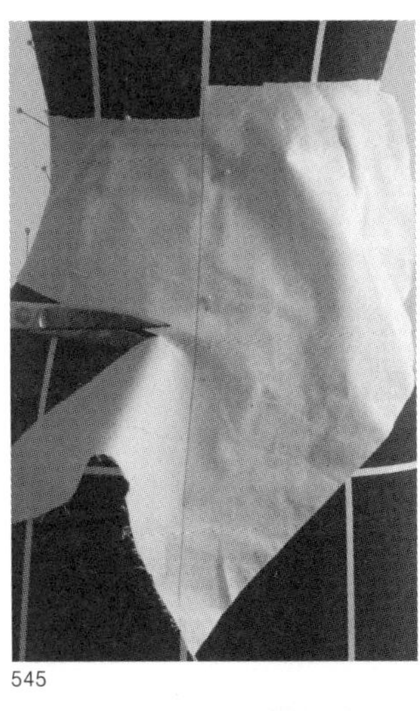
545

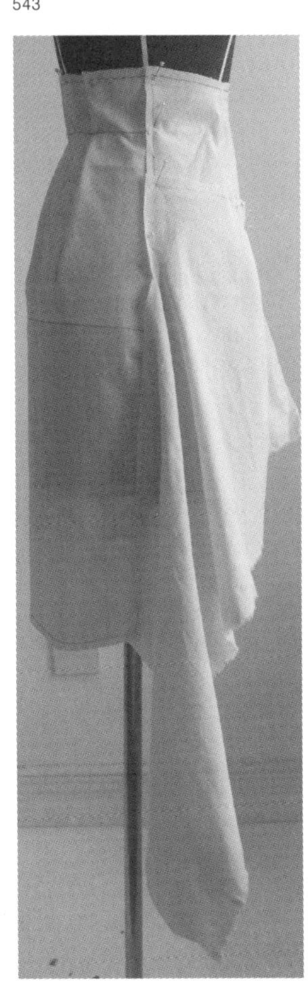
546

547

548

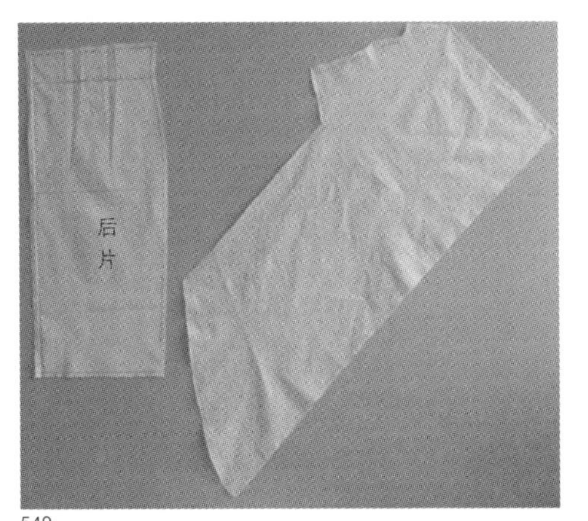

549

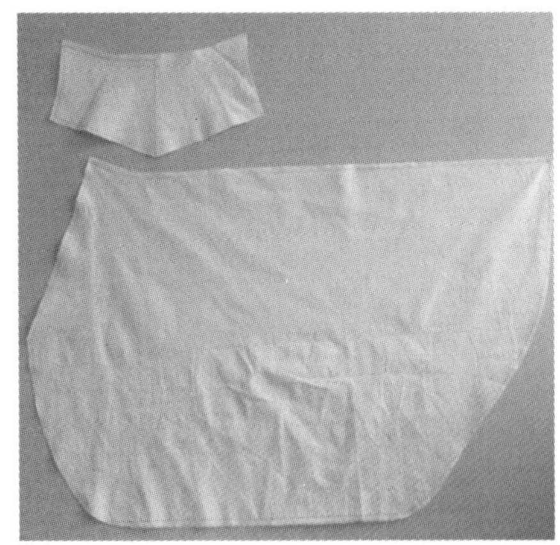
550

543－548 褶式接裙的立体裁剪步骤
549 褶式接裙后片的平面裁片
550 褶式接裙前片的平面裁片

551－559 用立体裁剪的方法可以快速而直观地实现形态各异的领型

6

连衣裙与大衣的立体裁剪方法

连衣裙的立体裁剪
大衣的立体裁剪

第六章 连衣裙与大衣的立体裁剪方法

本章选择部分连衣裙和大衣样式，作为灵活运用立体裁剪方法的范例加以判析，从而进一步阐明时装设计在综合运用立体裁剪技能的同时，是如何将时装造型的艺术性与审美性的表现和追求融入到造型结构设计、立体廓型呈现和方式方法运用等研究与实践中的。

第一节 连衣裙的立体裁剪

连衣裙的特点是上衣与裙子相连。从服装结构上看，连衣裙可分为连体式与分体式两类。其特征在于衣与裙有无分割线的差异。

1.分割式无领连衣裙（图560－566）

A 按设计图在人台上标出连衣裙前、后领口造型线和公主线分割的结构线。

B 试样布的准备定出裙长和裙摆宽，分别量出从颈 侧点至bp点、胸围线、腰围线的长度，以及公主线分割前至后的臀围宽和底摆宽。放足松量和余量(纬度松量6厘米＋余量6厘米,长度加放贴边3厘米＋余量5厘米），分别裁取后、前、侧各片长方形试样布。并标出前、后中心线，胸围，腰围和臀围辅 助线，及侧片中心辅助线。

C 前片的放松量将前片试样布前中心线与模特儿人台的前中心线、胸围线、腰围线和臀围线重合，用大头针固定。从bp点向侧移4厘米处竖向折叠0.5厘米作为放松度，用大头针撬别固定。

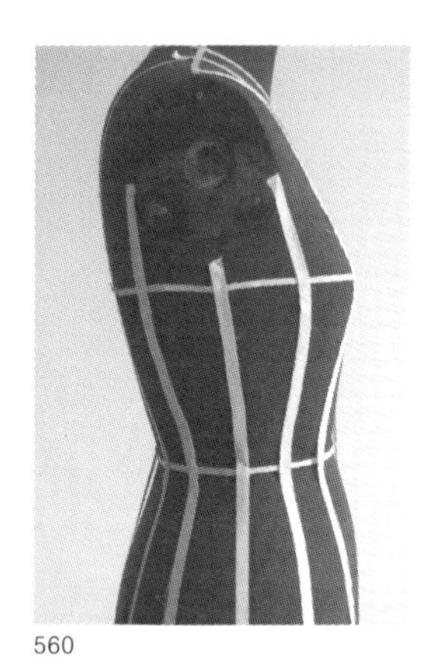
560

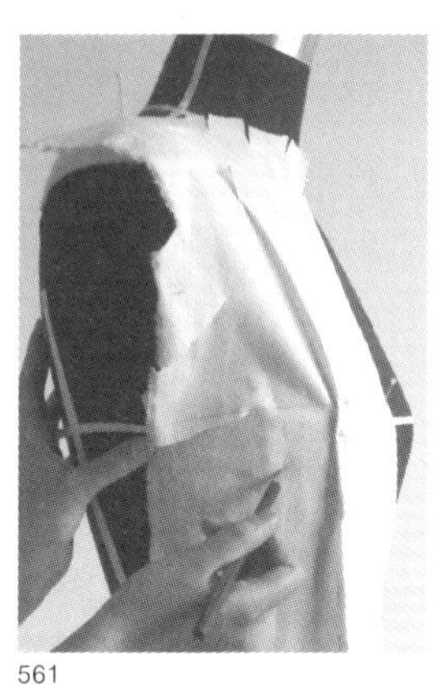
561

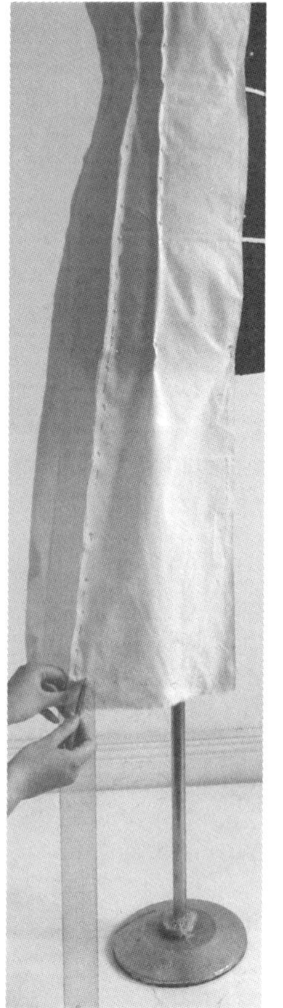

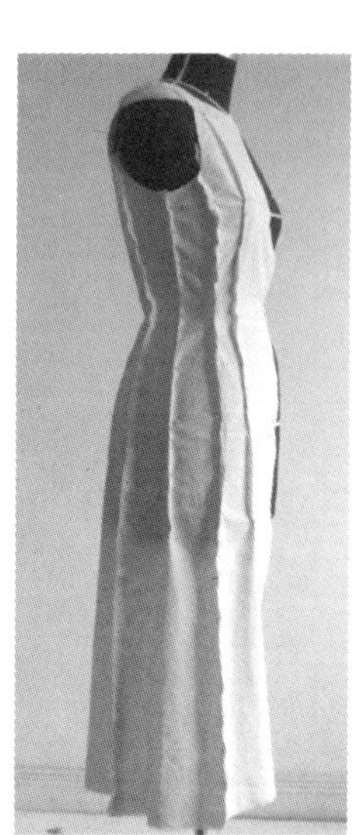
565

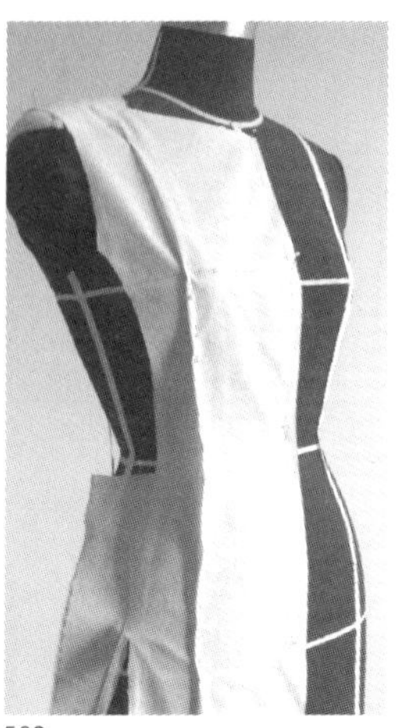
562

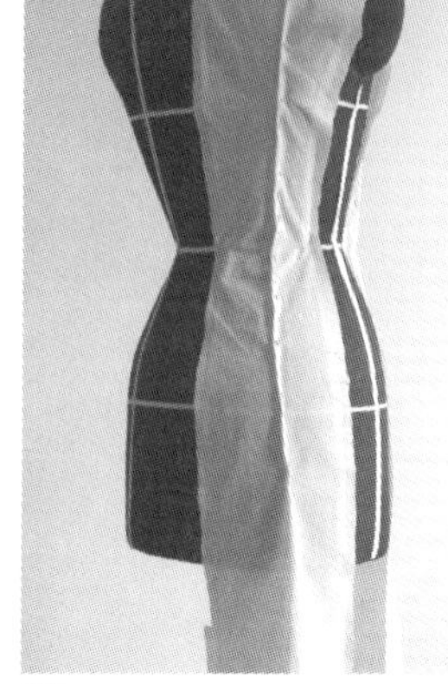
563

564

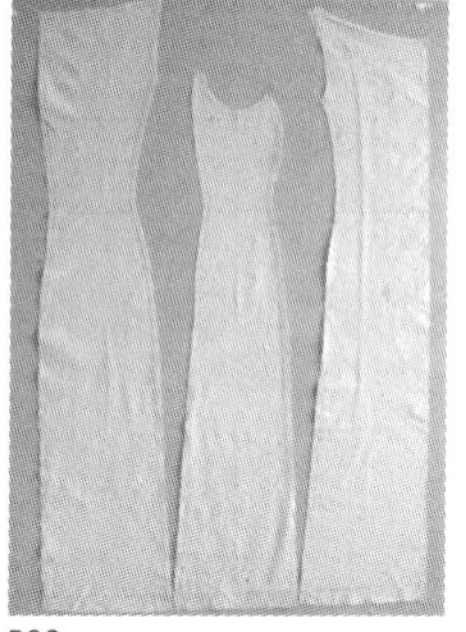
566

560－566 分割式无领连衣裙的立体裁剪

D 前片立体裁剪先按领口造型线向上5厘米剪去多余布料，剪刀眼依前领造型线折向背面，用大头针固定。标出肩线、前袖窿弧线。

E 公主分割线的裁剪从胸围、 腰围和臀围线处水平剪入离公主分割线位置约3厘米，放平试样布，标出公主分割线，用6字尺和大刀尺划顺弧线，留出缝份剪去多余布料。将臀围与下摆宽连成斜线，留出缝份后剪去多余面料。

F 后片取后片试样布覆盖在模特儿人台上，使两者的中心辅助线重合，用大头针固定。在后中心线的腰线上、下1.5厘米内剪刀眼，除去多余量使试样布贴合中心线位置。后片放松量在后腰省位置折叠0.5厘米，至肩胛骨处折叠0.3厘米，向下至臀围处折叠0.5厘米。

后领与后分割线与前领和公主分割线立体裁剪方法相似。标出肩线和后袖窿弧线，留出缝份剪去多余布料后，定出裙摆宽和臀围宽线端点连成斜线，放出缝份剪去多余布料。

G 侧片的放松量将侧片试样布依中心辅助线对折后向里0.5厘米，用大头针固定，放好松量覆盖到模特儿人台使两者的辅助线相重合，用大头针固定。

H 前、后分割线在前、后两侧的腰围、 臀围线处水平剪开离分割线3厘米止，分别与前、后片腰线上至袖窿的分割线对合，用大头针固定。用笔画出分割轮廓线，留出缝份剪去多余布料。腰节以下分别与前、后片对合，用大头针固定。并留出缝份剪去多余布料。

I 裙长的确定是从地面往上量至裙摆，标出裙长记号放出3厘米贴边量剪去多余布料。当连衣裙的造型与设计图相符时，取下裁片展平，划顺轮廓线，剪齐缝份成为分割式无领连衣裙版型。

2.旗袍式连衣裙（图567－572）

旗袍式连衣裙通常衣片不出现分割线，用取省的方法完成连衣裙的合体造型。

A 按设计图用胶带在人台上标出领弯、袖窿和门襟造型线，并准备好前、后片和小襟长方形试样布。 标出胸围、前胸宽线、后背宽线和前后的中心辅助线。旗袍臀围线以下可用平面裁剪。

B 取小襟试样布覆盖到人台右侧前胸部位，按造型线标出衣片净样轮廓线，留出缝份剪去多余布料。

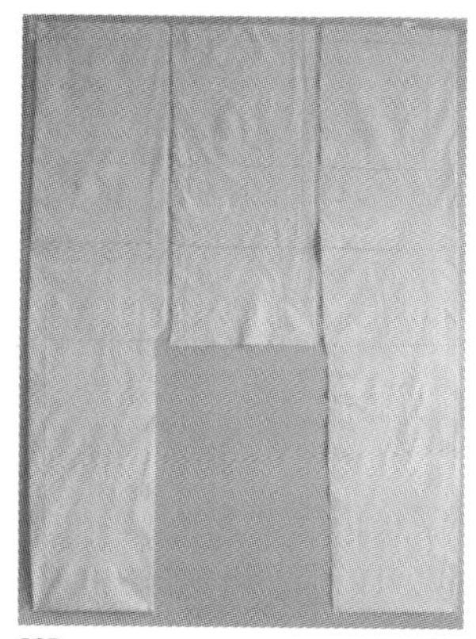

567

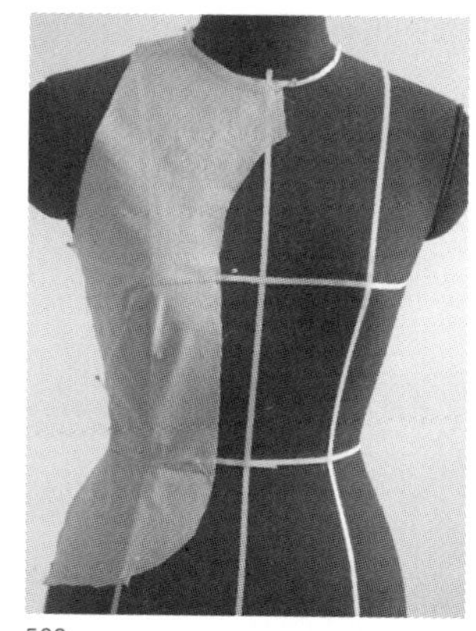
568

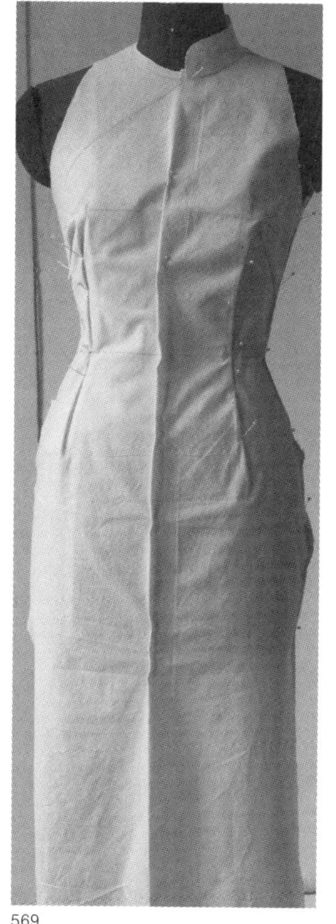
569

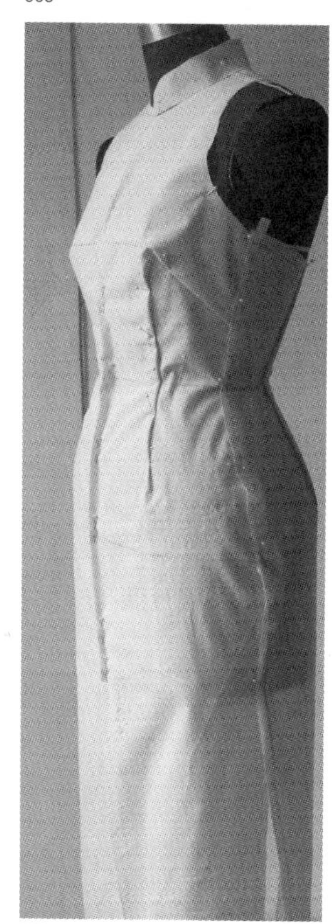
570

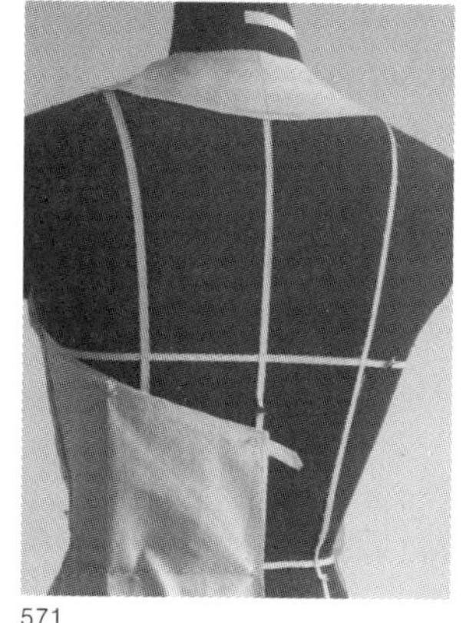
571

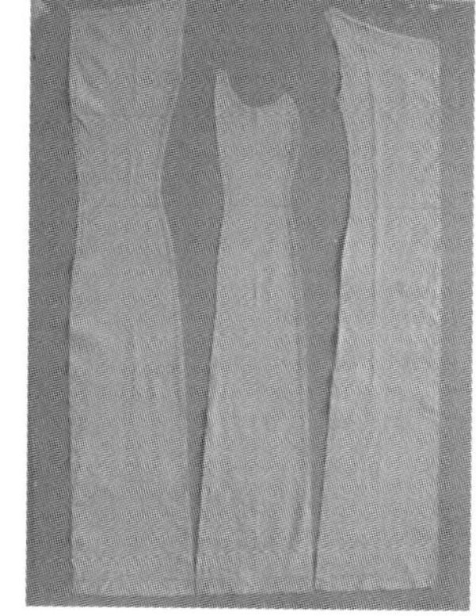
572

567 旗袍式连衣裙试样布

568－572 旗袍式连衣裙的立体裁剪步骤

C 取前片试样布依前中心线对折向里1厘米，上到胸宽线下至臀围处放足松量用大头针固定,将其覆盖到人台上,使两者的辅助线重合用大头针固定，取腰省、前领弯、斜门襟和袖窿弧线，留出缝份剪去多余布料。定出裙长和下摆宽，前后片侧缝线对合至开叉处，用大头针固定，留出缝份剪去多余布料。

D 将后裙片覆盖到人台的背、腰臀部，使两者的辅助线对合，用大头针固定。放出松量，再取后腰省用大头针固定。

E 当造型与设计相符时，标出轮廓线和对合记号。取下裁片展平后划顺轮廓线。经假缝、试样、补正和确认后，完成旗袍式连衣裙的版型。

573

574

575

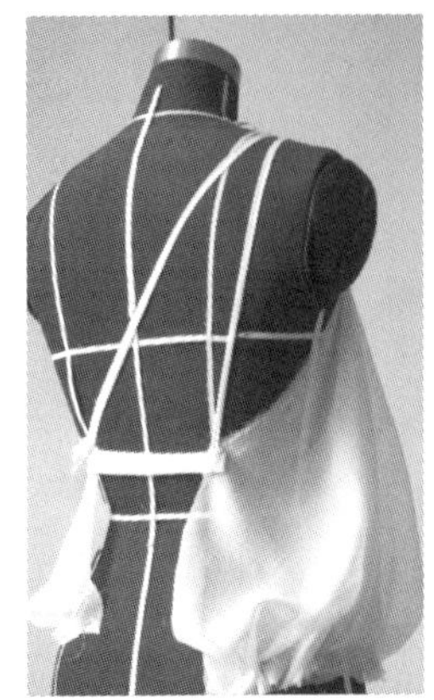

576

3.抽褶式连衣裙（图573－577）

抽褶式连衣裙的样式众多。首先按设计图选取合适面料，确定直裁、横裁或斜裁的方式。上衣样式浪漫优雅，线条柔和飘逸，这与选择轻薄、垂感好的面料以及采用斜裁的方式有关。

A 拉起面料一角覆盖到模特儿人台右前胸离肩 8厘米处，按造型线用大头针固定。再分别将面料两边过腋下侧缝至后背腰省处，用大头针固定。离臀围线 4厘米处，画一水平辅助线并剪去多余面料，使前片形成波浪状褶纹，完成里层衣片的裁剪。

B 拉起第一层前片面料的一角与里层衣片上方的端点相重合，用大头针固定后使其自然下垂。在比里层衣片长5厘米处,画一条水平辅助线并剪去多余布料。再拉起面料的端点与第一层衣片相接,把两者边缘从上往下拼合，使面料自然下垂形成褶纹,留出缝份剪去多余面料。先在第一层前片下摆的缝份处用绡针缝,抽缩并上提至里层衣片的底摆处,逐一用大头针固定。这样，外层便似灯笼状鼓起，在前胸形成不规则褶纹。

C 接裙的立体裁剪可取方形试样布对角折叠与人台腹部的前中心线重合，定出裙长与上衣底摆相接处剪去一角。左、右交替提拉叠褶形成波浪状裙摆。当连衣裙造型与设计相符时，剪去裙腰多余布料。 取下裁片展平，划顺轮廓线剪齐缝份，经假缝、试样、补正和确认后,拆开展平剪齐缝份，完成抽褶式连衣裙的版型制作工序。

577

573－577 抽褶连衣裙的立体裁剪步骤

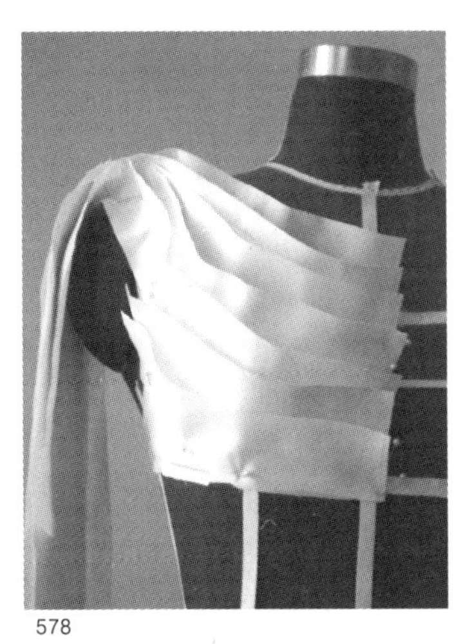
578

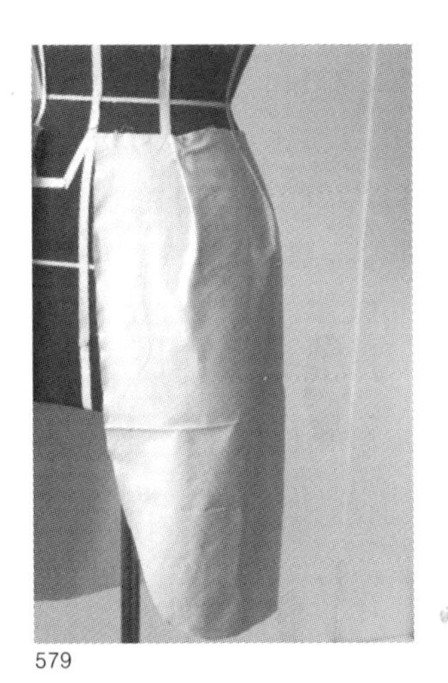
579

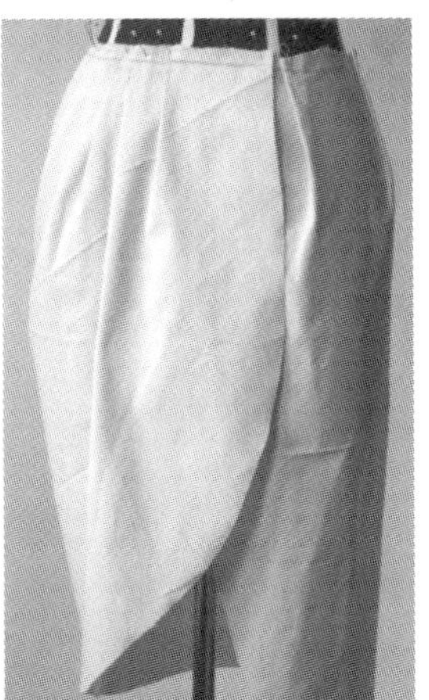
580

581

582

578－582 层叠拼色连衣裙的立体裁剪／片状层叠胸衣造型与裙相配合

4.层叠拼色连衣裙（图578－582）

A 按设计要求选择深浅、厚薄不同的试样布。在模特儿人台上量出条状层叠的长度并留出5厘米的余量，按所需深、浅条数裁剪后备用。另取适量胸衣和裙片试样布3块备用。按设计要求取试样布完成胸衣造型，标出层叠弧形造型线。将条状试样布覆盖到胸衣第一条弧形线，使其过肩至后背下垂，按层叠弧形轮廓线用大头针固定。逐条状试样布的下边依次与层叠弧线重合，用大头针固定，条带上边立起形成前后层叠的空间。

B 将裙片试样布覆盖到模特儿人台左边前中心线，用大头针固定并包裹至臀部。收腰省、侧缝省和后腰省，用大头针逐一固定。继而将试样布包裹到前腹叠压在左裙片上，逐一叠褶至左腰省处，用大头针固定。标出包裹的一片裙轮廓线，留出缝份剪去多余布料。

C 将异色试样布的一角剪出弧形，覆盖在模特儿人台左前裙腰上并与左裙前中心线重合，拉开圆弧并叠褶，用大头针固定。标出各形面对合记号,取下裁片展平，划顺轮廓线，经假缝、试穿补正和确认后，完成版型。

5.披挂式不对称连衣裙（图583－585）

A 先将上衣试样布覆盖到模特儿人台的胸部，按设计图要求取省并标出胸衣轮廓线，留出缝份剪去多余布料。

B 取方形裙片试样布以对折中点为中心画圆弧，使圆周略大于裙腰线。一侧剪入并顺圆周剪去布料，覆盖于模特儿人台腰腹部，将开剪处与后臀中心线对齐，圆周与裙腰造型线相重合，用大头针固定。将透明薄纱以45度斜向覆盖到前腰部，上端与胸衣底摆相重合，下端与裙腰线相重合，用大头针固定。标出左、右侧缝线，留出缝份剪去多余布料。

C 褶式披挂连衣裙片按设计图要求将试样布上端重叠于胸衣领口轮廓线，用大头针固定。扯住试样布右边叠褶于bp点下方，重复叠褶 3次固定在腰部。试样布下摆向右侧倾斜，试样布左侧与左腰裙片侧缝重合，用大头针固定。标出造型轮廓线留出缝份剪去多余布料。

D 将细带从左侧胸衣公主线上端起，绕过颈部与右侧胸衣公主线的端点重合，用大头针固定。把圆形裁片试样布上端置于左肩带上，用大头针固定，其余自然下垂形成垂褶。符合设计要求后，标出对合记号，取下裁片展平划顺轮廓线，留出缝份后剪去多余布料。

583 584

6. 吊带式拼接连衣裙（图586－588）

A 根据设计图裁取波纹状几何形皮块，逐一覆盖到模特儿人台造型线处，用大头针固定。取1厘米宽的皮条在腰间与裙腰波纹状几何形皮块作上下串连、打结。

B 前胸波纹状几何形皮块间用白色皮条串连。左右肩部的皮条从前腰起与后腰相连，形成吊带式连衣裙型。

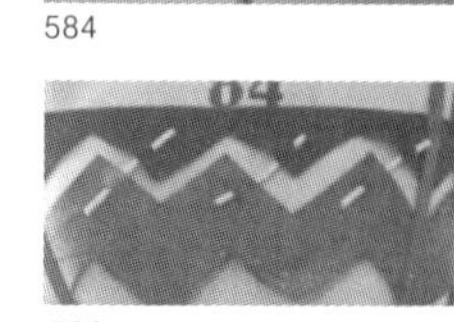

586

585

587

7. 大翻领不对称连衣裙（图589－592）

A 根据设计要求取适量格形试样布，确定裙长，标出腰线，覆盖到模特儿人台上使两者腰线重合用大头针固定。从胸宽点水平方向剪入，标出公主线留出缝份并剪开至腰线叠褶，用大头针固定。用斜料完成公主线右侧裁片。领面向下翻折，使领口远离颈部。

B 取试样布覆盖到左肩，领型造型按设计要求，留出缝份并剪去多余布料。将左裙试样布从臀部右侧起向左包裹到前中心线，两边分别与右裙边连接。

8. 褶式高领连衣裙（图593－596）

根据设计图提示此款是上衣与下裙相拼接的分体式结构，立体裁剪时应先完成上衣，后进行下裙的造型与裁剪。

A 根据设计图，取适量试样布，采用45度斜裁方法，试样布剪去一角后的边长略大于颈围，并左右对折覆盖到模特儿人台前胸颈部与前中心线重合，用大头针暂定。分别提拉试样布上端左右角，逐一交叉提拉并叠褶至颈后中心线，用大头针固定，标出记号放出余量与叠门量，剪去多余布料。将试样布从前中心部位分别抹向左右侧缝处用大头针固定，留出缝份剪去多余布料，完成露背褶式高领上衣造型。

588

583－585 披挂式连衣裙的立体裁剪
586－588 吊带式连衣裙的立体裁剪

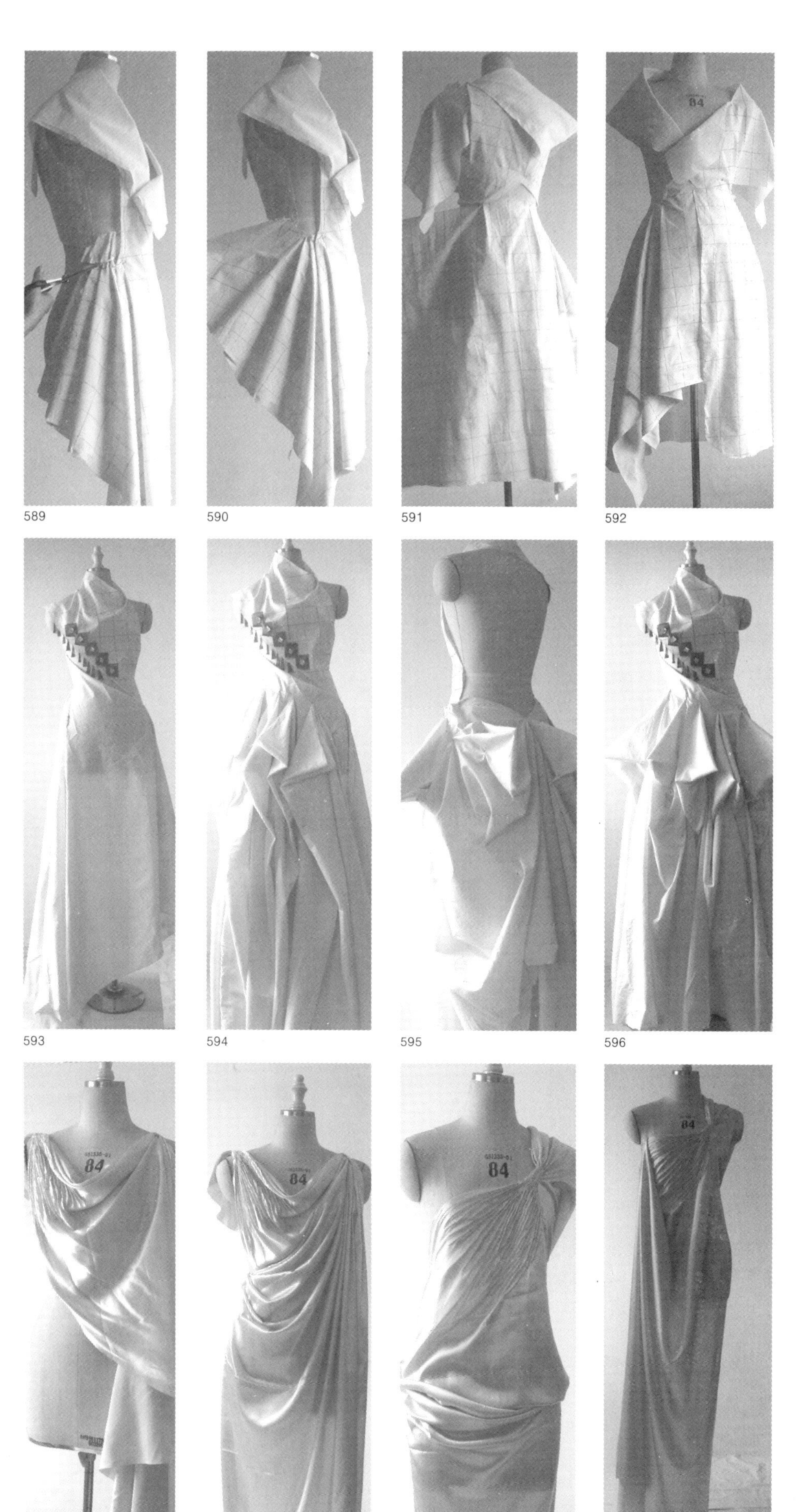

589 590 591 592

593 594 595 596

597 598 599 600

B 片状花式裙 根据设计图采用横裁法。将试样布横向覆盖到模特儿人台腰部与上衣前下摆相接，从后腰中线开始以12厘米宽对折和5厘米间距，逐一沿腰围一周用大头针固定，形成角形竖向片状花式裙。

9.褶式连衣裙(图597－600)

根据设计图选择真丝素绉缎为面料。在离面料一角端点20厘米处叠细褶，用针线串连使面料压缩。一天后抽去部分线头，面料呈现放射状褶纹。如图597那样将有褶纹一端覆盖到模特儿人台的左肩，用大头针固定。扯住褶纹布上边依领型造型线至右肩后用大头针固定。如图598先将左胸褶纹布抹向左侧缝线用大头针固定，后按设计要求逐一提拉形成若干条凹凸状褶纹。

图599与图600分别将褶纹布的一角置于右肩，经提拉、固定所形成的连衣裙造型。

589－592 大翻领不对称连衣裙的立体裁剪
593－596 褶式高领连衣裙的立体裁剪
597－600 褶式连衣裙的立体裁剪

第二节 大衣的立体裁剪

1.直身无领大衣（图601－606）

A 根据设计图在模特儿人台上标出衣领弯、门襟及袖窿底弧下移的位置。确定衣长、袖长、胸围（加松量）。取前后3块长方形试样布,标出辅助线。

B 分别将左前和后片试样布覆盖到模特儿人台上， 使相应辅助线重合,用大头针固定。前片上端沿领围造型线上2.5厘米处剪出弧形和剪刀眼，用大头针固定，用笔标出领弯弧线和小肩线，留出缝份,剪去多余布料。在前片 bp 点和后片肩胛骨处的垂直方向用对折法取松量，侧缝处各放4厘米松量，用大头针固定。标出袖窿弧线后，留出缝份剪去多余布料。从地面向上确定衣长，同时在衣摆处标出衣长度，留出贴边剪去多余布料。

C 按设计图预计袖山褶量、袖长和大小袖片宽，并放足3厘米余量，裁取大小袖片试样布各一块。在试样布上标出辅助线。将大袖片试样布覆盖到手臂上，使辅助线重合，依袖中线对折向里 2 厘米用大头针固定放出松量。肘以下试样布以手臂的中线为准对折，向里 2.5 厘米用大头针固定作为松量。以手臂的大小袖片分割线为准标出轮廓线，留出缝份剪去多余布料。

把小袖片试样布覆盖到手臂臂根下部，使辅助线重合，肘以上小袖片依中线对折取2厘米宽放出松量,用大头针固定。肘至袖口的中线依臂根处底中线为准放出松量。使大小袖片的两侧对合，用大头针固定，留出缝份剪去多余布料。按照袖窿下移弧线，用6字尺画出小袖片袖山底弧线。

袖山弧裁剪先从手臂上取下大、小袖片试样布。然后将大、小袖片两侧假缝,套入手臂使相关辅助线对合，用大头针固定。抬起手臂后将袖窿底弧线与袖山底弧线重合，用大头针固定，放下手臂后顺势将大袖片袖山弧线与袖窿弧线重合，用大头针固定。离肩端 6厘米袖山头处，按设计图叠褶后使两者弧长相吻合，用大头针固定。符合造型要求后，取下裁片展平划顺轮廓线，进入假缝、试样和版型制作工序。

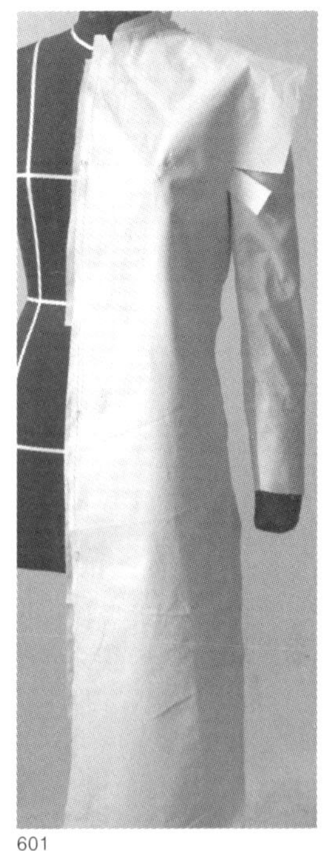

601

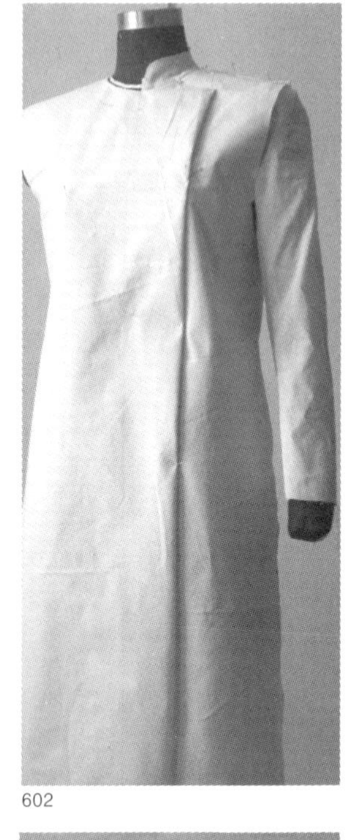
602

603

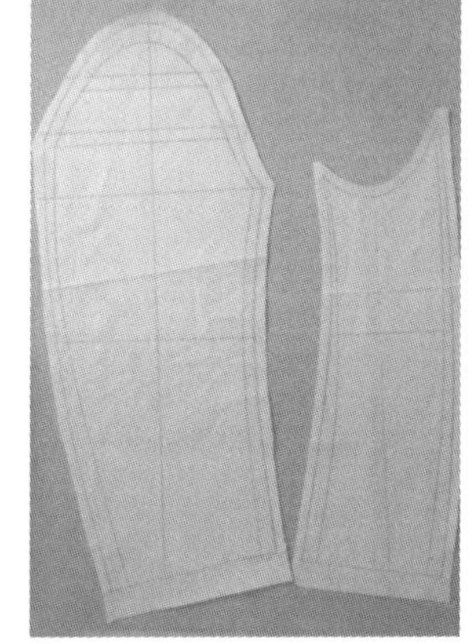
604

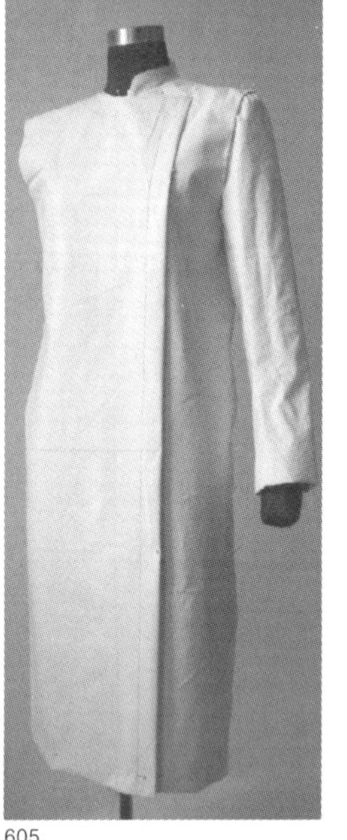
605

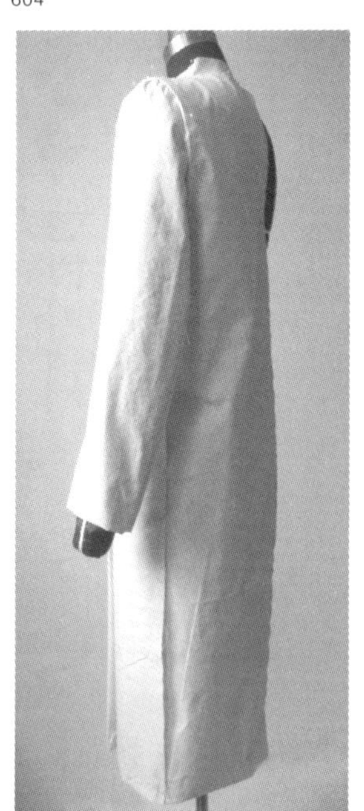
606

601－606 直身大衣的立体裁剪步骤

607－611 套装的立体裁剪

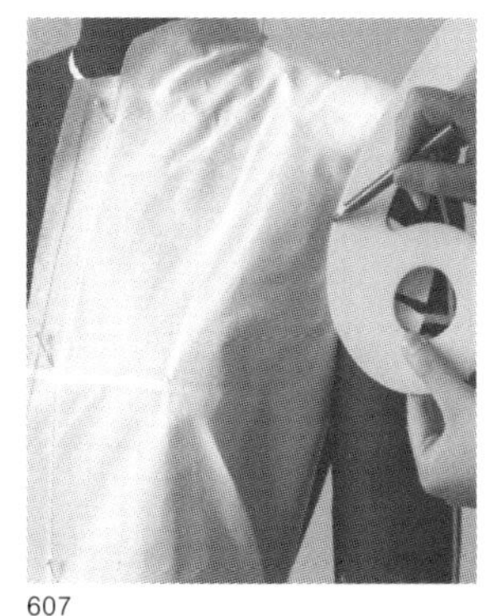
607

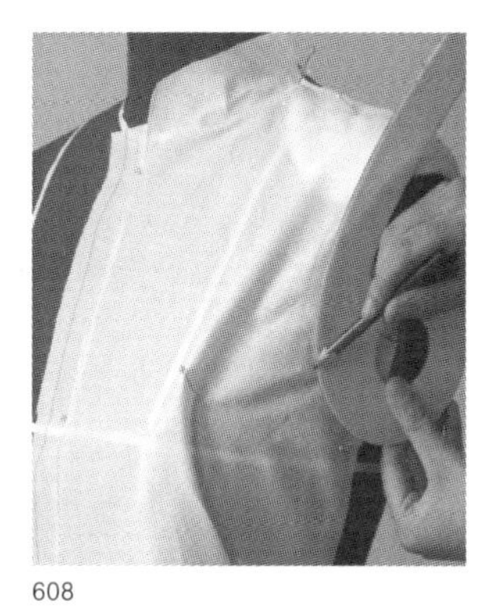
608

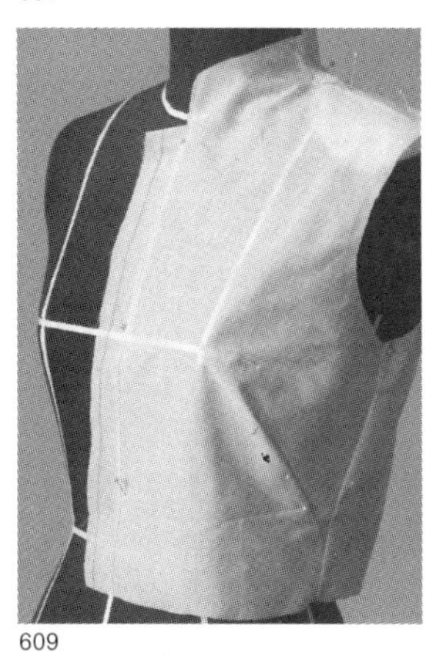
609

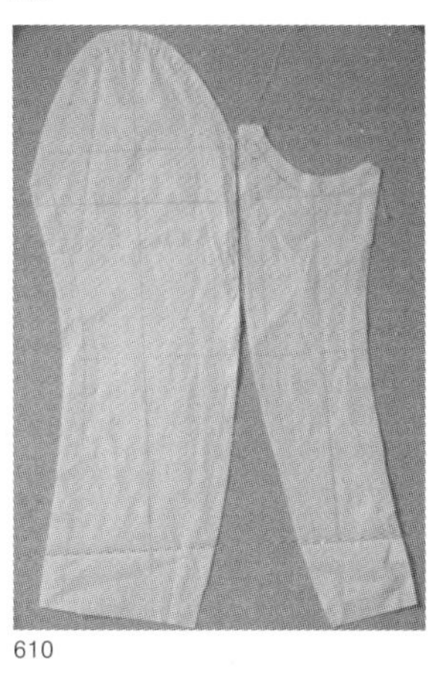
610

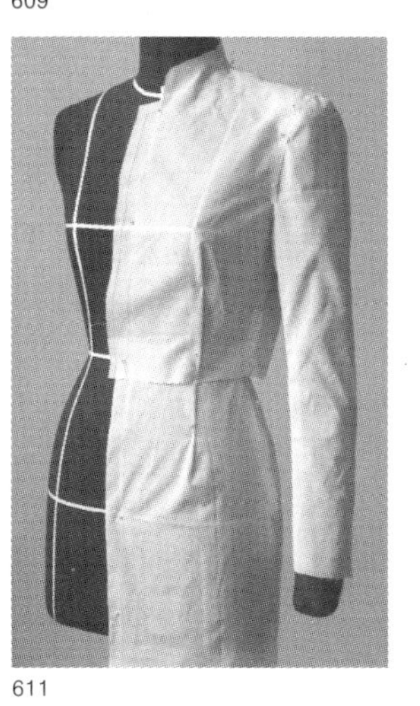
611

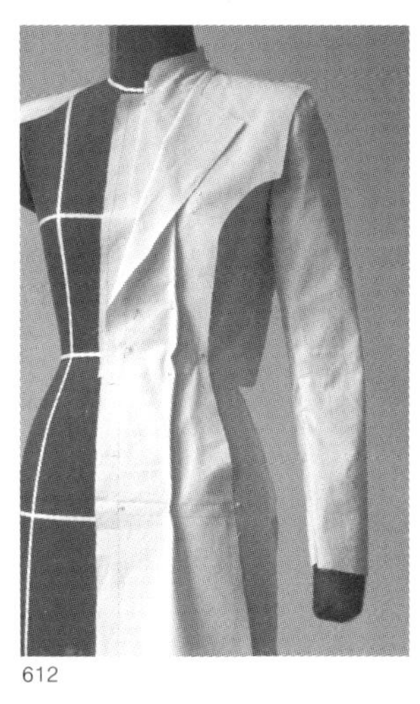
612

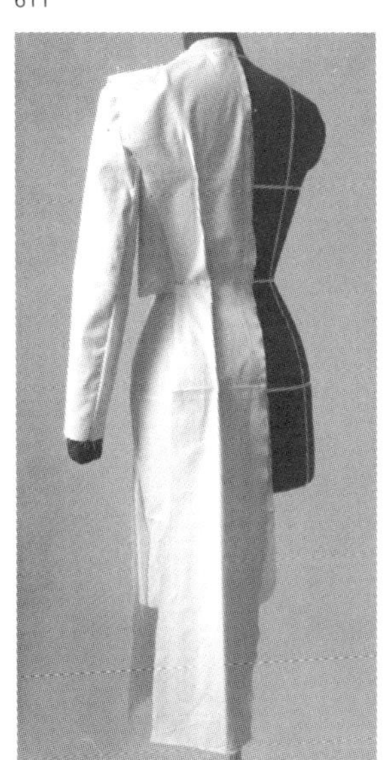
613

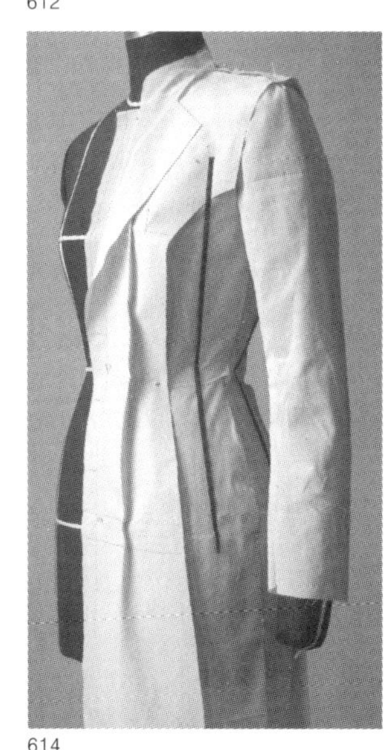
614

2.套装和大衣的立体裁剪

要获得套装及大衣相配的版型，一般先完成套装的立体裁剪，然后在套装外进行大衣的立体裁剪。

套装的立体裁剪（图607－611）

将衣后片试样布中心线与模特儿人台的后中心线重合，取腰省并标出后领弯，使辅助线相重合定出侧缝线和衣长 用大头针固定。离脖根1厘米取一点，往上3厘米定出立领高。使前片试样布与模特儿人台的辅助线相重合，从叠门中点起标出立领造型线至颈侧点处剪去多余布料，标出小肩宽留出缝份剪去多余布料，顺势将领面折向颈后中心线与后领弯重合后用大头针固定，标示立领高并剪出后领面。用6字尺标明袖窿弧线，留出缝份剪去多余布料。从侧缝向bp点取胸省。用手指将侧缝处试样布向胸省方向推移3厘米放出松量。标出侧缝和衣长轮廓线，留出缝份剪去多余布料。

按衣身袖窿底下移的形状在手臂根处标出相应记号。按大、小袖片分割结构线及长度，放足余量后，取大、小长方形试样布各一块，标出袖中线、袖宽等辅助线。将手臂平放，使袖中线朝上，取大袖片试样布覆盖到手臂与其辅助线相重合。肘以上的试样布依袖中线对折，向里取1厘米宽作为放松量，用大头针固定后，肘下以手臂中线为准，然后对折向里取1厘米作为放松量，用大头针固定。按大小袖片的分割线标出轮廓线，留出缝份剪去多余布料。将手臂翻转，小袖片试样布覆盖其上，使两者辅助线相吻合。按袖窿下移弧形标出袖山底弧的形状。肘以上试样布依中线对折向里1厘米作为放松量，用大头针固定。肘以下依手臂中心线为准，向里折叠1厘米作为放松量，用大头针固定。大小袖片两侧轮廓线相对合后用大头针固定，留出缝份剪去多余布料。先将袖片从手臂上取下并展平，用平面裁剪的方法标出袖山弧线。将大、小袖片两侧的轮廓线重合后假缝，先绱针缝后抽缩使袖山微微隆起。然后将假缝好的袖子套入手臂，使两者的辅助线相重合，袖窿弧从上压住袖山弧使两者弧线相吻合，用大针固定。使袖型下端顺手臂略向前倾斜。当造型与设计图相符时，拆开展平修剪成版型。

大衣的立体裁剪（图612－618）

在套装的肩部装上垫肩，按设计图的分割线估算出前后4块衣片的用料，取试样布标出辅助线。

将前片试样布中线与模特儿人台上前中心线重合，暂用大头针固定。把上端的布角按领的翻折线折叠，用大头针固定翻领的止点，标出领面轮廓线，留出缝份剪去多余布料。标出小肩线经袖窿弧到胸宽点的轮廓线，留出缝份剪去多余布料。靠近bp点处垂直折叠并向里 1.5厘米，用大头针固定作为放松量。按设计图从胸宽点起标出公主分割线轮廓，留出缝份剪去多余布料。

用上述相同方法完成后衣片的造型。

在模特儿人台上，用黑细带分别标出前、后侧面衣片的中线。先将前、后侧面试样布按中线对折后往里 2 厘米处用大头针固定作为放松量。分别将其覆盖到人台前后两侧，与黑细带标示的中线和腰围等辅助线重合，用大头针固定。然后分别将前后衣片公主分割轮廓线与侧面衣片的一边对合，用大头针固定。然后把两侧衣片的侧缝轮廓线对合，形成收腰和宽摆造型，用大头针固定。划顺轮廓线，留出缝份剪去多余布料。从地面向上量出裙长后逐一标出记号，留出贴边剪去多余布料。

袖的裁片是在套装二片袖的基础上加放松量取得的。具体操作时，取套装二片袖裁片平放在试样布上，并标出相应辅助线和轮廓线。大袖片两侧的上端至肘各放1厘米，下端放2厘米并与肘相连接；袖山上移 1.5 厘米后分别与两侧袖山的新端点连成斜线，用 6 字尺画出新袖山弧线。留出缝份剪去多余布料。小袖片以同样方法操作。最后将大衣裁片假缝后，穿在套装外面。观察大衣造型，与设计图相符后取下大衣裁片，拆开展平后进入版型制作工序。

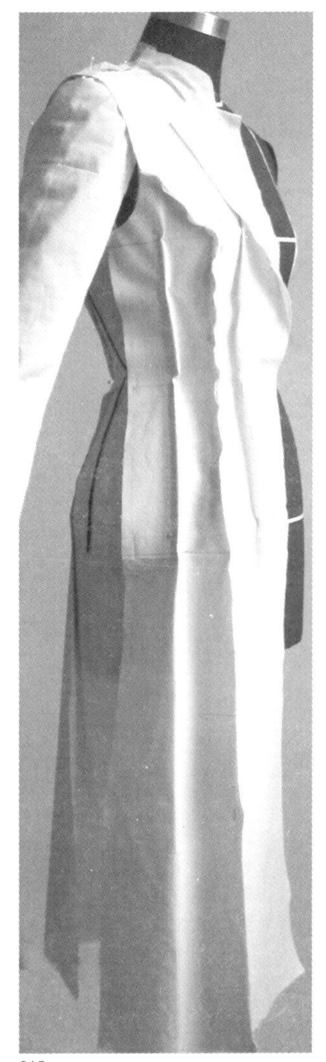

615

616

617

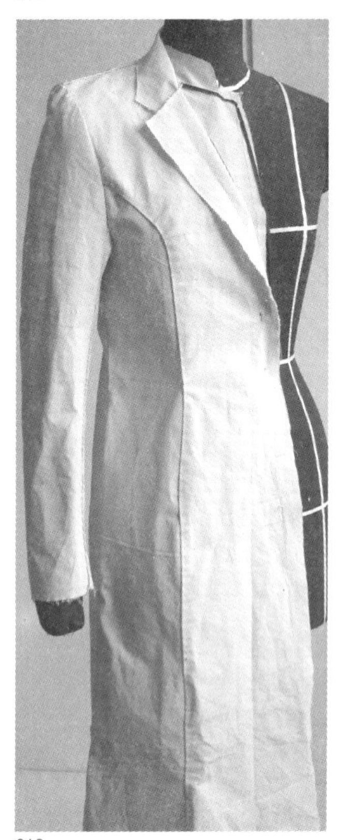
618

612－618 大衣的立体裁剪

3.条状拼缀宽松大衣（图 619－625）

A 先在模特儿人台装上假手臂，按设计构思定出衣长、肩宽与底摆宽度，然后定出拼缀的条数，以及各条的长度、宽度。放出缝份后裁好试样布，边线折向背后烫平备用。

B 取条状试样布覆盖在模特儿人台后背中心线处，上端固定在后领高处。将第二条试样布叠压到第一条的右边，用大头针固定。用同一方法按设计要求将条状试样布逐一相叠，完成后片造型。用相同的方法完成前片A 字型轮廓，在胸宽处作好记号。从地面量至衣长逐一标出记号后，剪去多余布料。

C 注意颈部各条试样布的开、合与叠压的量，以及形成既立起又略离开颈部的立领造型,当与设计要求相一致后，用大头针固定。前、后条布的顶端在肩线处对合用大头针固定。

D 先按设计要求定出袖肥，量出衣身前后袖窿弧长。用平面裁剪的方法，标出一片袖的袖山弧线，留出缝份剪去多余布料。然后依照袖型设计，将袖山与袖窿弧线重合,用大头针固定。袖口翻折固定在袖中线处。

E 观察条状宽松大衣的造型，能充分体现出理想的着装风貌后，标出对合记号和排列序号，从模特儿人台上取下裁片，展平成为版型。

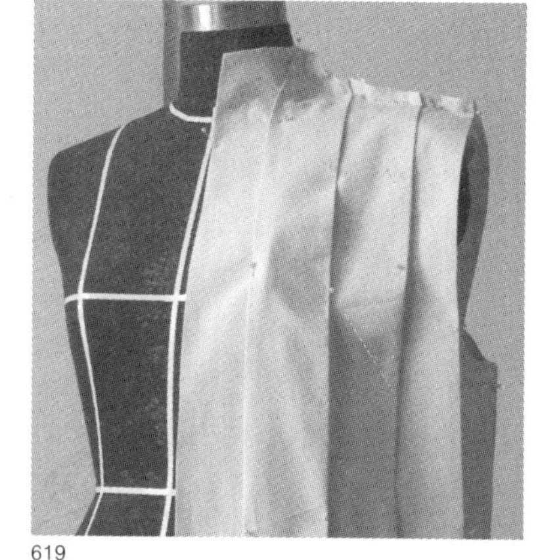

619

620

621

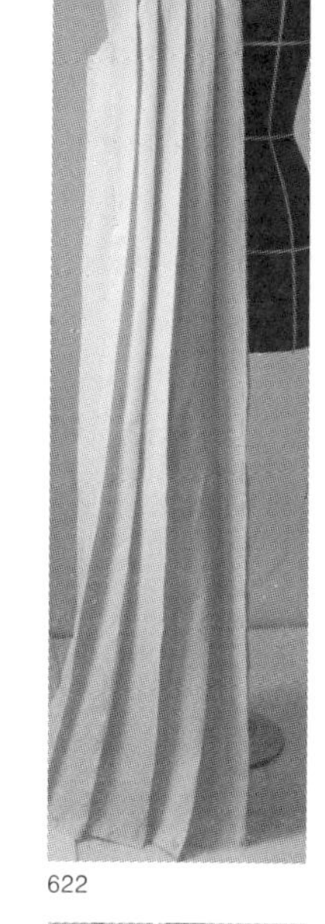

622

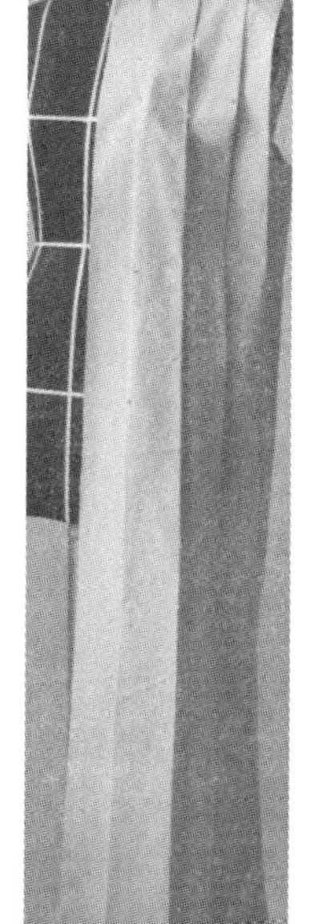

623

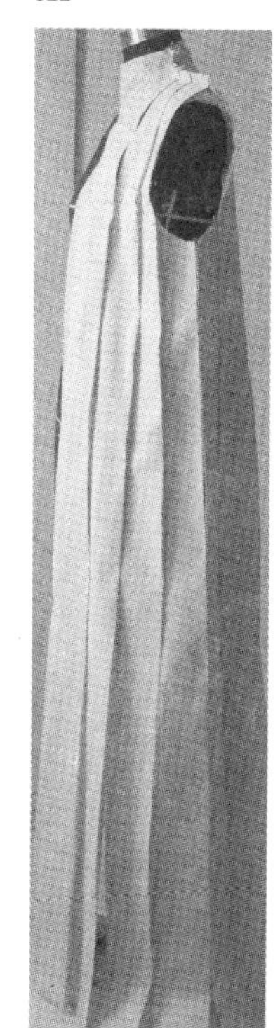

624

625

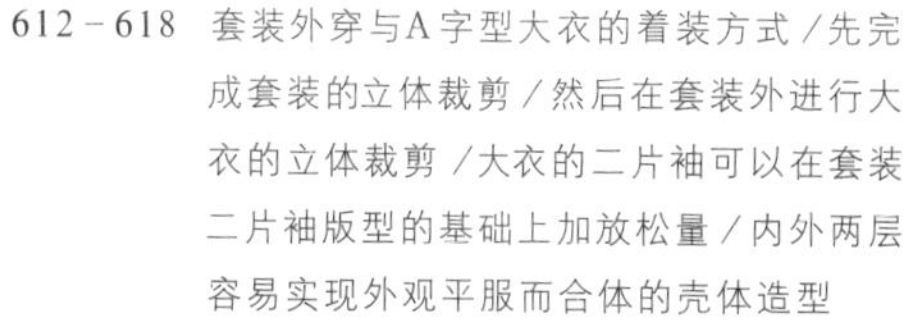

612－618 套装外穿与A字型大衣的着装方式／先完成套装的立体裁剪／然后在套装外进行大衣的立体裁剪／大衣的二片袖可以在套装二片袖版型的基础上加放松量／内外两层容易实现外观平服而合体的壳体造型

619－625 条状拼缀宽松大衣的立体裁剪

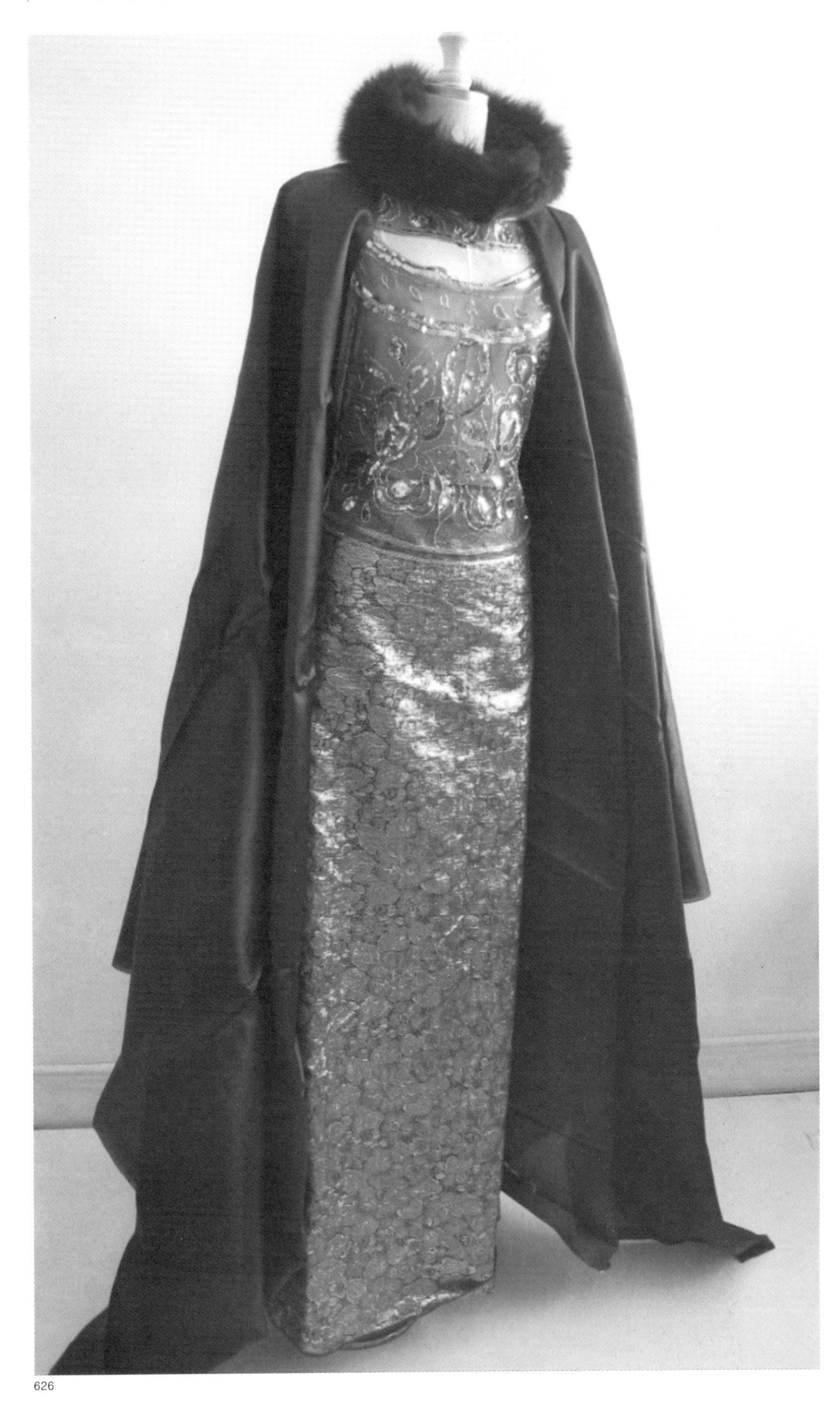

626

626 直接用面料在模特儿人台上作宽松大衣的立体裁剪，容易把握内外层的放松量和款式的廓型

7

礼服的立体裁剪方法

礼服的基本造型
礼服的立体裁剪
礼服的创意表现

第七章 礼服的立体裁剪方法

自古以来，礼服作为庆典、宴会、婚礼等场合所穿的服装是最具美感的一种服饰形式，备受服装设计师的重视。礼服与服饰文化、生活方式密切相关，礼服立体裁剪造型的创造与制作技艺，像艺术创造一样要展现一种文化、赞美一种品格和推崇一种生活方式，要体现传统与时尚的风貌。当今，礼服设计的艺术追求，更加重视它的文化品位，强调对传统服饰文化和外来服饰文化的传承和融合。

第一节 礼服的基本造型

礼服的创作不仅要掌握立体裁剪的基本技巧，更要知悉构成形态美的基础知识。形式美的一般原理要善于运用于立体裁剪的基本造型的表现之中。

1.形与形态（图627－641）

礼服具有形状大小、色彩肌理等种种外在的形象特征。形是形象外在体现的基本要素和特征。运动产生形态，着装形成形体运动姿态的整体风貌。对形与形态的把握会创造出千姿百态的造型。造型的构想常常活跃于想象中多层次、多侧面的运动状态中。礼服挂在衣架上时，其形态常常是平淡无奇的，可是一旦与穿着者的形体完美地结合，随着人在运动中的动作和举止变化，便会不断产生姿态多样的立体造型，显示出风采诱人的形象魅力。

由于运动对于礼服的造型有着不可忽视的重要性，所以礼服的造型表现要努力探索形态美在着装后形成的姿态、风度外形的变化，不能简单地依靠裁剪技巧的表现。

627

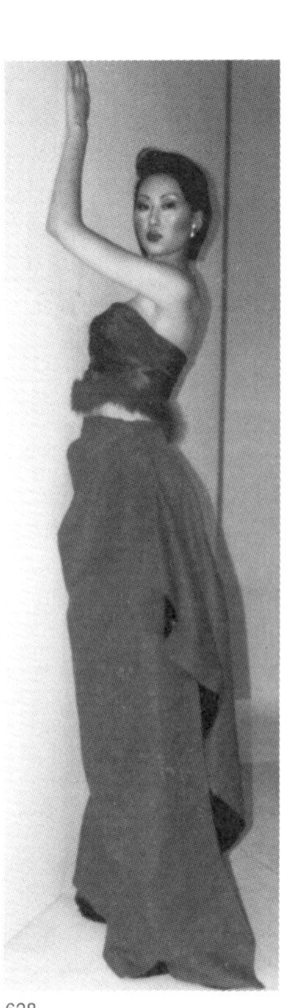
628

629

630

627－630 千姿百态的礼服造型

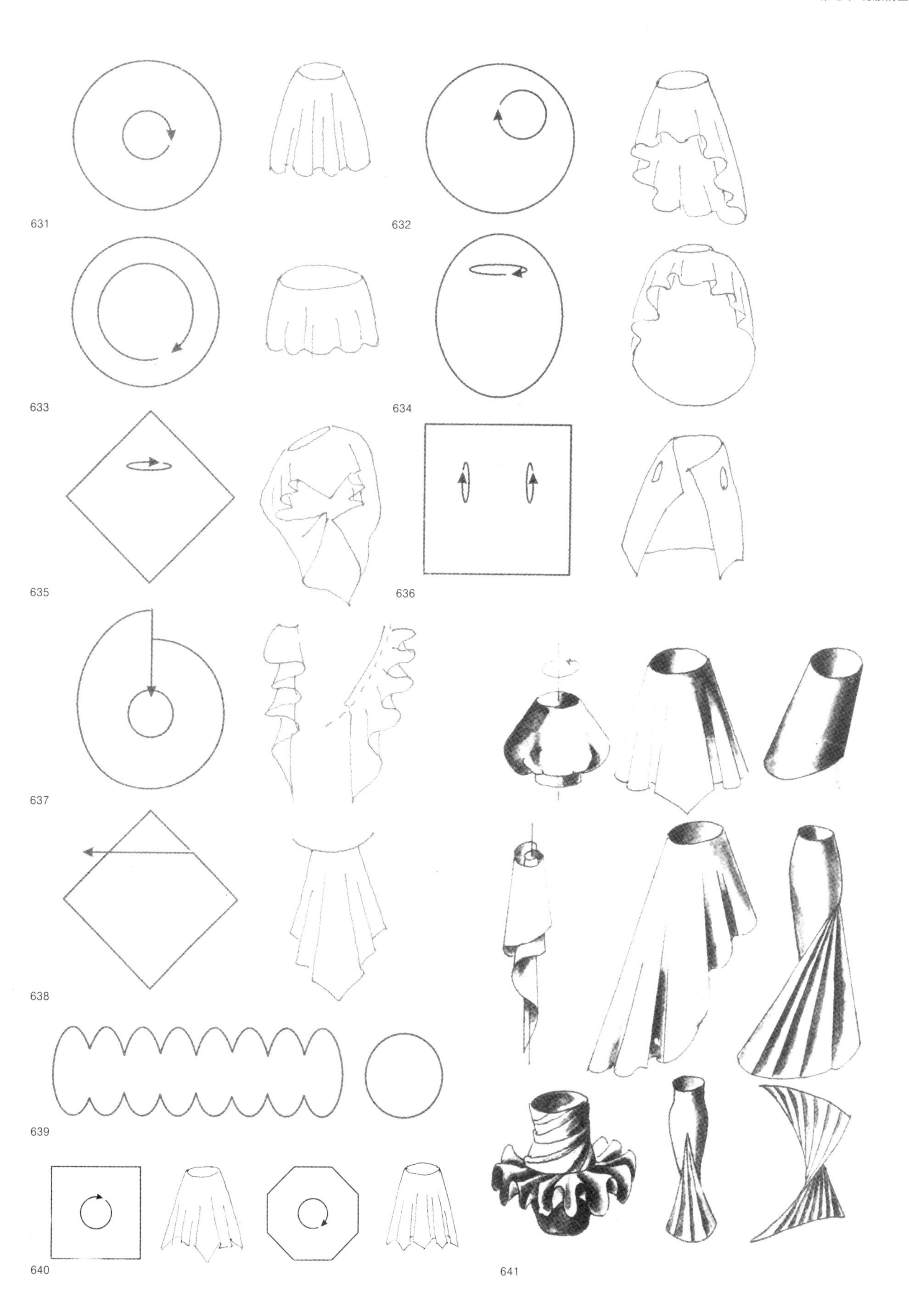

631—640 平面形向立体壳形转换的图示

641 平面形经切割、折转、抽缩、包裹及开与合的组合变化能构成多种壳体状的造型

2. 基本造型（图642－644）

礼服形态变化最鲜明的特征就反映在轮廓和形状的变化上，而轮廓和形状的变化又是随着人体基本形的变化而变化的。从几何形态的构成上看，礼服造型的多样性表现可分为以下几种造型:

(1)球型　显得圆润、富有扩张感。

(2)圆锥型　造型稳定而典雅。

(3)陶瓶型　线条柔和而优美。

(4)钟型　颇具自信与稳定。

(5)漏斗型　有着动感与变异的外观。

(6)金字塔型　庄严而稳定。

(7)螺旋型　生动而别致。

以上基本造型在空间的形态呈现，不仅随着比例的变化而改变其外观，而且还会因形与形、形与形体、形体与形体的相互组合或切割，使廓型和形态外观产生丰富的变化。

另外，创造具有动感的礼服形态，不仅要了解着装在运动中的变化，还要熟悉面料和辅料的特质，以及垂感和硬挺度等特性对造型的影响，总之，要探索成型的各种因素，及具有动势和空间美感的立体造型。例如衣褶流向产生的动感，形的重复和重叠所产生的形态变化等等。

642

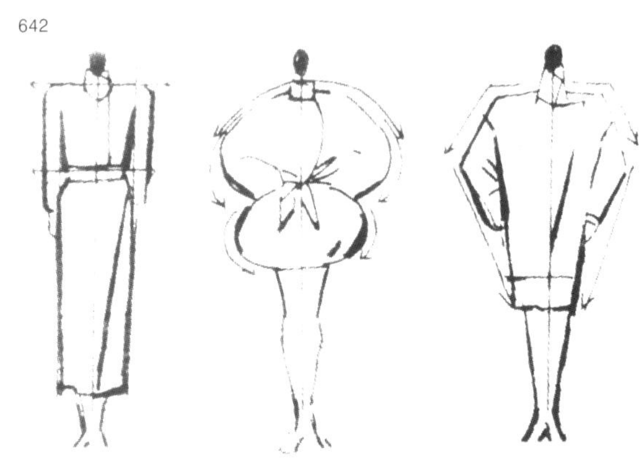

643

644

642 几何形态的构成旨在形成鲜明的外形特征
643 改变线的形态会产生外形的变化
644 礼服形态的变化特征在于廓型的变化

第二节 礼服的立体裁剪

1.日礼服的立体裁剪

（1）日礼服披挂式上衣（图645－648）

A 取长76厘米宽138厘米的黑色毛织物面料，如图596将长的一边对折后剪入42厘米。将开剪处对准模特儿人台的颈窝和前中心线，用大头针固定。如图645将两边在肩部打褶，使背部的两边各向外翻折。如图 646所示将翻折的止点重合，用大头针将前后片在腋下部位固定，形成有垂褶的宽松袖造型。

（2）日礼服裙（图649－651）

A 按设计图在模特儿人台上标出造型线，取适量具有弹力的面料标出辅助线，再覆盖到模特儿人台上，不需加放松量，完成前后衣片造型，留出缝份剪去多余面料。

B 有褶裥的裙片其长宽要放足余量，面料上端留出余量并折向背面，覆盖在模特儿人台腰线处，与前后衣片下摆线对合，右侧用大头针固定。按设计要求左右交替叠褶并固定腰至臀的两侧部位。叠褶呈所需形状后，拔去裙腰左侧第一根大头针，如图 650 所示留出贴边剪去多余布料，用大头针固定。

C 当左侧裙腰至臀围线下的褶型与设计图相符时，裙左侧缝便放出缝份，并从上往下剪入至最末褶纹止，余下面料自然下垂形成褶纹。根据设计图定出裙长，留出贴边与缝份后剪去多余面料。

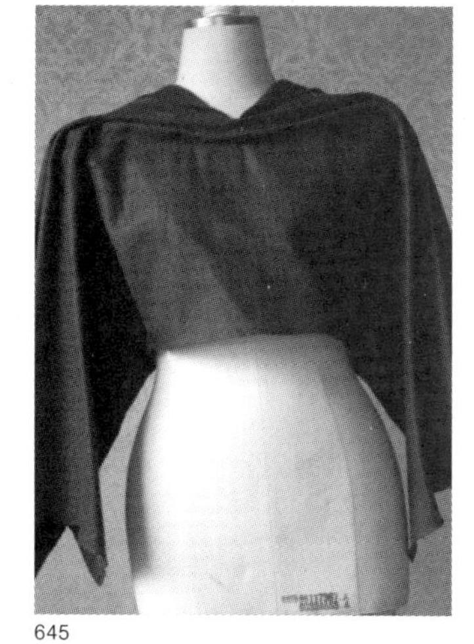
645

646

647

648

649

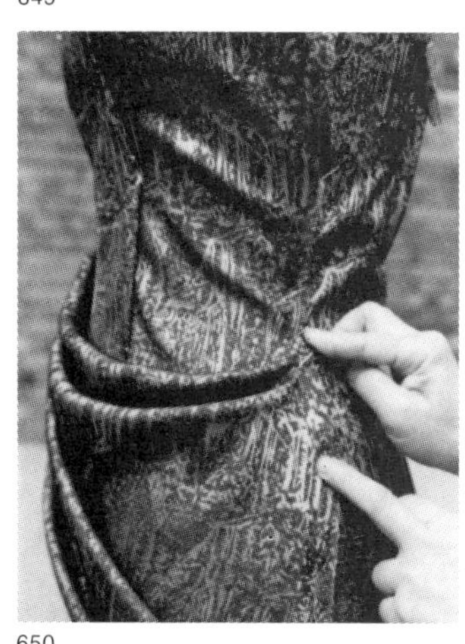
650

651

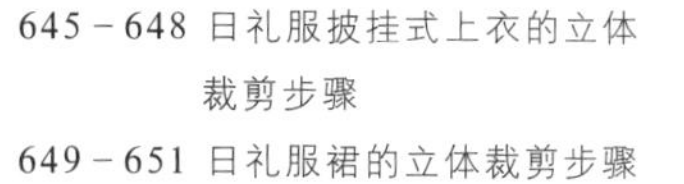

645－648 日礼服披挂式上衣的立体裁剪步骤

649－651 日礼服裙的立体裁剪步骤

2.小礼服的立体裁剪

小礼服以轻快、浪慢的短连衣裙为基本样式，常适用于酒会和舞会等场合。

（1）球型状小礼服（图652－657）

A 用乔其纱面料和珠绣完成紧身胸衣。取约10米黑生丝绡，横向覆盖到模特儿人台的腰部用大头针固定。然后用约15厘米长的面料逐一在腰部对折，完成围腰一周的多片状造型，形成方型裙外观。

B 从第一片顶端下方13厘米处向里用大头针固定，依次层层围腰打折，形成鼓起的外观造型，直至将片状方形裙改变成球状造型。腰部用白色花朵装饰。

652

653

654

655

656

657

658

659

660

3.支撑架礼服的立体裁剪

利用支撑架构成向外扩张的大摆裙，常运用于晚礼服和婚礼服的造型制作。由于支撑架的形状和大小的不同，使礼服裙的造型形态变化丰富。为便于实现宽松型礼服裙某些奇特的造型，特殊造型的支撑架常常采用鱼骨衬定制成。

钟型裙（图658－660）

A 将钟形支撑架置于模特儿人台腰与臀之间。按设计图准备9块3米长、1块10米长的硬质薄纱。

B 将各色3米长的薄纱逐一对折后扯住中点，在往下10厘米处重叠多次使中点鼓起成圆弧状，用大头针固定于支撑架腰部一周，形成裙身多层重叠，下摆呈不规则形。

C 将10米长薄纱对折两端缝合，在缝线向上9厘米处定一中点，覆盖到模特儿人台后腰部重叠于第一层裙腰上，上端分为3个鼓起圆弧状型，用大头针固定，下端便形成拽地长裙摆。

652－657 小礼服的立体裁剪步骤
658－660 支撑架礼服裙的立体裁剪

4.晚礼服的立体裁剪

晚礼服以裸露颈脖、前胸上部或后背，以及长裙和曳地长裙为基本样式。

曳地长裙晚礼服（图661－663）

A 根据设计图在模特儿人台上标出礼服上衣的造型线，取试样布覆盖在模特儿人台的前胸部位，标出领口造型线留出缝份剪去多余布料，在侧缝处向bp点方向取省，用大头针固定。然后用预先叠褶成5厘米宽的黑色缎带，分别置于模特儿人台前胸的领口和斜向排列的造型部位，逐一用大头针固定。然后用布料完成紧身胸衣造型。

B 按设计图量出披挂外衣的袖长。取适量试样布，用圆形裁剪法裁出披巾式外衣的外圆与内周长，按设计要求覆盖在模特儿人台的造型部位，观察披挂形态，确定披挂外衣的裁片版型。将外衣裁片展平把真丝面料复盖其上描出轮廓线，完成刺绣装饰图案。

C 扯住圆形裁片的内圆开口一侧的顶端，披在肩挂于后背和前胸，使双袖自然形成垂褶。扯住内圆的另一端，拉开与白色胸衣重叠，逐一提拉形成垂褶，用大头针固定在腰线左侧。

D 将约10米长黑色乔其纱横向覆盖于模特儿人台的腰部，多次提拉打褶，并固定于腰腹处，形成A字裙廓型。

661

662

663

661－663 晚礼服的立体裁剪步骤

664

5.婚礼服的立体裁剪

婚礼服通常以裸露颈、背、前胸上部和双臂或以高领、低领、无领和有袖等样式为特点。

无领婚礼服（图664）

A 在模特儿人台上用胶带标出上半身造型线，取两块试样布，分别覆盖在前胸和后背，再与前后中心线对齐，用大头针固定。按领口造型线标出轮廓线并留出缝份，剪去多余布料。在前片两边腋下侧缝线下 3 厘米处取一点，向bp点取省。后片左右腰线处向肩胛骨方向取腰省。用笔画出刺绣纹样的位置。

B 将前后衣片在模特儿人台的侧缝处相连接（右侧装拉链），左右两边分别对合后留出1.5厘米松量，用大头针固定。取12块梯形裙料，裙长处逐一对合用大头针撬别形成上小下大圆筒状，离上端布边约1.5厘米处用绱针缝，使线头与线尾朝外。将裙套入腰部，抽缩线头与线尾，使裙腰收缩形成碎褶，与上衣底摆对合，用大头针固定，形成连衣裙样式。

C 在肩部袖窿处装上支撑泡袖造型的条状阿更纱。取适量试样布，对折后对准肩端点，用大头针固定。袖山处左右交叉叠褶于袖窿上部，从袖窿的前胸宽点和后背宽点起，标出袖山下端弧线并放出余量，剪去多余布料后，剪刀眼与袖窿底部弧线相连接用大头针固定。定出袖长和袖口上端抽褶位置，先绱针缝后抽缩至所需宽度。然后观察泡袖造型并按照设计要求剪去多余布料。

664 华贵优雅的婚礼服

第三节 礼服的创意表现

礼服设计的创意表现注重于艺术性与个性化的探索与实验。以创新理念为切入点进行设计体验，将有助于艺术与技术，审美眼光和表现能力的提高。一般情况下，生产部门对批量或单件款式的版型要求，在体现款式特定的着装风貌的同时，无不追求美观与实用、合理与经济相统一的产品开发原则。

1.“开”与“合”的方法

服装造型的变化是由衣片之间的“开”与“合”的结构、比例和组合的方式变化而形成的。打破常规结构的“开”与“合”的关系，把着装风貌和运动中的影与线作为着眼点，比较不同部位打“开”会产生的形态差异，对照不同部位“合”拢会产生新的形体变化，新的创新灵感便会应运而生。

取一块圆形珠绣裁片和约10米长的乔其纱，进行“开”与“合”的变化实验，会创造出丰富多样的礼服样式。

（1）斜襟式礼服（图665－669）

A 将预先压褶的黑色缎带分别置于造型线部位，用大头针固定。

B 将珠绣图案圆形（图665）裁片的两端拉开，一端置于左肩处，用大头针固定，形成褶式披挂。另一端置于右侧腋下侧缝处，用大头针固定，然后用细带与另一侧相连接后打结。

C 将10米长黑色透明乔其纱横向覆盖在模特儿人台的腰腹部，与上衣相接处用大头针固定后包裹于臀围两遍后，逐一作缀褶造型布满裙的上半截，便形成下摆前短后长的不规则裙形。

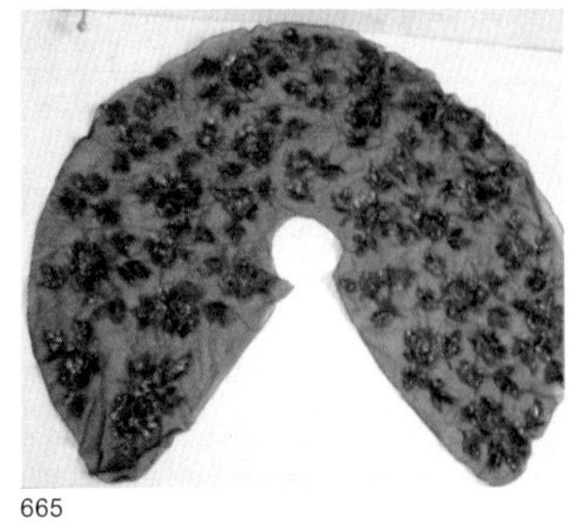

665

666

667

668

669

665－669 斜襟式礼服的立体裁剪

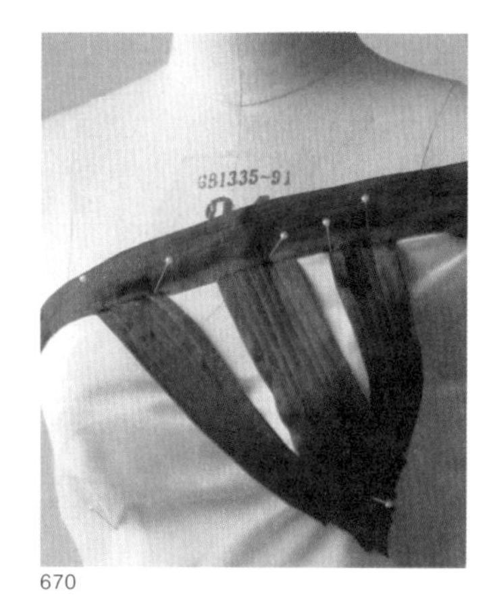
670

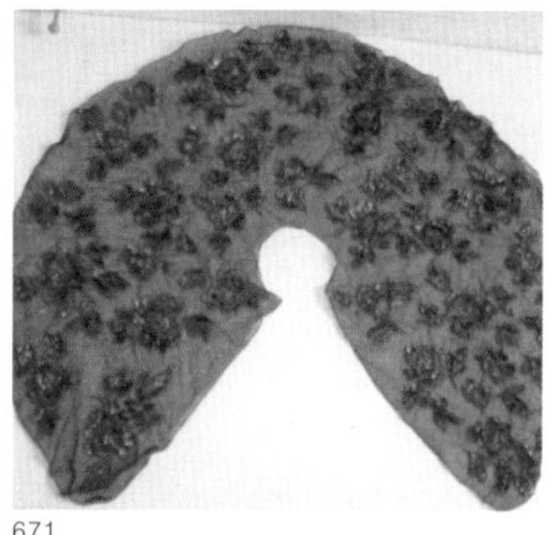
671

672

673

674

（2）露背缀褶式晚礼服
（图670－674）

A 取白绸和预先叠褶的缎带，覆盖到模特儿人台的前胸，如图670 那样完成紧身胸衣的立体裁剪。

B 扯住圆形裁片（图671）内圆开口的两端，使开口两侧围向颈侧，在颈后中心点重合后用大头针固定，形成荷叶状领型。

C 将胸腰处的圆形裁片从前中心线起，用大头针固定。并分别抹向腰部侧缝处，留出松量后用大头针固定。背部用缎带连接圆形裁片，形成露背式收腰上衣。

D 将10米长黑色乔其纱的一端覆盖在模特儿人台的腰腹部与上衣相接，逐一由上而下竖向缀大褶，并用大头针固定。此时，面料形成自然下垂至裙长后折回臀部再自下而上逐一缀褶，用大头针固定。如此反复缀褶，形成露背宽臀曳地长裙夜礼服。

670—674 “开”与“合”的组合使衣领和裙腰的层层缀褶与裙的垂挂形成富有节奏和韵律的美感

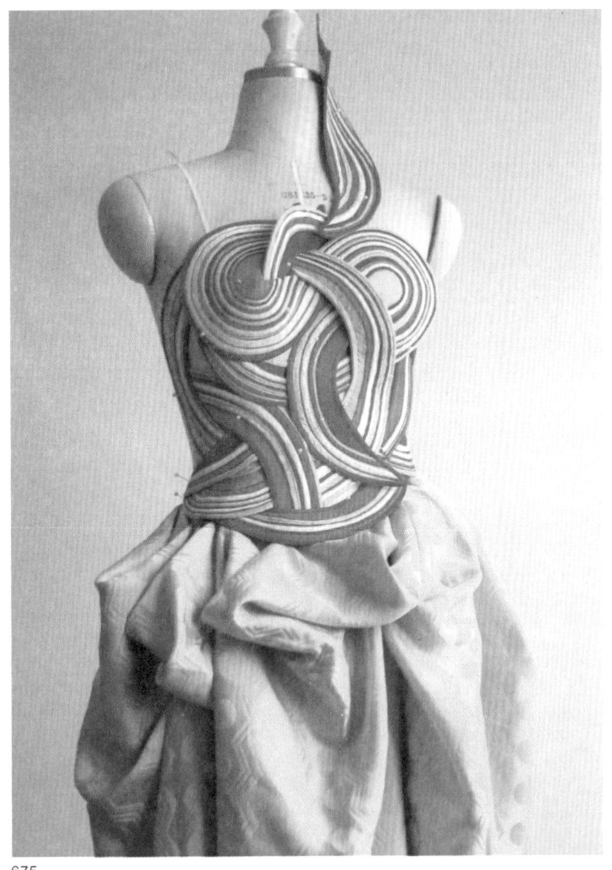

675

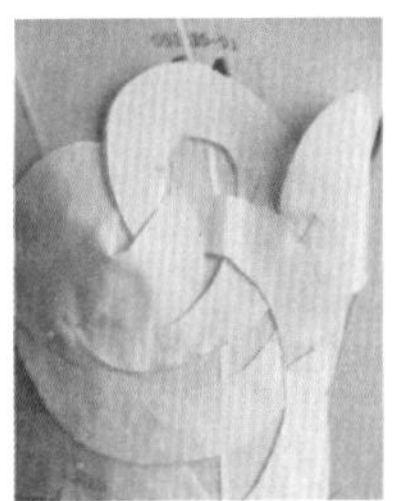

676

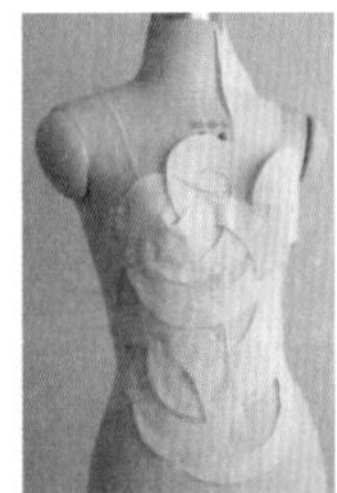

677

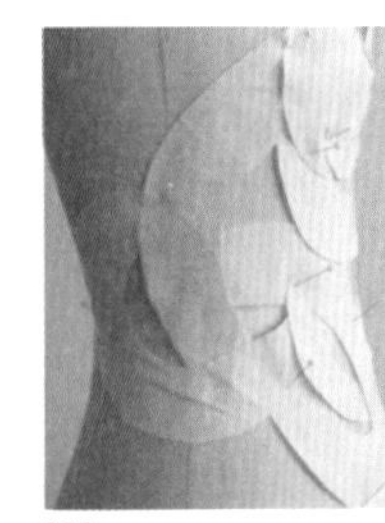

678

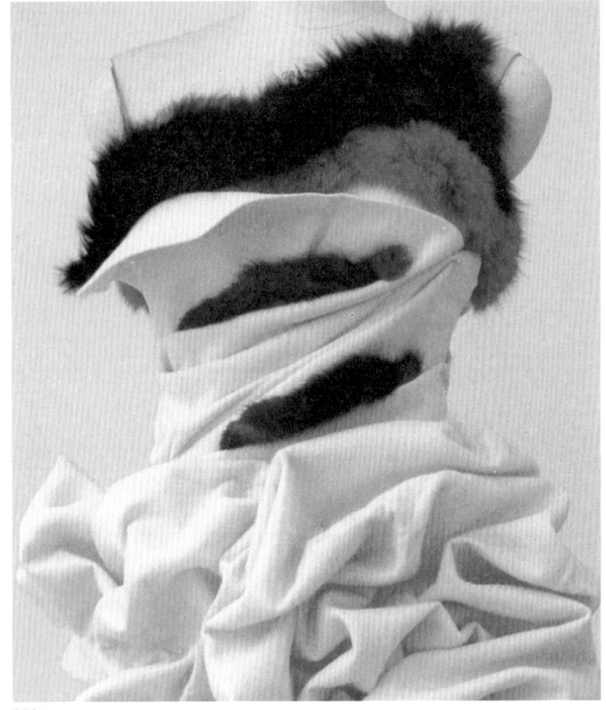

679

(3) 几何形胸衣夜礼服（图675－678）

图675 前胸部位的造型结构和省道处理是以几何形的组合为特点，将收省的量巧妙地分布于各几何形的相叠之间，形成露背式紧身胸衣。

A 在模特儿人台前胸部位标出胸衣造型线，及若干个大小和位置不同的几何形造型结构线，并准备适量试样布。

B 取胸衣试样布，分别覆盖到模特儿人台的相应部位，如图676－678那样按衣片间的组合关系完成胸衣造型，将收省的量分别置于几何形重叠量之间。

C 取几何形裁片，按设计要求逐一用色绸完成装饰彩条纹样，将其贴合于模特儿人台的胸部用大头针固定。按设计图取适量素绉缎完成礼服裙的立体裁剪。

(4) 无规则缀褶小礼服（图679）

A 依设计要求逐一用黄色面料层叠包裹胸部至腰处，腰以上多次叠褶并嵌入毛皮条，腰以下则用缀褶处理，形成球形外观的短裙。

B 分别将红黑两色的毛皮条斜向覆盖在模特儿人台的左肩和前小胸部位，用大头针固定。使其与嵌入的毛皮装饰形成呼应。其造型外观、材质对比、褶纹节奏和色彩搭配所形成的整体效果，使人耳目一新。

675－679 “开”与“合”造型结构线的构想，常常来自某一事物的启发，或感触于面料、色彩、装饰与工艺的某一瞬间

(5) 拼色花式小礼服（图680－681）

A 用胶带标出小礼服的造型线，黄色素绉缎完成前胸衣片造型，用大头针固定。

B 留出松量用黑素绉缎完成一侧的前后衣片和袖型。用里布完成短裙的立体裁剪，标出黄、黑二圈裙围的间距。量出裙围半径和周长，分别取两个半径宽和周长相等的黑黄两色素绉缎将两端连接，两边车缝对折并抽拉车缝线头形成褶边，使内圆周长与衣摆等长。将黄色裙围内圆上端用大头针固定于衣摆，其下端与黑裙内圆上端相接。黑圆下端固定于里裙的底摆。

C 下端连接双层抽褶裙摆，裙摆上层的下端穿入钢丝使其扩展翻折，宛如盛开的花瓣。

(6) 披挂式小礼服（图682）

A 取一块比胸围大6厘米和比衣胸长3倍的真丝双绉面料，竖向对折定出前中心线和bp点位置，用针缝后使线头朝外，经抽缩起褶与胸衣等长，然后将抽缩后的前中心线与模特儿人台中心线对齐用大头针固定,包裹于后背中心线（装拉链），完成胸衣。

B 正方形对角线长度减去切割一角长度后定出裙长，准备十多块长度渐次的正方形双绉面料，切割一角（等长）作为裙片腰线。再将最短一块方形裙片腰线与胸衣前中心线相连接，然后按裙的长短左右交替依次置于胸衣下摆周围。

680

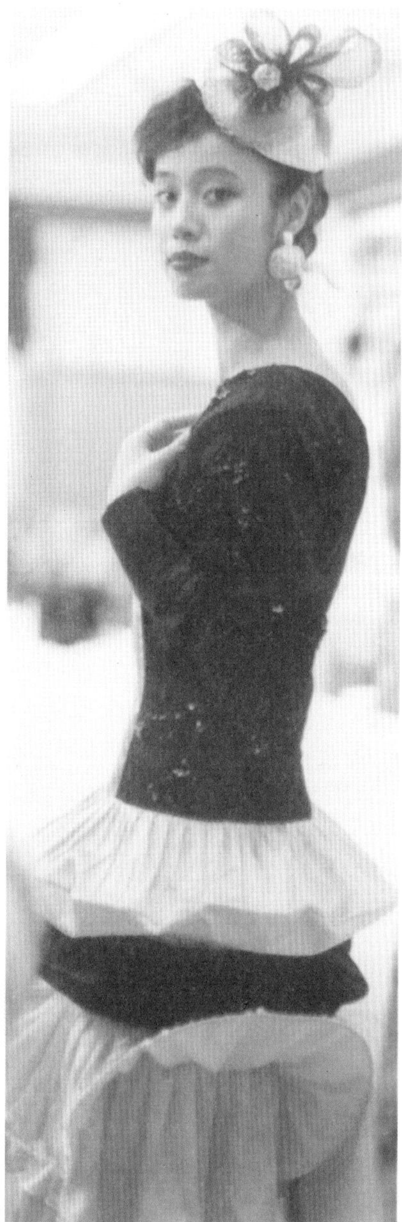
681

682

683

(7) 低胸鱼尾式晚礼服 (图683－689)

低胸晚礼服的立体裁剪可通过试样布的选择、衣片和样衣造型、样衣试穿和衣片确认，以及珠绣装饰和珠绣衣片裁剪，直到手工缝制完成。具体操作如下：

A 用胶带在模特儿人台的胸、背和臀处标出造型线。同时在前胸和后背的试样布上标出前后中心辅助线。

B 鱼尾裙的立体裁剪是将试样布45度斜放与前腰中心线对齐，如图684剪去上端布角用大头针固定。从腰下前中点往下量至脚背为裙长，再决定裙摆宽度标出侧缝线，剪去多余面料。其余裙片如前述完成后，各裙片之间用大头针连接固定。

C 胸衣的立体裁剪是将前胸试样布的中心辅助线对准模特儿人台的中心辅助线，试样布的高低位置应长于胸上部造型线和腰线为宜，用大头针固定。将试样布从模特儿人台胸前抹向胸下部，使靠近前中心线下端的试样布与腰线贴合，再从bp点抹向侧缝线和腰线，在侧缝线与腰线处出现隆起的部分折倒取省，用大头针固定。

D 后背试样布的中心辅助线对齐模特儿人台后背中心线。从后背中心抹向侧缝与腰部，出现隆起的量即为省道，倒折后用大头针固定前胸和后背的造型后，再用笔将裙各部分缝线和省道分别标出记号。取下试样布平铺于桌上，划顺轮廓线并剪齐缝份，用纸复出裁片成为版型。

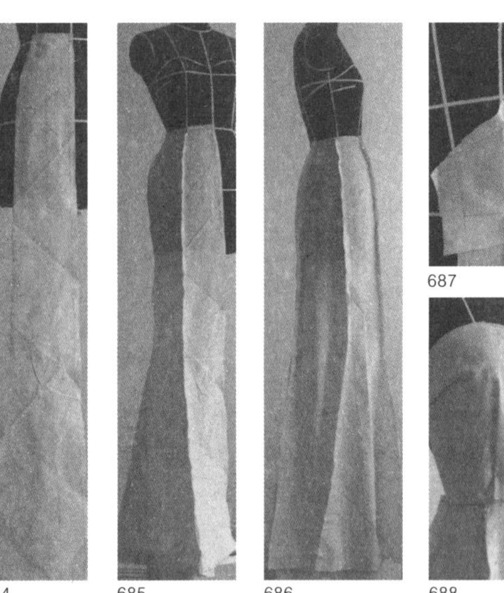

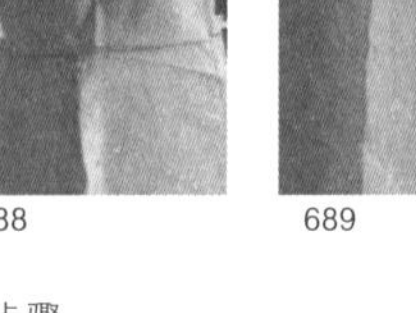

684 685 686 687 688 689

683－689 彩陶纹低胸鱼尾式晚礼服的立体裁剪步骤

690 受古代“水月观音”服饰的启发而设计的珠绣礼服／领、袖、背、摆等处“开”与“合”的整体外型／真丝面料水纹图形／女性优雅妩媚的风姿栩栩如生

（8）东方神韵晚礼服（图690－691A－C）

A 用胶带标出造型结构线。

B 将富春纺试样布横向覆盖于模特儿人台的前胸领口轮廓线处，肩部至腰间斜褶按设计要求如图691A所示逐一提拉叠褶，用大头针固定后剪去多余面料。前片下端与旗袍式裙片相接。旗袍式裙片采用平面裁剪的方法。

C 取一块大小适量并标有中心线的试样布，使其与后背中心线对齐，按造型结构线留出缝份剪去多余布料，形成三角形面。用平面裁剪的方法裁出旗袍后片，并将其覆盖到模特儿人台后背，与三角形造型线相接，用笔标出记号留出缝份后剪去多余布料。

D 先将一片袖剪开并扩展，裁剪出右袖纸样放在试样布上，依袖片轮廓放出缝份剪去多余布料，然后用立体裁剪方法将试样布袖山中点对准肩线后按设计要求逐一打褶成型。

E 左袖打褶连接后背和腰节，下垂形成波浪褶曳地裙的裙摆是用一块面料立体裁剪而成的。先如图691B用软尺量出袖弯周长和肩至裙摆的长度后放足余量，以此长宽取试样布，标出中心线A、B点，试样布上端留出袖长加3厘米，画出袖弯圆周至裙摆的斜线。然后剪去袖弯圆形至裙摆斜线和袖口弧线，标出袖山头C点。

F 按图691C所示，将袖山C点对准模特儿人台肩端用大头针固定，左右袖山弧逐一交叉叠褶于袖窿后用大头针固定。沿背部至腰和臀部结构线逐一固定于裙后片中缝，形成自然下垂的波浪状褶纹和鱼尾式曳地裙摆。

690

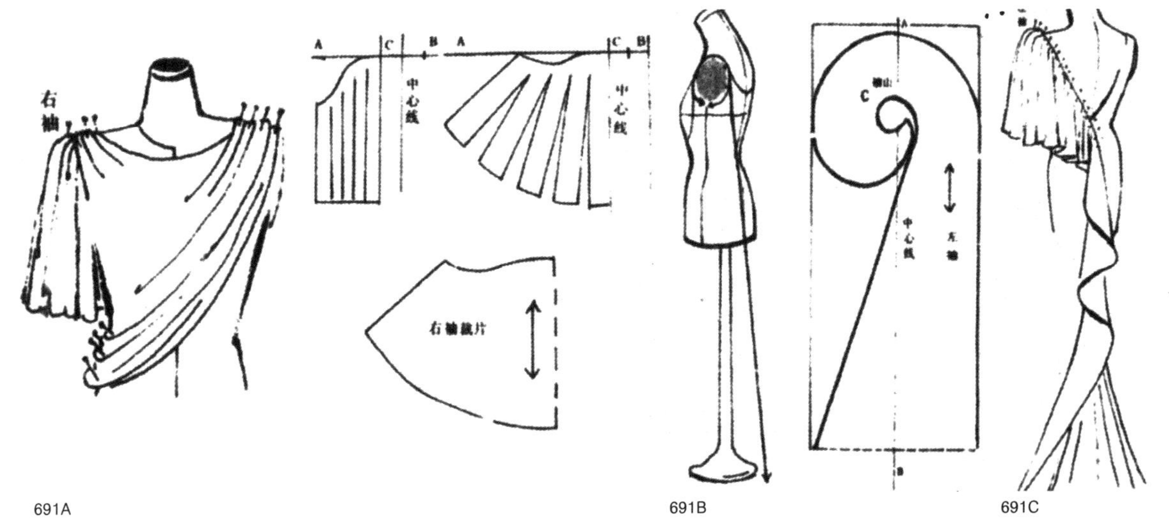

691A　691B　691C

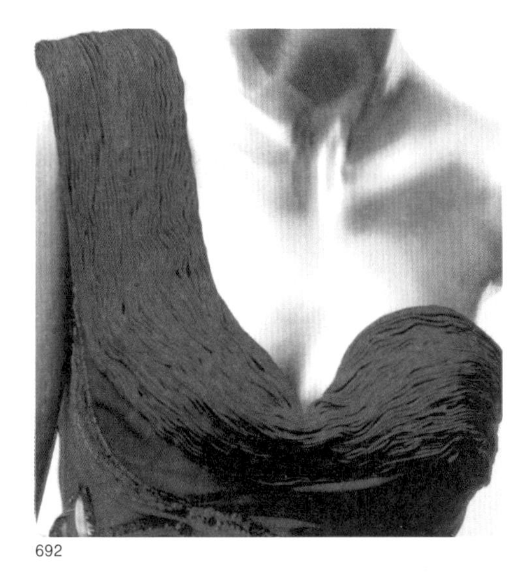
692

693

（9）缀褶晚礼服

图692－693的细褶紧身胸衣和悬垂褶裙是直接用面料打褶包裹和提拉打褶的方式完成的。胸衣的面料宜选用真丝素绉缎，用毛皮作饰边装饰，裙料为真丝织锦缎。

缀褶上衣与裙的立体裁剪（图692－693）

A 在模特儿人台上标出胸衣的造型线，将素绉缎斜向置于前胸上端造型线，逐条打细褶并用大头针逐一固定。褶纹顺双乳形体起伏弯曲，其收省的量要均匀分布于上下诸条的褶纹中。已完成的细褶可先用针线串连固定。针线竖向串连经过双乳峰点、前中心线。右乳峰点至肩由垂直方向逐渐转成水平方向，并逐条串联固定。

B 为便于打褶，可将模特儿人台放平，也可将其随意翻转以便于打褶。

高腰褶裙的立体裁剪

以红色真丝织锦缎为面料的高腰褶裙造型采用的是直裁法。可先将两个裙长的边线对齐后缝合备用。

A 将两个裙长的边线对齐后缝合，将其覆盖在模特儿人台前腰部位，上端用大头针固定。裙腰上端左侧向右前腹逐一提拉形成 3条褶纹（含前腰左侧收省的量），用划粉标出前腰部造型线，留出缝份剪去多余面料，并使裙腰左面的裙长边线移至左侧缝，再外转向后腰7厘米处，用大头针固定。

B 在右腰侧缝处收省，用大头针固定并包裹至后腰与前片裙长边线重合，用大头针斜插固定。余下部分提拉做4个宽褶后对折成7厘米宽，后裙腰端点往下38厘米处与前裙长腰侧缝连接，使其悬垂形成波浪褶造型。根据设计要求标出裙长和裙摆轮廓线，留缝份剪去多余布料。

692－693 点、线、面的布局无不体现在礼服的样式中／造型的巧妙在于大小、面积、位置、比例的恰当安排／变化与统一，一切在完美的艺术追求之中

694

(10) 珠绣拼色晚礼服（图694—697）

A 用毛皮与珠绣衣片完成胸衣造型。

B 扯住3 米长薄纱面料的中点，覆盖到模特儿人台裙腰造型线上用大头针固定。用相同的方法沿造型线逐一布满裙片（如图695），裙摆形成A字裙廓型。

C 从裙片顶端往下5 厘米处，将左右两边的面料对合用大头针固定（如图696）。再取珠绣薄纱面料覆盖在模特儿人台的腰腹部，并折转至后中心线（装拉链），留出缝份剪去多余布料。

695

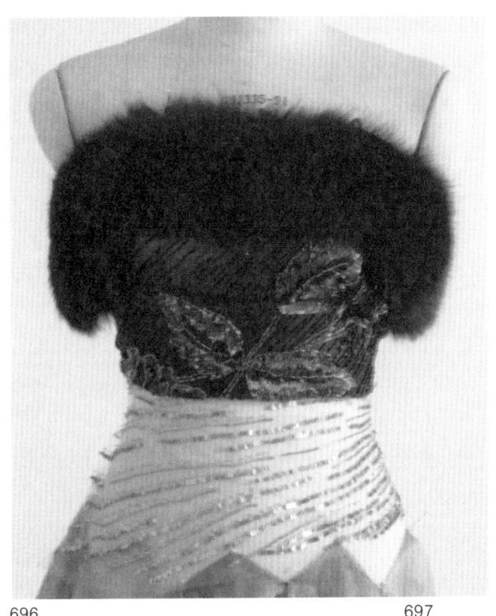
696

697

694－697 感受面料的同时展开想象/直接将面料在模特儿人台上进入立体裁剪的实验

2.“打散”与“重构”的方法

打破服装款式的常规廓型以及改变衣片组合的传统方式，是创意设计的表现方法。例如袖、领和袋等部件的互换，或将裙片与衣袖部位的改置，或将互不相关的衣片进行重构等等。其实，重组的过程也是服装创意表达的创新过程，能让人耳目一新呈现出各具特色的富于新意的服装新样式。

(1)衣片重组的新样式(图698－702)

A 用深浅蓝素绉缎先完成打褶紧身小胸衣。取另一件绣花上衣后片覆盖到小胸衣下方，使领形成弧线状。

B 将旗袍长裙的两侧提拉叠褶成为短裙，把绣花衣片斜向覆盖至后背，并包裹和叠褶至前胸部位，便组成新的样式。

(2)衣片重组的礼服（图703)

A 分别将两块彩绣前衣片倒置，使衣摆前角置于模特儿人台的肩部，用大头针固定。

B 前中心线处衣片门襟斜向交叠，使袖窿下弧端点与腋下侧缝点对合，用大头针固定。衣片袖窿弧线向bp点收胸省，用大头针固定。

C 将白色素绉缎包裹于胸腰部，使其上与绣花衣片相接。右边上端提拉打褶包裹至左边形成垂褶，并于侧缝收省处相接，形成上紧下松的廓型。

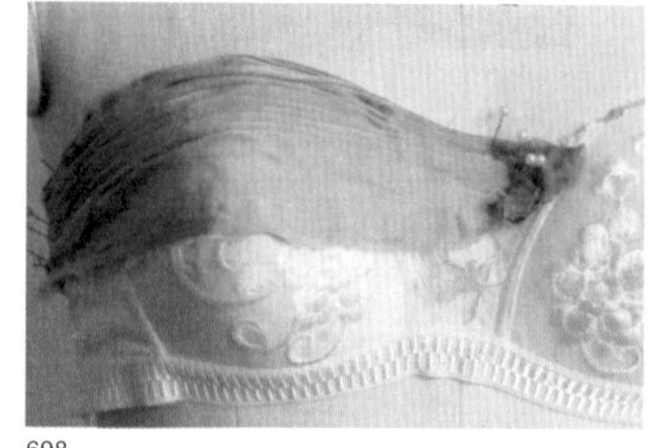

698

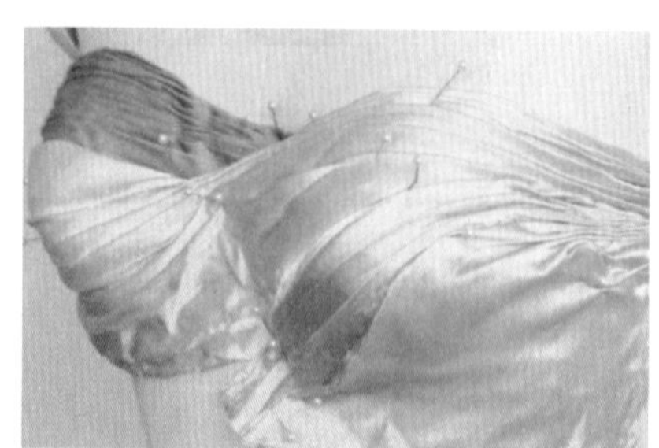

699

700

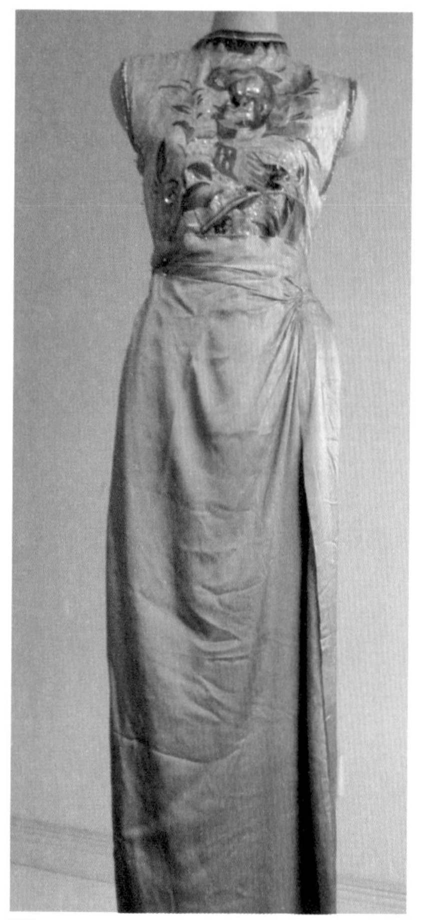

701

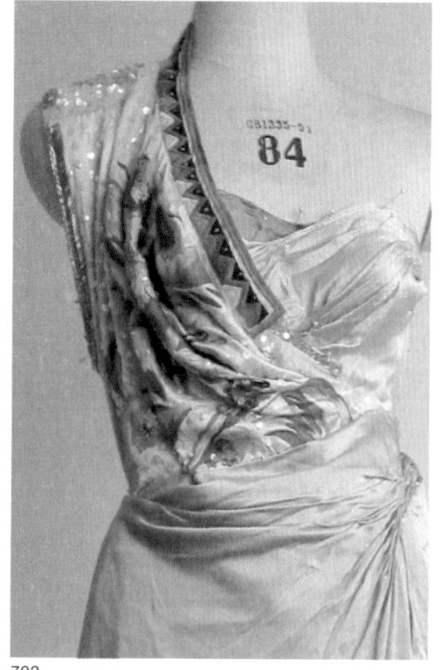

702

703

698－703 将礼服拆成衣片再重新组合成多种礼服样式

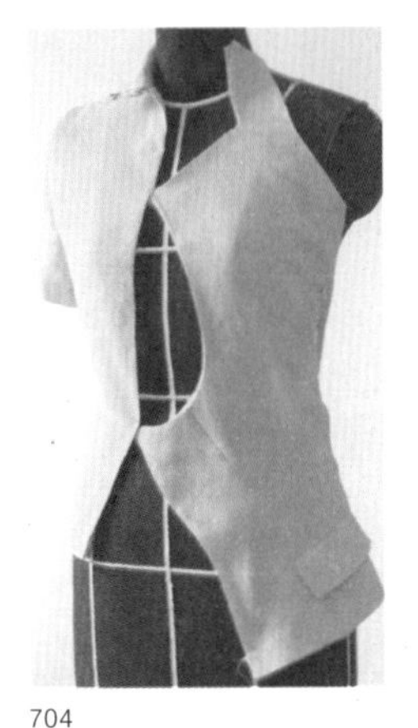

704

705

706

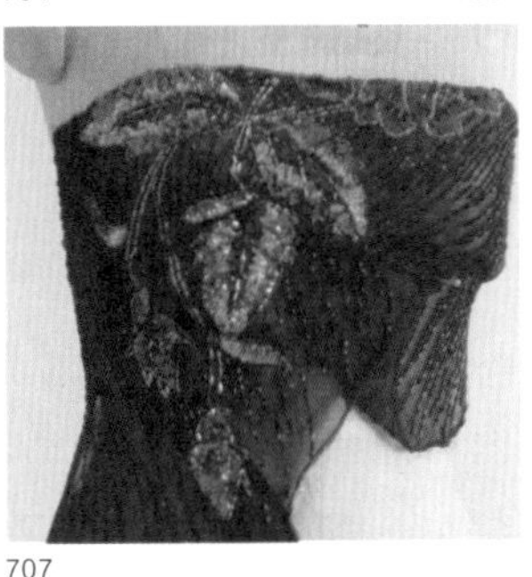

707

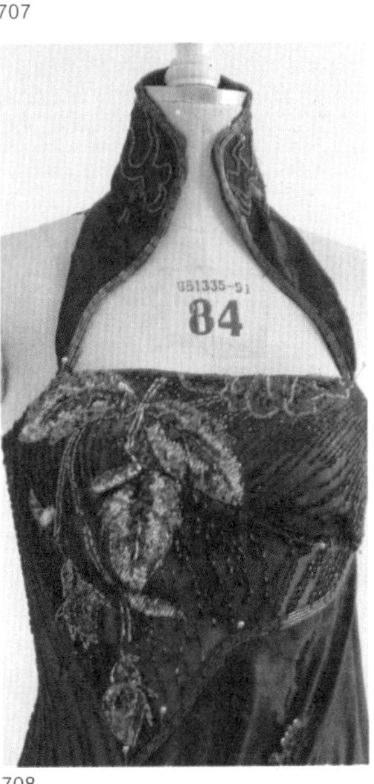

708

709

710

（3）打散重组的日礼服（图704－706）

将一件短袖上衣后背中缝折开，半件拆成衣片，经移位和折叠形成3种开合各异的上衣样式。

A 图704日礼服上衣是先取折开的半件衣服前后倒穿在模特儿人台上，后片中缝成为前门襟。然后将连领前片的领后中线覆盖到颈侧点，使肩端与右边门襟对合用大头针固定。提起袖窿弧底端折叠至门襟处，使侧缝线成为左门襟。衣领、门襟及外轮廓形成新的形态。

B 图 705日礼服上衣是将连领衣的前片斜向覆盖到在模特儿人台的肩、胸部，门襟斜向重叠在后衣片上，图中可以看到由重组形成新的“开”与“合”的关系所产生的新样式。

C 图 706日礼服上衣，先取半件衣倒穿，将连领衣前片的后领、肩端和袖窿底端分别置于模特儿人台的颈、前胸和腰部，与右衣片相接使门襟形成奇特的造型和着装的新外观。

（4）两件旗袍衣片重组的样式(图707－710)

A 将珠绣衣片横向覆盖到模特儿人台的前胸，右边折转盖住右乳过前中心线，用大头针固定。取另一旗袍衣片从左侧缝向前胸包裹胸部，与绣花前片相接，组成旗袍前衣片。

B 将旗袍立领的领片覆盖到模特儿人台颈后中线用大头针固定，并使领面与胸衣相连并用大头针固定。将旗袍裙后片直接覆盖到模特儿人台的后腰，用不规则形的布料覆盖后背与旗袍前后片相连接形成旗袍礼服的新外观。

704－706 打散重组日礼服上衣所呈现的3种新外观

707－710 一件旗袍绣花衣片与另一件旗袍衣片重组的新样式

(5) 旗袍衣片与新面料组合的礼服（图711-716）

A 图711—712是将珠绣旗袍裁片横向覆盖在模特儿人台的前胸、肩部后披挂下垂，从而展现新的着装风貌。

B 将旗袍衣片包裹成胸衣，如图713—714那样构成新的礼服样式。

C 将旗袍衣片垂挂于颈根处，配上皮毛，与短胸衣和长裙相映照，使裸露的腰部充满了女性的魅力。

711

712

713

714

716

715

711－714 绣花衣片与薄纱面料重组成新的样式
715－716 用即兴式表达方式完成的礼服造型

3. 即兴表达的方法

用面料等直接在模特儿人台上试验，即兴式地表达出立体造型的种种构想。这不仅能提高在材料的任意搭配过程中开发创造的潜能，而且就廓型外观的表现、“开”与“合”的结构处置，以及面料的选择和开发上，显现出强烈的个性追求。

设计的创意表现要培养敏锐的观察力与即兴表达的综合素质。创新的构想常常发生在材料选择、造型追求与剪裁方式等即兴表达中不断引发的新的创意构思，这也是创造礼服新形象的基础。

A 图717－718 是以不同色彩的面料，采用披挂包裹缀褶快速完成的礼服造型。

B 图719－722 是用面料和方巾为媒介，在模特儿人台上用覆盖、包裹和缀褶等手法即兴表达的礼服造型。

C 图723－725 是在面对多种颜色和不同纹饰的面料质地的感悟下，不用剪刀便快速表达的礼服新样式。

D 图726－730是由一条刺绣花边引发的构想，用10米长红色薄纱快速完成的礼服造型。

717

718

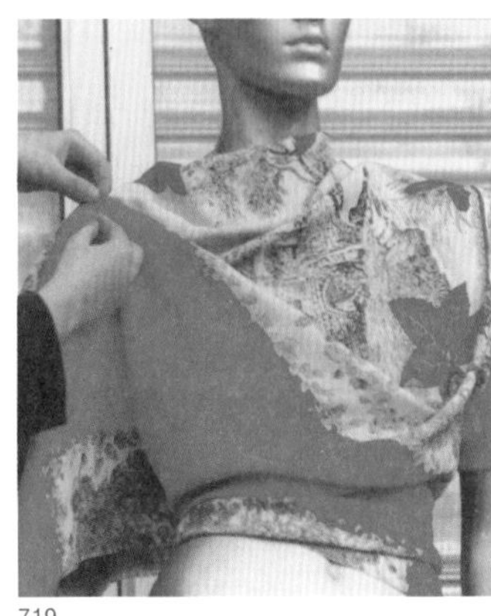

719

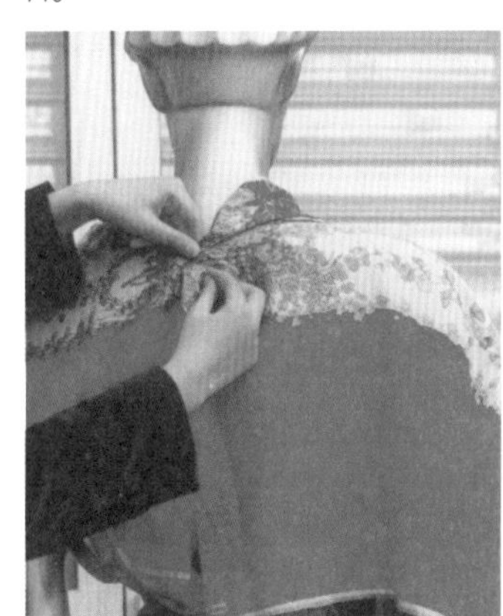

720

721

722

717－722 即兴式创意表现创造的礼服新样式

723 724 725 726 727 728 729 730

723－725 取白色褶纹面料置于左肩、前胸／将条纹面料斜角置于右肩、前胸／经包裹、缀缝形成新样式

726－730 以一块绣花衣片作胸衣领缘／由此展开新款的想象／取10米长薄纱置于绣花片下边／边叠褶边比较／根据褶纹的走势以及形体的起伏随机而变／叠褶包裹形成新礼服

731－734　即兴而快速地表达出小礼服新样式的范例

735－738　以多色薄纱和一块绣花衣片作胸衣、裙和腰饰／随机而变叠褶包裹形成新的礼服

739—747 用立体裁剪方法创造的新帽型

帽与鞋的立体裁剪方法

帽的基本特征
帽的立体裁剪
鞋的立体裁剪

第八章 帽与鞋的立体裁剪方法

帽与鞋作为服饰配件在服装整体搭配中的作用越来越被人们所关注。帽与鞋的款式千姿百态，材料更是丰富多彩。帽与鞋除了有其特殊的制作模具和工序要求外，通过立体裁剪的造型方式，还能使帽与鞋的结构更加合理科学，造型更加新颖优美。

第一节 帽的基本特征

1.帽与头部

帽是戴在头部的壳体状服饰品。研究帽的结构首先要了解头部的结构。从解剖角度看头部廓型像一只倒置的鸡蛋，由颈椎支撑着它灵活地转动，帽随着头部一起运动。因此，帽的制作既要能戴在头上不轻易脱落，又要具有穿戴的舒适度和造型的审美性。从帽的形态看，帽缘延伸显得端庄，前后倾斜显得活泼随意；从帽缘的圆周看，其周长随着头型的大小而改变。圆周（约含一手指的基本松量）向上至头顶的高度，决定了帽型的大小与形状。帽戴入的深度不同，帽缘的周长也将随之变化。帽缘周长越短戴在头部的深度越浅，其周长不宜过大或过小，否则容易脱落。

2.帽的形态（图748－752）

（1） 帽的结构

帽型可分无檐帽和有檐帽两类。其造型结构又可分为：帽冠分片连接式结构、帽冠连体型结构、帽冠与帽顶分体型结构和任意型结构等 4 种。本节将以贴合头型的无檐帽为例，对帽型的基本结构进行分析。无檐帽的造型特征似碗状，帽体由4－6或更多的平面三角形组合而成。三角形底边的周长如与头围相等，三角形两边弧线弯曲度与头型轮廓相似。用布衬为材料进行帽型结构分析可以看清平面与立体之间的转换关系、头型和帽型壳体间的空间量关系，以及这些关系的变化对穿戴舒适度和机能性的影响。

（2）帽的造型

帽的造型依托有硬衬和无衬两种，有硬衬构架立体感强，无衬构架显得自然随意。制作时先要完成帽坯，以坯成型。无衬又无浆的帽型，只有戴在头上时才能呈现出立体的形态。帽造型结构的变化要素，决定帽的造型特征和细节变化，其比例尺度和组合的方式也都会不同。

帽的廓型变化包括由比例引起的廓型变化、结构引起的廓型变化和组合方式引起的廓型变化等。帽的细节变化包括由改变分割线、装饰线和切割面引起变化，以及改变表面肌理和质料引起变化、由装饰或改变装饰引起的变化等。

748

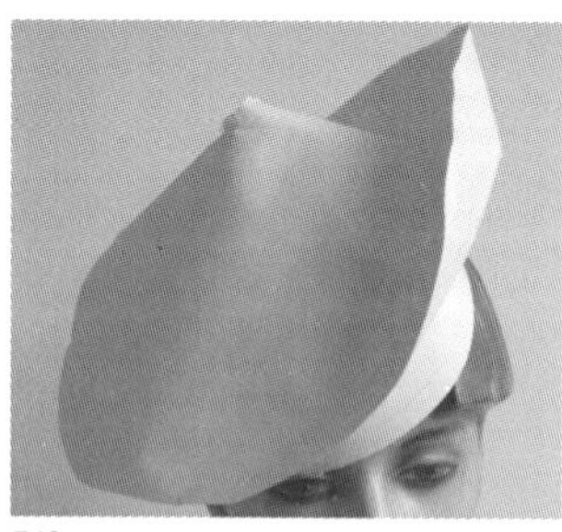

749

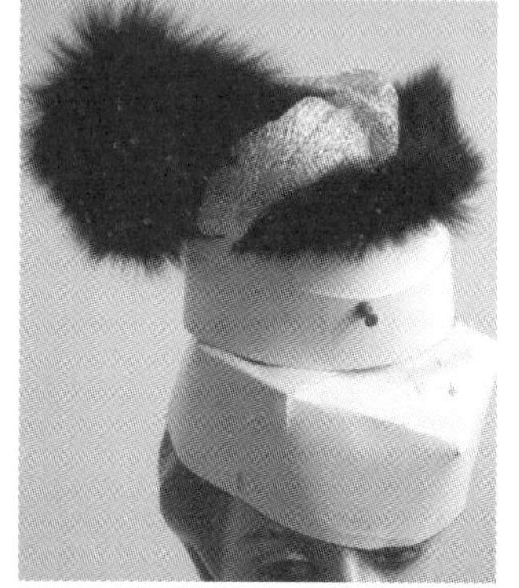

750

748 取圆形纸片／直线剪开至圆心处／折叠收缩圆周／一侧帽檐上翻／形成锥体形帽坯
749 由帽檐与帽顶组成的帽坯
750 方形与圆形组成的帽坯

第二节 帽的立体裁剪

帽的立体剪裁方法有两种，无衬无浆的软帽可用试样布或面料在头型模具上直接裁剪成型；有帽衬的硬帽可先用相应的材料裁剪后制作成帽坯，再将帽坯套在头型模具上用面料在帽坯上进行立体裁剪。帽的裁剪一般由帽坯、造型和装饰等三方面组成。

1.帽立体裁剪的工具和材料

用于帽制作的工具主要有木制或玻璃钢头型模具，以及剪刀、软尺、直尺、曲线版、双面胶，大头针和熨斗等。用于帽制作的材料有面料、试样布、硬麻衬、纸衬、纸、人造革、网纱、通草、金属丝和糨糊等。

2.帽坯的立体裁剪（图748－752）

帽坯的制作与帽型制作的模压法、编织法、切割拼缝法、框架法和盘绕法等相似。

A 模压法就是通过上、下两个相应的凹凸模具，将材料在其中间经热压、定形制作帽坯或帽型的方式。

B 编织法是用通草、金属丝、藤条、竹丝和布条等材料在头型模具或帽坯上编织的方式。

C 切割拼缝法是依照设计图先在模具上标出帽的造型线与分割结构线，然后选择面料或试样布等材料进行立体剪裁的方法。片与片的连接处要留出 2厘米余量，用大头针固定。并从各个角度观察和调整帽的形态造型，确认后，取下帽子拆开展平放在桌面，修正帽片轮廓线，留出缝份，剪去多余面料，最后复制出帽坯纸样。

D 框架法是用鱼骨衬捆扎出帽的廓型，或在帽片的连接处插入鱼骨衬，形成框架式的帽型。然后以此为基础，用面料覆盖打褶、插入或层叠，对照设计图后确认，用大头针固定。

E 盘绕法是指带状盘绕，常用于草帽的制作和使用面料缠绕成型。

3.帽型的立体裁剪

图753－758是以帽坯为依托的帽型裁剪，是将面料贴紧或部分贴合帽坯的方式进行的。操作时可根据帽的样式和结构来决定裁剪的方式。帽的式样有碗型帽（圆顶型、平顶型、尖顶型、圆顶宽檐形和圆顶帽舌型）、扁平帽（无檐扁平型和宽檐扁平型）、船型帽（无檐船型和帽檐上翘型）、筒型帽（圆筒平顶型和高筒窄顶型）、锥型帽（扁而大和高而小）及特异型帽等。

751

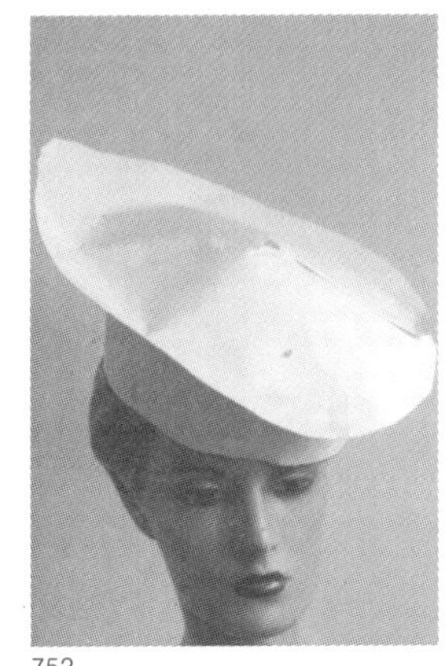
752

753

754

755

756

757

758

751 高帽身与方帽顶组成的帽坯
752 低帽身与圆帽顶组成的帽坯
753－755 用花边在帽坯上进行盘绕的步骤
756—758 用丝巾在帽坯上包裹缠绕的步骤

759

760

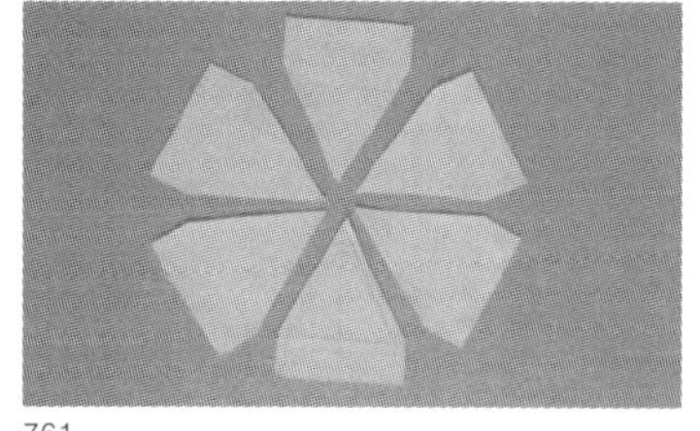

761

762

763

764

765

766

759－761 单元型组成的帽坯

762－763 单元型特异变化组成的帽坯

764－766 用硬质麻纱布在纸坯上进行立体造型的步骤

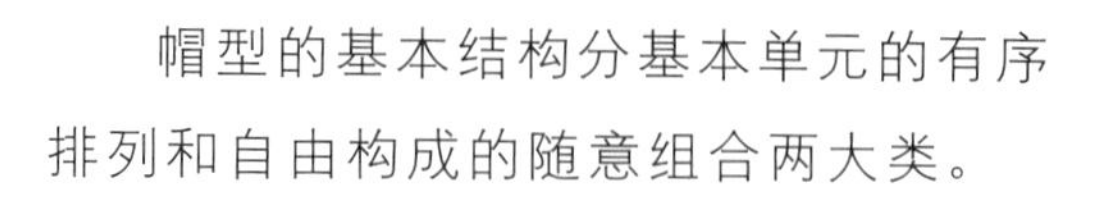

帽型的基本结构分基本单元的有序排列和自由构成的随意组合两大类。

（1）单元型有序组合的帽型（图759－761）

以单元型纵向排列组合的帽型有新疆维吾尔族的“巴旦木”绣花帽和汉族的“六合一统帽”等。其立体裁剪方法如下：

A 依据设计构想，先在模具上用胶带纸标出帽檐位置和帽顶中心位置，按等分确定帽圆的纵向分割线。

B 依据单元形状与大小，取大于单元型的试样布或硬麻衬覆盖在模具上，以一个单元型结构造型线为依据，用笔标出轮廓线，并用双面胶固定。

C 取下单元型试样布，以轮廓线为准放出2厘米余量，剪去多余面料。按此单元型剪出6片假缝后在人头模具上试戴，与设计图相符合后确定。

此外，帽的单元型特异构成的立体裁剪方法是（图762－763）：

A 在整齐划一的单元形排列中，设定特异视角焦点的位置与插入的形状。

B 将特异裁片插入单元型构成中，相接处用大头针或双面胶带固定。

（2）以帽坯为依托随意构成的帽型（图764－766）

A 选取上浆的麻纱面料，凭创意的想象在帽坯上进行自由造型试验。

B 从不同角度审视其廓型和各细节的形态特征，确认后用大头针或双面胶带固定。

C 由于构成的随意性，其结构往往无规律可循，应注意在结构线位置标示各片之间对合的记号。

（3）无帽坯支撑的帽型（图767－771）

以硬挺的毛料、麻布和皮革等材料进行帽的立体裁剪可不用帽坯，只要在帽缘处使用有支撑的硬衬便可进行制作。

图767－768是用毛料在头型模具上包裹和叠褶成型，帽缘开剪收省使其周长缩短，帽体向外鼓起与头型相吻合。造型确认后，可取下帽型拆开展平，划顺轮廓线，剪齐缝份成为版型。

图769－771则是用多块几何形亚麻布块拼合而成。当理想中的帽型呈现时，用笔标出轮廓线，作好对合记号，取下裁片展平，剪齐缝份成为版型。

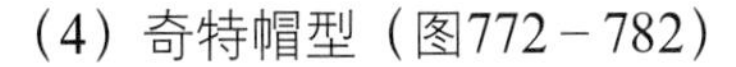

（4）奇特帽型（图772－782）

奇特帽型是一种非传统的造型结构和材料应用。根据创意想象，在制作时，要注意帽型与装饰、帽型与人的整体着装关系。并将个性化的创造构想与表现手法通过探索性实验，追求有独特艺术趣味的新样式。奇特帽型的立体裁剪和装饰方法有层叠法、贴补法、盘绕法、打褶法、插入法、编织片和镶嵌法等。具体采用哪一种方法或几种方法综合运用，均应根据设计所提示的特点进行选择。

4.帽子装饰的立体裁剪

帽饰与服装的裁剪方法基本相似。所不同的是应根据设计要求和帽型装饰的特点，从局部点缀、整体装饰或重点布局等不同角度着手，采用各种不同的立体裁剪方式进行制作。

（1）局部点缀（图 776、780）

帽是主体，装饰物有着点缀陪衬的作用。点缀装饰常运用在帽顶、帽口、帽檐等处。装饰物的材质、形状、大小与色彩的选择和组合应根据设计要求而定。

（2）重点布局（图774、779）

在帽的一侧或前后左右等作立体状的点的装饰表现，称为重点布局。操作时，先设定视点位置与装饰物形态。将装饰物安置在相关处时，应注意主次、疏密、大小的对比关系，以及动感与力的平衡。力求表现出设计整体的要求。

（3）整体装饰（图 775、778、781、782）

在帽坯上作整体铺满的装饰比较多，表现方法一般是片状层叠、条状包裹、粒状点铺或打褶起皱等。整体装饰通常要考虑大的骨架和组合连接的方式。先作局部试验，以观察特定材料在组合表现中呈现的效果，然后对照设计图进行修正，最后在整体布局中完成。

767

768

769

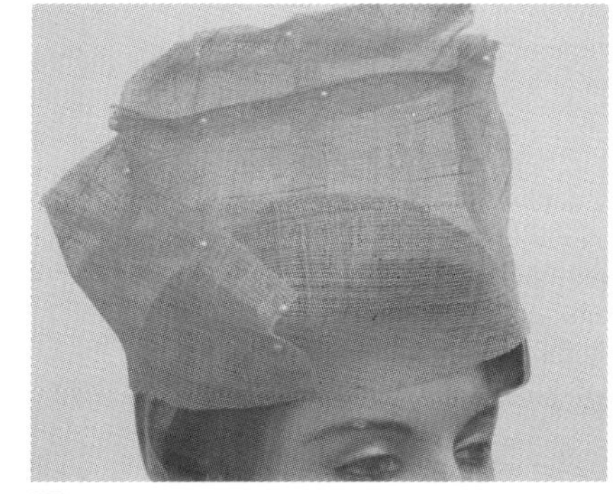

770

771

767－768 以毛呢面料包裹缀褶的帽型

769－771 用硬质亚麻面料经分割组合的帽型

772 773 774 775 776 777 778 779 780 781 782

772－773 将平面以螺旋状曲线剪开／拉住端点并提起与S型布料拼合／底部形成锥型上端呈螺旋状／配以羽毛强调动势与点缀装饰／在帽檐镶上毛边饰形成奇特的帽型

774 运用色彩对比与不同褶纹组成的帽型

775 在帽子上利用薄纱盘成超大的帽型

776 网袋盘绕形成的帽型

777 毛皮与叠褶缎带交叉盘绕成帽型

778 以点与线的构成方式组成的奇异帽型

779 以一个竖立的几何体构成帽的装饰

780－781 有花朵装饰的帽型

782 以丝绸薄纱盘成花型作为重点的装饰

第三节 鞋的立体裁剪

1.鞋立体裁剪的工具和材料（图783－785）

用于鞋制作的主要工具是鞋面和鞋底的模具。以鞋模具为模型一方面便于立体裁剪，另外又是制作特定鞋的造型样板。鞋的造型在生产前必须首先制作鞋模具，然后根据模具再设计或生产各种样式的鞋。本节不涉及模具的制作，仅以现有的几种鞋型模具为基础，介绍有关鞋面裁片的立体裁剪方法。

鞋面立体裁剪的工具包括大头针、双面胶带、线、剪刀和笔等。大头针用于固定试样布，双面胶带纸用于小块试样布在模具上的固定。针、线用于鞋面前端与后跟部试样布的归缩处理。笔用于画轮廓线和对合记录，剪刀用于试样布的裁剪。试样材料有布、衬、毛皮、皮革等，也可根据设计要求自由选择试样材料。

2.鞋的立体裁剪

（1）拖鞋鞋面的立体裁剪（图786－790）

A 在鞋模具上标出中心辅助线和造型线。用试样布覆盖鞋面模具的造型线部位，包裹至模具底部用大头针固定后标出中心线

B 将鞋面前端的试样布抹向底部，用针线缲针缝和抽缩的方法使试样布归拢，使鞋面头部造型轮廓鲜明。沿模具鞋底边用笔画出鞋面轮廓线剪去多余布料。将装饰带用大头针固定。

（2）包裹式中筒鞋面的立体裁剪（图791－799）

A 取中筒高跟鞋模具，用胶带标出中心线和鞋面开口位置。取一块适量的试样布。将试样布覆盖在模具上包裹至模具底部逐一用大头针固定。

B 分别将鞋面前端、鞋跟部位试样布抹向底部定出1.5厘米缝份位置，用针线依缝份位置缲针缝并抽缩，使鞋面前端的试样布平服。

C 将鞋面上端包裹、翻折与设计要求相符合。用笔画出装饰纹样位置、对合记号和鞋面轮廓线，剪去多余布料。

E 从模具上取下试样布展平，顺鞋面轮廓线留出1.5厘米缝份剪去多余布料，将鞋面从鞋模具上取下展平成平面鞋样。

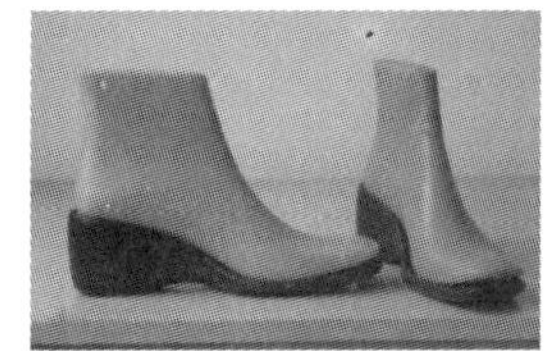
783

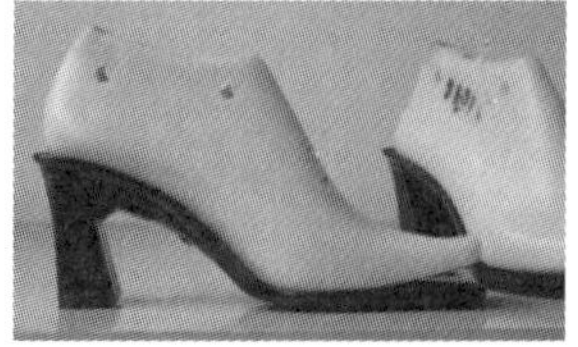
784

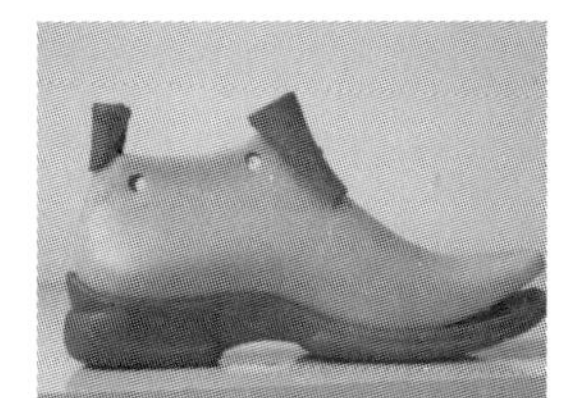
785

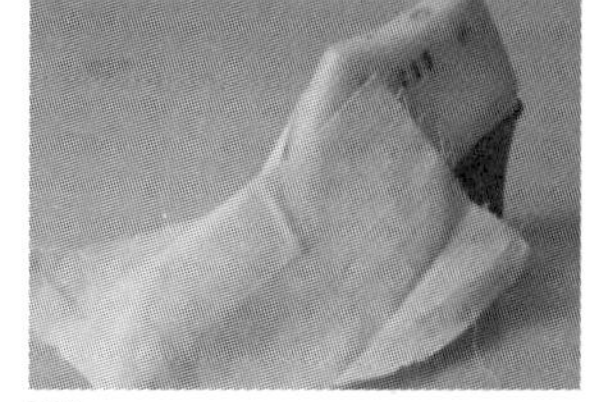
786

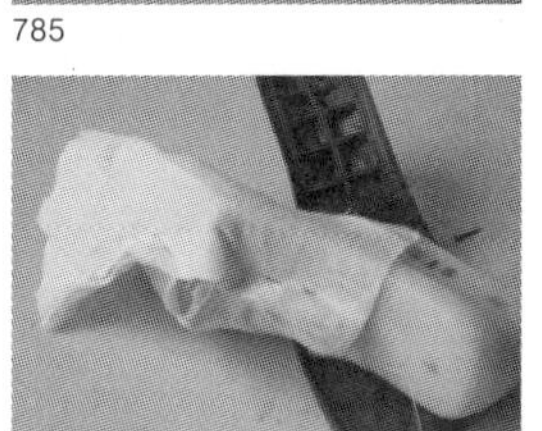
787

788

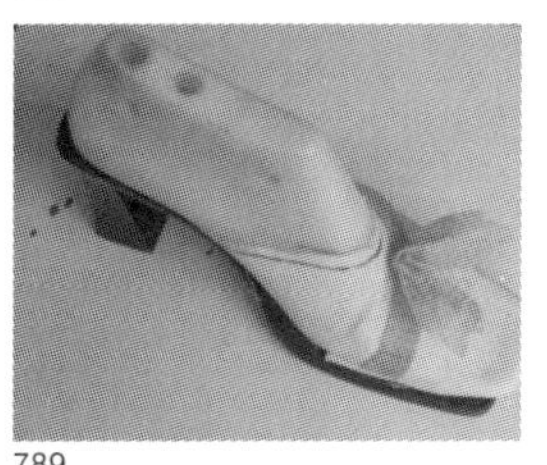
789

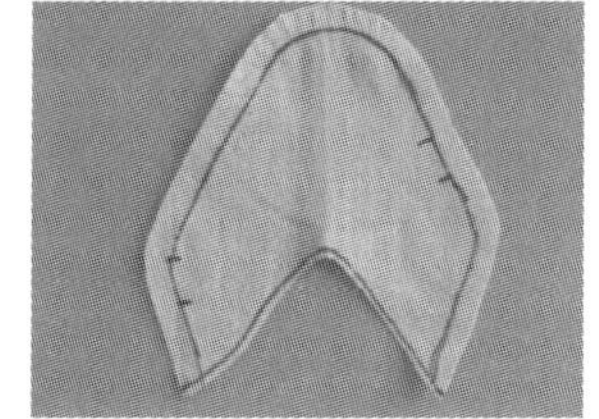
790

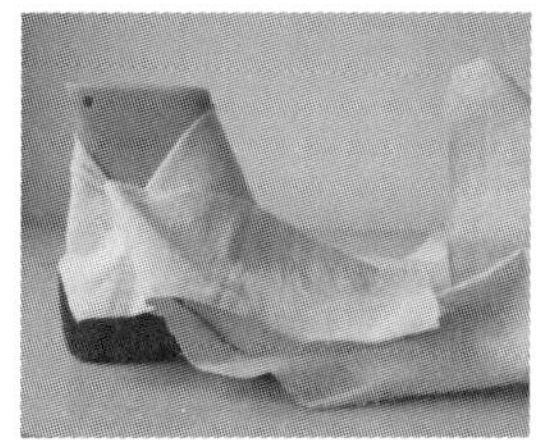
791

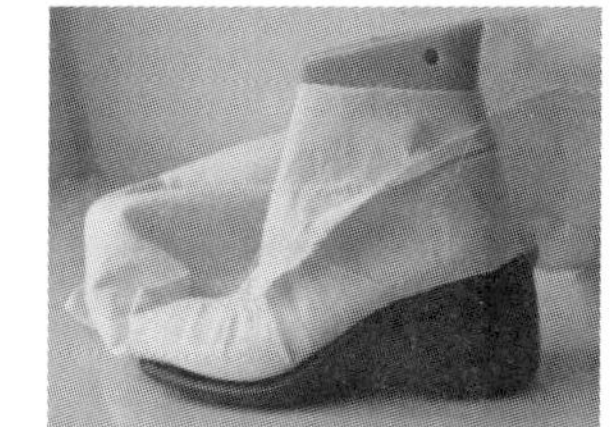
792

793

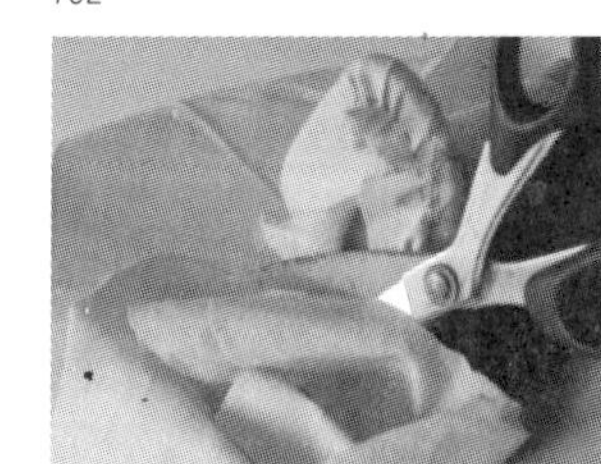
794

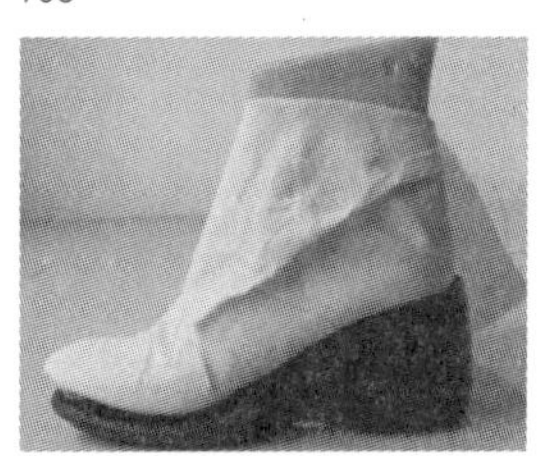
795

796

797

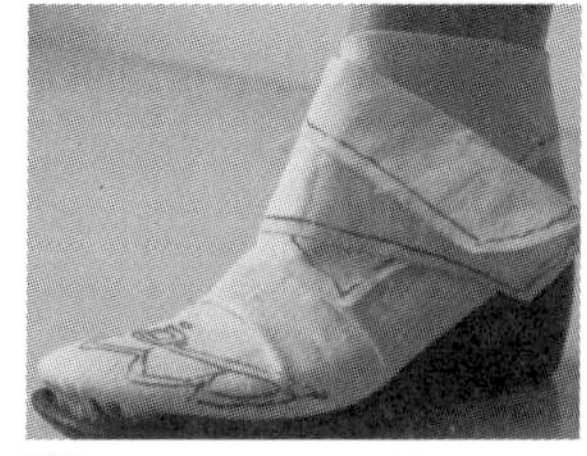
798

(3) 拼接式鞋面的立体裁剪（图800－810）

A 根据设计要求选择合适的鞋模具和试样布。

B 由两片或多片鞋面裁片组成鞋型，根据设计图先在模具上用双面胶带标出分割线。

C 逐一剪取大于分割面的试样布，先后覆盖于模具相对应的分割面上，揭去双面胶带的表层纸粘贴，使布料平贴于造型线处。用笔画出分割面的轮廓线，并剪去多余布料后标出对合记号，用不同数字标出各分割面。

D 从模具上取下鞋面裁片展平，划顺轮廓线剪齐缝份，依次排列，成为拼接式鞋面的版型。

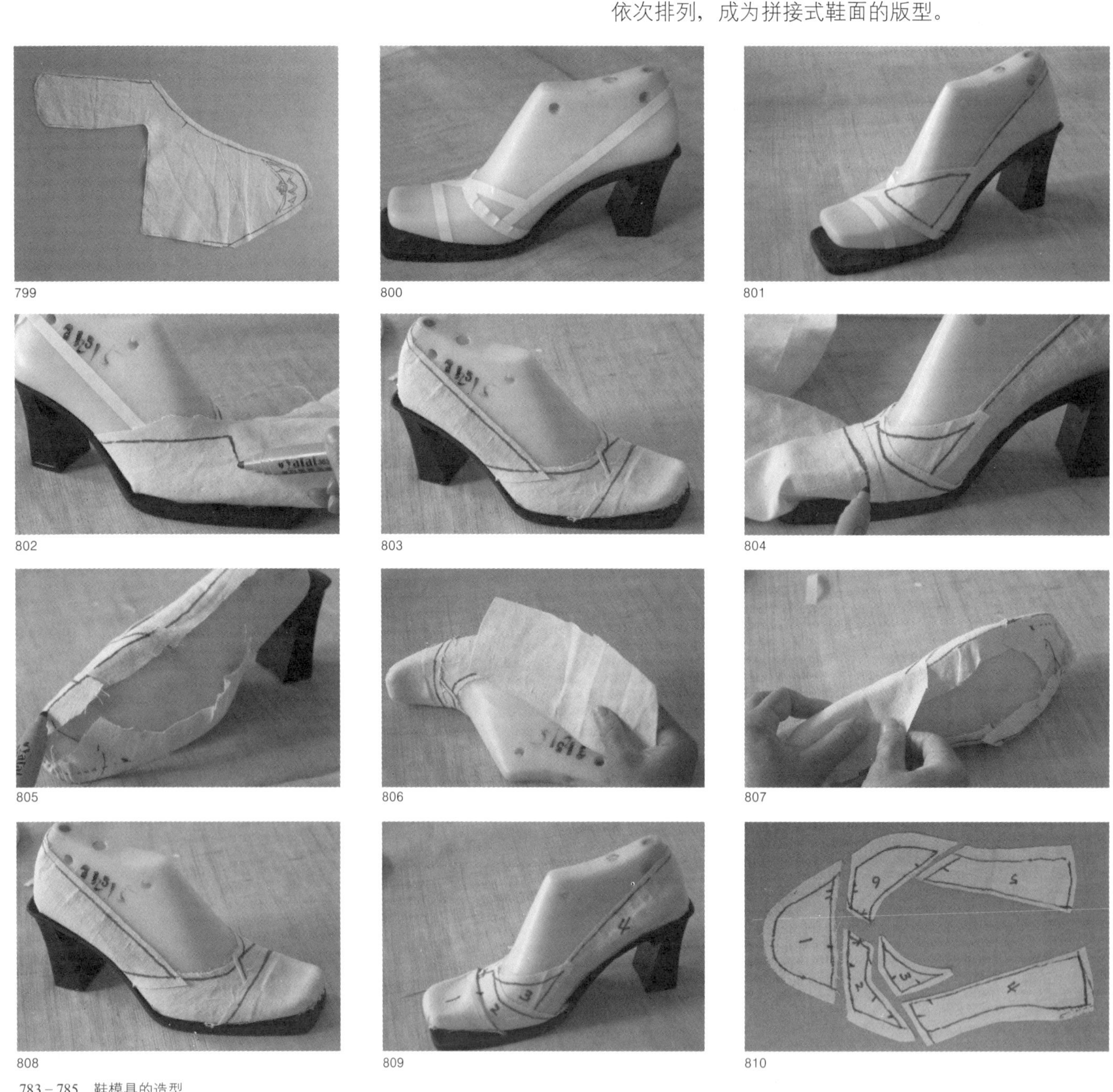

799 800 801 802 803 804 805 806 807 808 809 810

783－785 鞋模具的造型

786—790 在鞋模具上作拖鞋鞋面立体裁剪的步骤

791－799 在鞋模具上采用包裹缠绕的造型过程

800－810 分割式鞋面的立体裁剪步骤